AUF EINEN BLICK

TECHNIK

Titel der Originalausgabe: *Instant Engineering*

Postbus 72, 5330 AB Kerkdriel, Niederlande

Ursprünglich herausgegeben 2019 von Welbeck, einem Imprint von Welbeck Non-Fiction Limited,
Teil der Welbeck Publishing Group.

Verantwortlicher Redakteur: Chris Stone
Design: Katie Baxendale und Dynamo Limited

Übersetzung aus dem Englischen:
Gotho Griesmeier, Wien
Redaktion und Satz der deutschen Ausgabe:
Print Company Verlagsges.m.b.H., Wien

Printed in Slovenia

ISBN: 978-94-6359-429-5

Der Richtigkeit und Vollständigkeit der Informationen in diesem Buch wurde größte Sorgfalt gewidmet. Sollte unabsichtlicherweise dennoch ein Urheber nicht angegeben sein, werden wir dies nach Kenntnisnahme in der nächsten Ausgabe berichtigen.

Alle Illustrationen von Noun Project außer S. 15 Romanvs Roman Mojzis/Shutterstock, S. 37 Zvereva Yena/Shutterstock, S. 41 Santio103/Ivan Feokistov/Shutterstock, S. 84 Svetlana Maslova, S. 93 Emre Terim, S. 96 Dn Br/Shutterstock, S. 108 Naci Yavuz/Kawano/Shutterstock, S. 109 Pulsmusic/Shutterstock, S. 120 Dn Br/Shutterstock, S. 131 Udaix/Shutterstock, S. 135 Babich Alexander/Shutterstock, S. 146 Molekuul_Be/Shutterstock, S. 154 Dovla982/Shutterstock, S. 155 & p163 Morphart Creation/Shutterstock, S. 164 Caramelina/Shutterstock

AUF EINEN BLICK

TECHNIK

DIE WICHTIGSTEN THEMEN AUF EINER SEITE ERKLÄRT

JOEL LEVY

Librero

INHALT

ALLGEMEINES

BAUWESEN

TRANSPORT

BIOTECHNIK

LUFTFAHRT & BEWAFFNUNG

ELEKTRIK & COMPUTER

MECHANIK

EINLEITUNG

Heute versteht man unter Ingenieurwissenschaften die praktische Anwendung wissenschaftlicher Prinzipien, vor allem, um Systeme, Prozesse, Strukturen und Maschinen zu entwerfen und zu entwickeln, um die natürlichen Ressourcen zu nützen und so der Menschheit zu helfen.

Die Ursprünge des Ingenieurwesens liegen nicht in der Wissenschaft, sondern in der bodenständigen und praxisbezogenen Erfahrung von erfinderischen Personen, die beim Bauen und Konstruieren Funktionsweisen gelernt und sich einen Schatz an praktischem Wissen angeeignet haben.

Das Wort „Ingenieur" stammt vom lateinischen *ingenerare*, „zu schaffen": Es hat die gleiche Wurzel wie „ingeniös", genial. Die ersten Ingenieure waren demnach geniale Persönlichkeiten und die Produkte dieser Genialität waren Maschinen; genauer Kriegsmaschinen, denn das Ingenieurwesen als Berufsfeld hat seinen Ursprung im Militär. Militäringenieure wurden gerufen, um Befestigungsanlagen zu bauen und gleichzeitig Wege zu finden, diese zu überwinden – speziell waren das große und komplexe Konstrukte wie Katapulte; ebenso sollten sie die Infrastruktur bereitstellen, auf der sich Armeen (an Land und auf See) bewegen würden – also Straßen und Brücken für die Armeen an Land, Docks für den Schiffbau sowie Minen, um Stadtmauern zu Fall zu bringen. Viele dieser Erfindungen konnten auch im täglichen Leben verwendet werden, demnach ging auch die Entwicklung der Zivilisation mit der Entwicklung des (zivilen) Bauwesens Hand in Hand: der Errichtung von Kanälen und Brücken, Grabungen von Minen und Steinbrüchen sowie der Konstruktion von Straßen und Palästen.

Im alten Griechenland, in Rom, Indien und China kam es parallel zur Entwicklung von ausgeklügelten Geräten und Vorrichtungen: den Maschinen. Diese Tradition, heute bekannt als Mechanik, besaß wichtige philosophische und akademische Aspekte, war aber in erster Linie durch die Praxis bestimmt, weshalb Mechaniker (von sich selbst und anderen) als Gegensatz zu Vertretern theoretischer Ansätze wie Philosophie und Wissenschaft gesehen wurden. Obwohl heute Mathematik und Naturwissenschaften wesentliche Bestandteile des Ingenieurwesens sind, wurde dem theoretischen Ansatz damals nicht viel Vertrauen entgegengebracht. Vor allem bei jenen, die in der Praxis gelernt haben und nicht in der Schule oder an der Universität, war dies bis zur Mitte des 19. Jahrhunderts der Fall, vor allem in Amerika.

An anderen Orten jedoch entwickelte sich ein eher konzeptueller und professioneller Ansatz und erneut wies die Militärtechnik die Richtung. Durch das

Aufkommen von Waffen mit Schießpulver (Vorderlader) mussten Militäringenieure naturwissenschaftliche Prinzipien und mathematische Präzision anwenden können. Im frühen 18. Jahrhundert eröffnete im mächtigen und fortschrittlichen Frankreich ein Institut für Militärtechnik, um die Artillerie und ihr trotzende Befestigungsanlagen zu überwachen. Dort wurde auch Bauwesen unterrichtet, um Straßen, Brücken und Kanäle bauen zu können, die für ein effizientes Militär benötigt wurden. Das Ingenieurwesen in Großbritannien und Amerika entwickelte sich mehr im gewerblichen und privaten Bereich und konzentrierte sich auf industrielle Prozesse und Maschinen, aber je fortschrittlicher und spezialisierter diese wurden, umso wichtiger wurden auch naturwissenschaftliche Prinzipien und Regeln. Maschinenbau und Landtechnik entstanden als Teilbereiche des Ingenieurwesens, gleichbedeutend mit Militärtechnik und Bauwesen, sodass der technologische und wissenschaftliche Fortschritt immer mehr Äste am Baum des Ingenieurwesens wachsen ließ. Die Elektrotechnik entwickelte sich im 19. Jahrhundert, hauptsächlich vorangetrieben von der Telegraphen-Industrie. Der Chemieanlagenbau entstand im selben Jahrhundert, während das 20. Jahrhundert die Bio-, Kern-, Weltraum- und Informationstechnik hervorbrachte. Noch immer entwickeln sich neue Bereiche im Ingenieurwesen, darunter Gentechnik, Geoengineering und Nanotechnologie. Ingenieurwesen ist heute wohl der führende Bereich sowohl in der Wissenschaft als auch in der Technologie. Es ist jener Bereich mit der größten Auswirkung auf die Menschheit, vom tagtäglichen Leben bis zur globalen Wirtschaft, von den einfachsten menschlichen Tätigkeiten bis hin zum Schicksal des Planeten.

Die Art und Weise, wie dieses Buch aufgebaut ist, spiegelt die Organisation des Ingenieurwesens als Gesamtheit wider: Die Kapitel beschreiben die wichtigsten Äste, darunter Bauwesen, Bio-, Transport-, Militär-, Weltraum- und Informationstechnik und Maschinenbau. Zusätzlich gibt es übergeordnete und grundlegende Konzepte, die nicht nur einem der Teilbereiche zuordenbar sind – einige werden im ersten Kapitel beschrieben. Stephen Hawking wurde einst von seinem Verleger gewarnt, dass jede Gleichung, die er in sein Buch einfügt, seine Leserschaft halbieren würde. Mit dieser Warnung im Hinterkopf vermeidet es dieses Buch fast zur Gänze, Gleichungen oder generell Mathematik zu verwenden. Leserinnen und Leser sollten sich allerdings bewusst sein, dass die

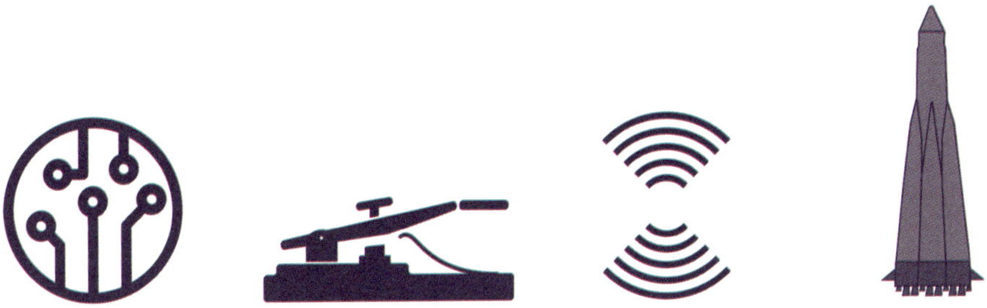

Mathematik die grundlegende Sprache des Ingenieurwesens ist und dass ohne die komplexen Berechnungen der Ingenieure keines der gewaltigen Werke des modernen Ingenieurwesens funktionieren würde: Brücken würden zusammenbrechen, Handys nicht läuten, Laptops überhitzen und Flugzeuge würden nicht fliegen. Ebenso wichtig sind die naturwissenschaftlichen Prinzipien, die so vielen Bereichen des Ingenieurwesens zugrunde liegen und vor welchen dieses Buch auch nicht zurückscheut. In diesem Buch werden Ihnen die Gesetze der Thermodynamik, Bewegung, Energieeinsparung, Relativität und viele andere Konzepte begegnen und/oder wieder in Erinnerung gerufen werden. Durch die Verwendung verständlicher Fachwörter sollen Ihnen die wichtigsten Konzepte und Prinzipien des Ingenieurwesens näher gebracht werden. Konzepte und Fachbegriffe werden immer erklärt oder definiert, sobald sie das erste Mal vorkommen. Zusätzlich bietet das Glossar am Ende des Buches kurze Definitionen der Schlüsselkonzepte und des Fachwortschatzes.

Innerhalb jedes Kapitels sind die einzelnen Einträge mehr oder weniger chronologisch sortiert und eine Zeittafel am Ende des Buches versucht einen chronologischen Überblick über den Inhalt zu geben, obwohl ein derartiger Aufbau viele Fragen aufwirft. Denn sogar naturwissenschaftliche und technologische Entdeckungen und Fortschritte können meist nicht auf einen bestimmten Zeitpunkt oder eine bestimmte Person festgenagelt werden und da das Ingenieurwesen oft mit Naturwissenschaften und Technologie überlappt, sind eine klare Trennung oder Definition einer eigenständigen Erfindung oft nicht möglich. Den Ursprung einer „Erfindung" wie z.B. Straßen oder Kuppeln definitiv zu bestimmen ist ein Ding der Unmöglichkeit und solche Konzepte zeigen – wie bei vielen Belangen der Technik –die tiefen Wurzeln des Ingenieurwesens als Praktik, die bis zu den Anfängen der Menschheit zurückreicht. Meilensteine des menschlichen Werdegangs sind Werkzeuge oder deren Herstellung und damit die Fähigkeit, unsere Umwelt zu formen und umzuformen, um die Natur an unsere Prioritäten anzupassen, und nicht umgekehrt. All das sind Schlüsselelemente des Ingenieurwesens und so kann man es auch als menschliche Kernkompetenz betrachten: Ein Großteil dessen, was es bedeutet, ein Mensch zu sein.

BALKEN

Ein Balken ist ein wesentliches strukturelles Element, länger als breit oder dick, wurde geschaffen, um Lasten zu tragen, und wird selbst an oder nahe den Enden gestützt.

KRÄFTE VON OBEN

Die Kräfte von oben drücken normalerweise vertikal, aufgrund der **Schwerkraft**. Diese Kräfte generieren: **Kompression, Scherung und Spannung** innerhalb des Balkens.

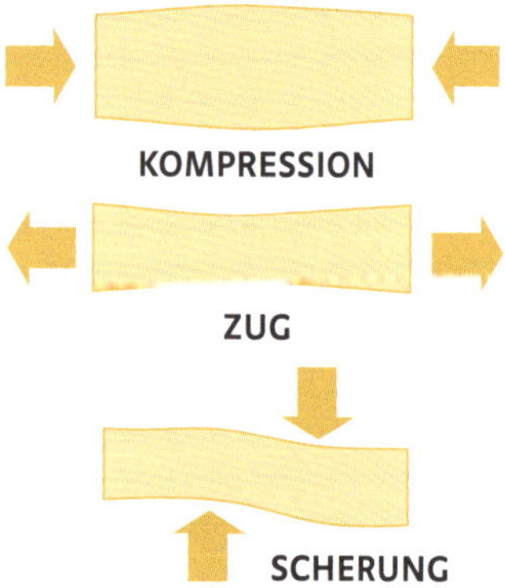

MATERIALKONSTRUKTION

Früher bestanden Balken oft aus **einem einzelnen Stück Eiche**, das in ein rechteckiges Stück gehauen wurde. Diese Art von Balken wird auch heute noch in Gebäuden verwendet. Moderne Balken bestehen aus **Stahl oder Stahlbeton**.

INNERE KRÄFTE

Innere Kräfte verursachen **Spannungen und Biegungen** des Balkens.

ARTEN VON BALKEN

Bei vertikalen und horizontalen Kräften sind **Vierkantbalken am besten.**

Für Kräfte aus allen Richtungen verwendet man am besten **Röhrenträger**.

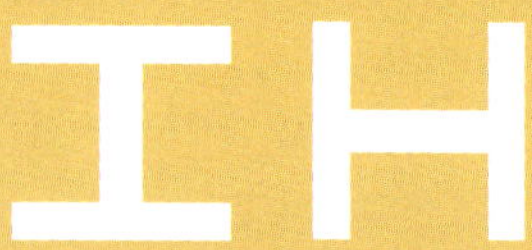

Für **vertikale Kräfte** ist die stärkste Form ein **I-Träger**. Für **horizontale Kräfte** ist ein **H-Träger** besser geeignet, ein seitlich liegender I-Träger.

Balkenwaagen wurden tausende Jahre lang zum Wiegen genutzt.

Bei einem **Balancier** ist der oben querliegende Balken in der Mitte befestigt, und überträgt die Kraft des Kolbens zu den Kolbenstangen oder anderen Lasten am gegenüberliegenden Ende.

BIOTECHNIK

Am Kreuzungspunkt zwischen Biologie und Ingenieurwesen befindet sich die Biotechnik, die von Sportwissenschaften zu Landwirtschaft und Kleidung bis Pharmazeutik viele Bereiche abdeckt.

ZEITTAFEL

- **ca. 11.000 v. Chr.** Prähistorische Menschen brauen mit biologischen Fermentierungssystemen Bier
- **ca. 950 v. Chr.** Zehprothese mit einer ägyptischen Mumie begraben
- **ca. 700 v. Chr.** Etrusker fertigen falsche Zähne
- **ca. 1000 n. Chr.** Europäer extrahieren in industriellem Ausmaß blaue Farbe aus Waidpflanzen

- **1885** Prototyp der Herz-Lungen-Maschine in Deutschland entwickelt
- **1941** George de Mestral bemerkt am Fell seines Hundes Pflanzenkletten und hat die Idee für den Klettverschluss
- **1943** Erste Dialysemaschine
- **1954** Heinz Wolff, britischer Wissenschaftler und Radiosprecher, prägt den Begriff „Bioengineering" (Biotechnik)
- **1958** Erster einsetzbarer Herzschrittmacher
- **1959** Neurologe William Oldendorf hat beim Beobachten einer Sortiermaschine für Obst die Idee für eine Röntgenmaschine
- **1963** Ingenieurwesen wurde im Medicine Laboratory am Imperial College in London geschaffen

- **1966** Programm der Biotechnik an der University of California in San Diego entworfen
- **1972** Erster gentechnischer Beleg direkter Übertragung der DNA von einem Organismus zu einem anderen
- **1985** Einsatz mikrofluidischer Technik für den beliebten Schwangerschaftstest Clearblue

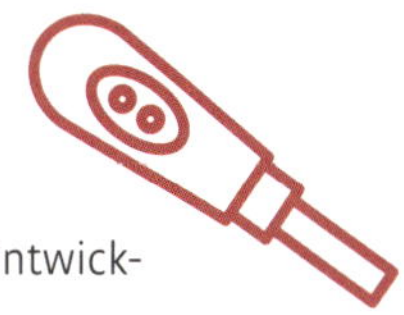

- **1997** Gewebe wurde um eine biologische Trägerstruktur, die Vacanti-Maus, gezüchtet
- **2012** Markteinführung des Tricorders XPRIZE, um die Entwicklung von mobiler Diagnosetechnologie zu fördern
- **2017** Gedankenkontrollierter bionischer Arm, Johns Hopkins University
- **2019** Forscher der University of Illinois, Chicago, kreieren ein künstliches Blatt

EINE GUTE MISCHUNG

Biotechnik ist einer der Bereiche, der stark interdisziplinär arbeitet. Ebenso wie die Grundlagen der Biologie und des Ingenieurwesens erwartet einen Studenten der Biotechnik auch **Elektrotechnik und Maschinenbau, Informatik, Materialwissenschaften, Chemie, Nuklearphysik, Biochemie, Genetik, Mikrobiologie, Landwirtschaft, Sportwissenschaften** und **Medizin.**

BIONIK

Eine wichtige Grundlage der Biotechnik ist, dass die **Evolution**, die sich Milliarden von Jahren durch verschiedenste Prototypen gearbeitet hat, **überlegene technische Lösungen für viele Probleme gefunden hat**. Die Übertragung von Phänomenen der Natur auf die Technik nennt man **biomimetisches Ingenieurwesen** oder **Biomimikry**. Ein klassisches Beispiel ist die Erfindung des Klebstoffes **Velcro** in den 1940ern.

SÄULE

Eine Säule oder Pfeiler ist ein vertikales Element, das das Gewicht der Struktur darüber durch Kompression auf die Fläche darunter überträgt. Sie sind die primären vertikalen Stützen in Millionen von Bauwerken: die Elemente der Kompression, die vieles der gebauten Umgebung tragen.

ARTEN VON SÄULEN

STEINSÄULEN

Steinsäulen bestehen meist aus einem einzigen Stück Stein.

Höhere Säulen wurden aus Teilen gefertigt, die meist Löcher in der Mitte hatten und mit Stein- oder Metallstiften miteinander verbunden wurden. Die **Nelson Säule** in London besteht aus **Granit**.

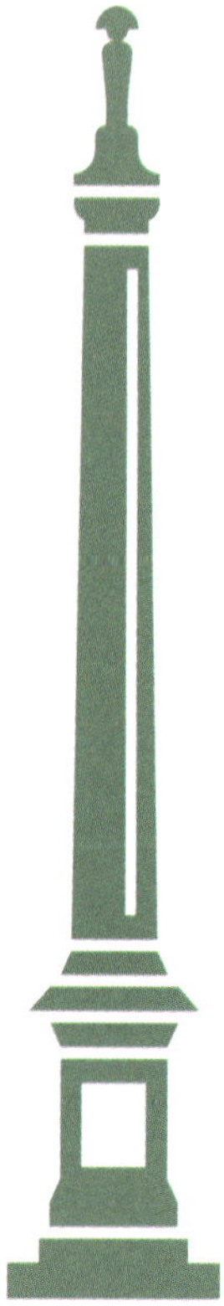

Steinsäulen haben meist **zylindrische Säulenschäfte**, mit einem **Kapitell** oben und einer Basis oder einem **Postament** unten.

Das **Kolosseum** in Rom, das zwischen **70 und 80 n. Chr.** erbaut wurde, besteht hauptsächlich aus Steinsäulen.

STAHL-, BETON- UND ZIEGELSÄULEN

Moderne Säulen bestehen aus **Stahl, Beton oder Ziegel**.

Kleine **Stützen aus Metall oder Holz nennt man Pfosten**. Wenn sie einen rechteckigen Querschnitt haben, nennt man sie **Pfeiler**.

SÄULEN UNTER MECHANISCHER SPANNUNG

Säulen stürzen oft durch **Erdbeben** ein, entweder durch **Beugung oder Drehung**. Dies kann das gesamte Gebäude, das sie stützen, zum Einsturz bringen.

Erdbebensichere Säulen haben oft **vertikale Stäbe aus Bewehrungsstahl** und horizontale Verbindungen innerhalb der rechteckigen Betonstruktur.

KONTROLLTHEORIE

Der Großteil der dynamischen Engineering-Systeme braucht Kontrolle und Steuerung. Beispielsweise benötigt ein Fahrrad ein Bremssystem, um Katastrophen beim Bergabfahren zu vermeiden.

MODERNE KONTROLLSYSTEME

EIN AUS

OFFENER REGELKREIS

Die einfachste Form einer **automatischen Steuerung** ist ein offener Regelkreis. Eine Zentralheizung kann so programmiert werden, dass sie jeden Tag von 8 bis 10 Uhr morgens läuft, unabhängig von der aktuellen **Temperatur** im Gebäude.

GESCHLOSSENER REGELKREIS

Bei einem geschlossenen Regelkreis gibt es **Feedback** vom Prozess. Die Zentralheizung kann durch ein **Thermostat** geregelt werden, das **das System einschaltet**, wenn die Temperatur im Gebäude **unter** die eingestellte Temperatur von, sagen wir, **21 °C** fällt, und schaltet sie wieder aus, wenn diese Temperatur erreicht wurde.

WASSERUHR

Eines der frühesten bekannten Kontrollsysteme war die **Klepsydra** oder Wasseruhr, die um **250 v. Chr.** von **Ktesibios** entwickelt wurde. Wasser **tropfte** von einem Behälter in einen anderen, wo die Tiefe des Wassers die Zeit auf einem **Maßstab oder einer Scheibe** anzeigte. Um einen konstanten Fluss zu garantieren, muss das **obere Gefäß** immer bis zum **Rand** voll sein. Dieser Mechanismus war hunderte Jahre lang die **genaueste** Uhr.

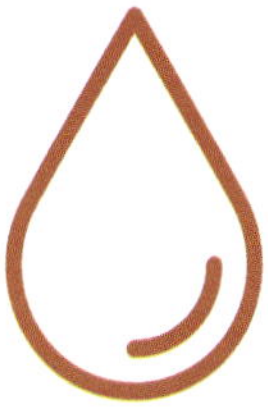

FLIEHKRAFTREGLER

Nachdem **James Watt** um **1775** die Dampfmaschine stark verbessert hatte, erfand er den Fliehkraftregler, um ihre Geschwindigkeit zu kontrollieren. Wenn die Maschine **zu schnell** gelaufen ist, wurden die **Kugeln nach außen gedrückt** und haben die Maschine so auf eine **sinnvolle Geschwindigkeit** gebremst.

1868 stellte der Mathematiker **James Clerk Maxwell** mathematisch dar, warum der **Fliehkraftregler** instabil werden würde und zu langsam auf Ereignisse reagierte. Ab diesem Zeitpunkt wurde die Kontrolltheorie hauptsächlich **mathematisch**.

FLUGZEUGKONTROLLE

1903 waren die **Brüder Wright** (siehe Seite 108) gerade soweit, **Hub und Stabilität** ihres Flugzeugs zu steuern, alle folgenden Flugzeuge hatten **komplexe** Kontrollsysteme.

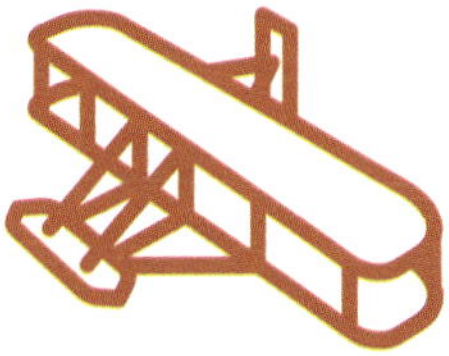

ELASTIZITÄT

Elastizität ist die Fähigkeit von festen Materialien, in ihre ursprüngliche Form zurückzuspringen, nachdem sie von einer Kraft verformt wurden. Ingenieure müssen die Elastizität der Materialien, mit denen sie arbeiten, genau kennen, um das Verhalten der Materialien unter mechanischer Spannung berechnen zu können.

HOOKESCHES GESETZ

„As the extension; so the force" (Wie die Dehnung, so die Kraft). So beschrieb Robert Hooke seine Beobachtung 1675, die später als Hookesches Gesetz bekannt wurde. Die **Dehnung einer Feder ist direkt proportional zu der dehnenden Kraft**.

Das Hookesche Gesetz gilt für fast alle elastischen Materialien und für kleine Verformungen. Die Spannung oder **relative Verformung** ist proportional zur mechanischen Spannung oder Belastung. Wenn das **Gewicht verdoppelt** wird, wird die **Feder doppelt so lange gedehnt**.

VERFORMUNG

Die meisten **festen Materialien** verformen sich konstant bis zur **Streckgrenze**.

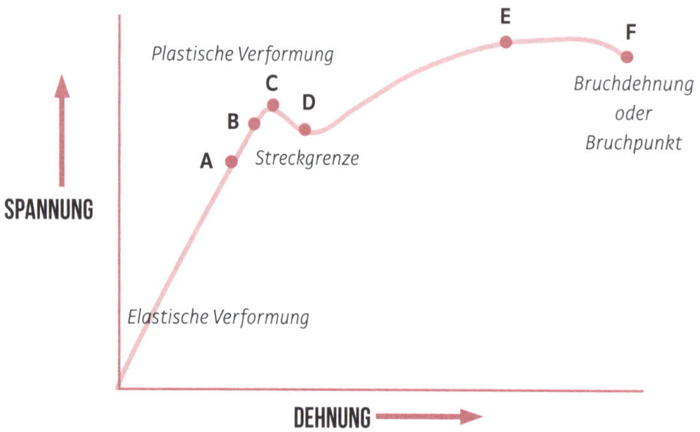

Wenn mehr Kraft angewandt wird, wird die Verformung plastisch und **kann nicht rückgängig gemacht werden**; das Material wird seine ursprüngliche Form nicht wieder annehmen.

ELASTIZITÄT VERSCHIEDENER MATERIALIEN

Bei **Metallen** verursacht mechanische Spannung eine leichte Verformung des **Atomgitters**. Sobald diese Belastung wieder entfernt wird, **springen die Atome auf ihre Originalposition zurück**.

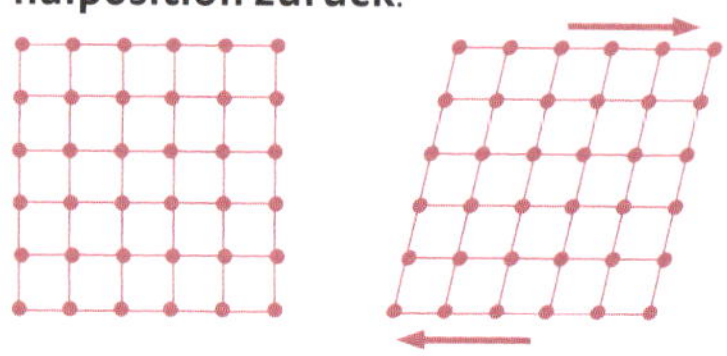

Bei **Gummis** bringt die mechanische Spannung **lange Polymermoleküle** dazu, sich zu dehnen. Gummis und ähnliche **Elastomere** können **viel mehr gedehnt und gebogen werden als Metalle**.

KALTVERFESTIGUNG

Viele Metalle und Plastikarten können durch Kaltverfestigung gehärtet werden; manche Arten der plastischen Verformung **verändern die Atomstruktur** und **erweitern die elastische Grenze** des Materials.

EMERGENZ

Emergenz ist das Prinzip, dass Systeme Eigenschaften aufweisen, die aus der Interaktion von Elementen entstehen, jedoch bei einer isolierten Betrachtung weder sichtbar sind noch vorhergesehen werden können. In anderen Worten: Das Ganze kann sich in einer Weise verhalten, die von der Summe seiner Teile nicht erwartet wird.

SYSTEMTECHNIK

Emergenz ist eines der wichtigsten Prinzipien des Ingenieurwesens, das als **„Systemengineering“** bekannt ist. Systemengineering ist definiert als **Studium und Praktik dessen, Elemente so zusammenzusetzen, sodass sie als System funktionieren**. Ein **Motor** ist eine Art von System; ebenso wie eine **Forschungsabteilung** oder eine **Fertigungslinie einer Fabrik** oder ein **Stromnetz** oder ein **Steg**, der ins Meer hinausragt.

ELEMENTE EINES SYSTEMS

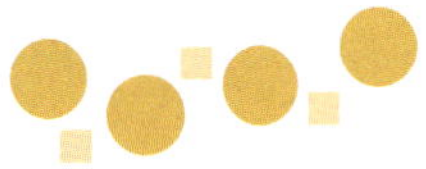

SYSTEM

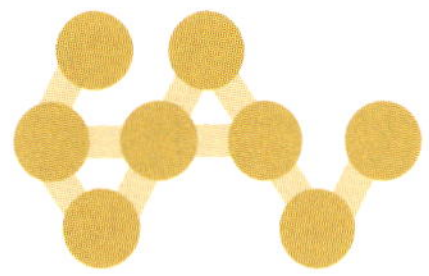

ARTEN VON EMERGENZ

Arten von Emergenz sind **schwach, mittelstark und stark**:

Schwache Emergenz, auch bekannt als **Synergie,** ist, wenn **Elemente** eines Systems **gemeinsam** einen Effekt hervorrufen, den die einzelnen Komponenten alleine nicht produzieren können, der aber **vorhergesagt oder erwartet werden kann**.

A + B = C ✓

Mittelstarke Emergenz ist eine Eigenschaft, die **erwartet werden könnte**, aber deren **Ausmaß nicht vorhergesagt werden kann**, indem man nur die **Summe der Komponenten** betrachtet.

A + B = C X ?

Bei **Starker Emergenz** treten Eigenschaften auf, die **nicht vorhergesagt** und **nur beobachtet werden** können, wenn das System funktioniert.

A + B = ?

BEISPIELE FÜR EMERGENZ

Die **Fähigkeit eines Flugzeuges zu fliegen** kann als Beispiel einer **schwachen Emergenz** betrachtet werden. Für sich alleine können die Flügel und andere Teile eines Flugzeugs nicht fliegen, die Flugfähigkeit tritt als Eigenschaft des gesamten Systems auf. Ein Beispiel für **starke Emergenz** ist das Problem, das die Londoner Fußgängerbrücke **Millennium Bridge** bei der Eröffnung im Juni 2000 aufzeigte, als sich herausstellte, dass **kleine Oszillationen**, denen die Brücke standhalten sollte, eine **Feedbackschleife** generierten, die **starke Schwankungen** verursachte. Viele Ingenieure, die im Bereich der **künstlichen Intelligenz** arbeiten, setzen ihre Hoffnung darauf, dass sich Intelligenz als eine emergente Eigenschaft eines genügend **komplexen neuronalen Netzwerks** entpuppt.

ENERGIE

Energie ist die Fähigkeit, Arbeit zu verrichten. Viele großartige technische Projekte benötigen eine gekonnte Manipulation von Energietransfer, ob nun beim Antrieb eines Fahrzeugs oder der Wärmeausdehnung einer Brücke.

ENERGIE BEI DER ARBEIT

Wasser, das sich oben auf einem **Wasserrad** befindet, hat potenzielle Energie. Dadurch, dass es durch die Schwerkraft nach unten fällt, **dreht es das Wasserrad** und generiert so Arbeit.

Wind hat **kinetische Energie**, weil sich die Luft bewegt. Er kann die **Flügel einer Windmühle** oder eines Windkraftwerks bewegen, und so die Energie in Arbeit umwandeln.

Sobald eine Form von Energie in einer andere umgewandelt wird,**entsteht immer Wärme**. **1798 bemerkte Benjamin Thompson** , dass beim **Ausbohren der Kanonen** genug Wärme entsteht, um **Wasser zu kochen.**

JAMES PRESCOTT JOULE

1843 **führte der britische Wissenschaftler** James Prescott Joule **eine Reihe an Experimenten durch, um zu zeigen, dass eine definierte Menge an** mechanischer Energie **in eine** genaue Menge an Wärme **umgewandelt werden kann.**

Der Versuchsaufbau war folgender: Er ließ fallende Gewichte Paddel **in einem Becher** antreiben**, sodass die** Reibung**, die die Bewegung der Paddel bremste,** das Wasser erwärmte**. Diese Energieeinheit Joule** wurde nach ihm benannt.

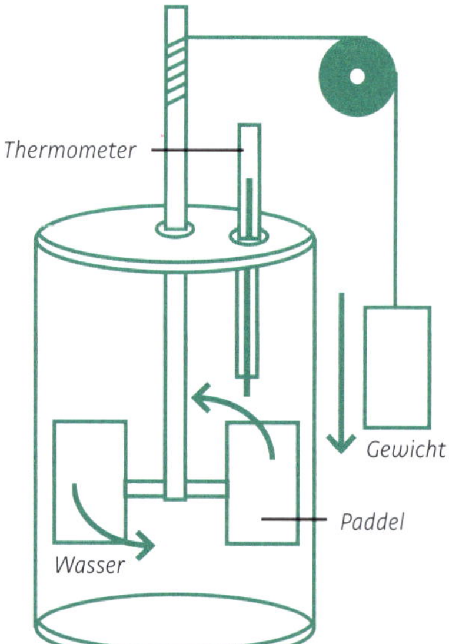

Ein Joule ist die **aufgewendete Energie**, oder verrichtete Arbeit, die benötigt wird, das Gewicht von einem **Newton** (z.B. ein kleiner Apfel) **einen Meter** hoch zu heben.

RUDOLF CLAUSIUS

1850 realisierte Rudolf Clausius**, dass bei keiner Veränderung Energie gewonnen oder verloren wird; die Gesamtenergie** bleibt immer die gleiche**, auch wenn etwas davon in Wärme umgewandelt wird. Das ist das erste Gesetz der** Thermodynamik

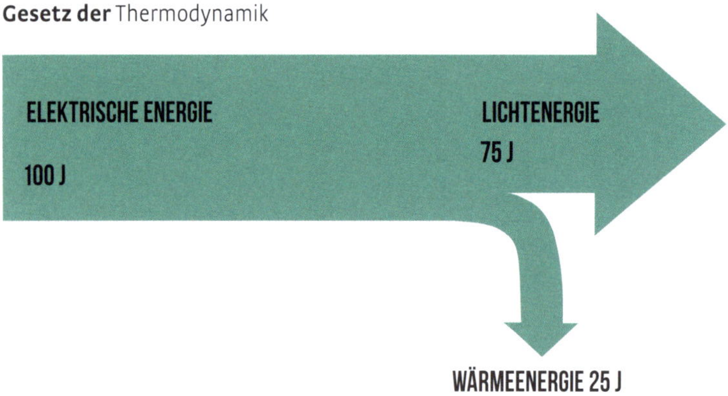

FINITE-ELEMENTE-ANALYSE

Die Finite-Elemente-Analyse (FEA) ist eine Technik, mit der komplexe Formen oder Strukturen in kleine Teile gebrochen werden (finite Elemente). Dann werden die Berechnungen für diese Elemente zusammengebracht, um eine mathematische Beschreibung (oder Analyse) des Gesamten zu bekommen.

WOZU FEA?

Mathematik ist ein **elementares Mittel** für Ingenieure, die die physischen Eigenschaften von Strukturen oder Objekten berechnen müssen und wie diese beispielsweise auf **Belastungen und mechanische Spannungen** reagieren. Allerdings bilden **komplexe Formen oder Strukturen** und **komplexe Prozesse** wie **Strömungsdynamik** eine extreme mathematische Herausforderung: Die notwendige Mathematik funktioniert nicht ohne **Abkürzungen oder Vereinfachungen**. Eine dieser Abkürzungen ist die **Methode der finiten Elemente**. Sie wurde für die **Computeranalyse** physikalischer Eigenschaften und Reaktion von Formen und Strukturen entwickelt und wird speziell für **Simulationssoftware** verwendet.

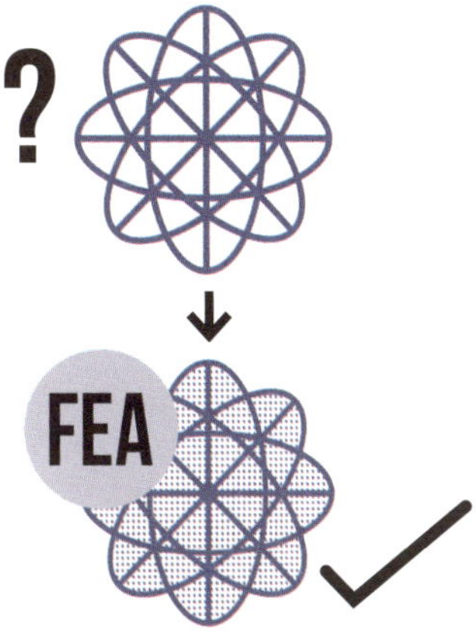

SCHRITTE DER FEA

Den ersten Schritt nennt man **Diskretisierung**. Dieser wird verwendet, um die Form oder Struktur in Elemente oder **finite Elemente** zu zerlegen. Diese sind miteinander an Punkten, sogenannten **Knoten**, verbunden. Die Ansammlung dieser Elemente und Knoten nennt man **Netz**. Für jedes Element werden die **Gleichungen** definiert, die seine Eigenschaften beschreiben, dann werden diese Gleichungen an den Knoten verbunden. Das Resultat ist ein **System aus simultanen algebraischen Gleichungen**, dessen Lösung das gesamte Netz beschreibt (zumindest annähernd). Aufgrund dieses Netzes kann ein **Computerprogramm** die **Eigenschaften und Reaktionen der Struktur** simulieren, etwa um die Werte für die **Kompressionskräfte** an einem bestimmten Punkt einer **tragenden Säule** aufzuzeigen.

ARTEN VON FEA

FEA-Modellierung kann für drei Analysearten verwendet werden:

Statisch: Für die **Modellierung** mit einer **Variablen, die konstant bleibt**; z.B., um das Stützlager für eine Brücke zu entwickeln.

Dynamisch: Um die **dynamische Reaktion** einer **Struktur zu analysieren**, die **dynamischen Lasten** ausgesetzt ist; z.B. den Aufprall eines menschlichen Schädels auf einer Oberfläche abzubilden.

Modal: Um **Reaktionen auf Vibration zu simulieren**; z.B. der Start eines Motors.

GEOENGINEERING

Große oder in planetarischem Ausmaß getätigte Maßnahmen, um Treibhausgase zu reduzieren und die globale Erwärmung zu beschränken oder umzukehren, nennt man Geoengineering. Es gibt zwei große Bereiche im Geoengineering: Solar und Kohlenstoff.

SOLAR RADIATION MANAGEMENT

Das **Solar Radiation Management** (Management der Sonnenstrahlung) umfasst Strategien, um die **Menge der Sonnenstrahlungsenergie zu reduzieren**, die in Atmosphäre, Land und Meere eindringt. Das Ziel ist, der **Erwärmung entgegenzuwirken**, die durch **Treibhausgase** und damit verbundene Phänomene (wie das Schmelzen der Polkappen) verursacht wird. Mögliche Techniken sind unter anderem:

Stratosphärische Aerosole: Winzige **reflektierende Partikel** werden in der oberen Atmosphäre freigesetzt, um **Sonnenlicht zu reflektieren** und den **„vulkanischen Winter"** zu imitieren.

Globale Sonnenschirme: **Sonnenschirme** oder **Spiegel** werden in das All zu befördert, um **Sonnenlicht aufzufangen,** bevor es die Atmosphäre erreicht.

Albedo-Rückkopplung: entweder die **Oberfläche der Erde** oder **Wolken** **reflektierender** zu machen, um die Proportion der **Sonnenstrahlung**, die **in das All zurück reflektiert wird,** zu erhöhen.

GLOBALE FRANKENSTEINS

Es gibt viele **Argumente gegen das Geoengineering**, aber das größte Problem ist das der **unbeabsichtigten Konsequenzen**. Kritiker argumentieren, dass der schlimmste Weg, anthropogenen Störungen entgegenzuwirken, ist, **noch mehr in die Biosphäre einzugreifen**.

NEGATIVEMISSIONSTECHNOLOGIEN

Auch **Kohlendioxidentnahme** genannt, beinhaltet dieser Bereich Techniken, um Treibhausgase wie **Kohlendioxid** aus der Atmosphäre zu entfernen bzw. zu vermeiden, dass sie überhaupt dorthin kommen. Darunter:

- **Direct Air Capture**: Treibhausgase mithilfe von riesigen **„Luftwaschmaschinen"** aus der Atmosphäre ziehen und sie in der einen oder anderen Form speichern.
- **Ozeandüngung**: Dem Ozean **Nährstoffe** zuführen, um **Planktonblüten** und andere **Wassermikroorgansimen**, die **Kohlendioxid in ihre Zellen aufnehmen**, zu fördern.
- **Aufforstung**: **Weltweites** Pflanzen von Bäumen, um Kohlenstoffsenken **in Form von Pflanzen zu schaffen.**
- **Beschleunigte Verwitterung**: Große Mengen an **Mineralien** aussetzen, um Kohlendioxid zu binden, indem es mit den Mineralien **reagiert** und **Karbonatgestein** formt.
- **Alkalisieren der Ozeane**: Den Ozeanen riesige Mengen an **basischen Mineralien**, wie **Kalkstein**, zuführen, sodass sie mit **Kohlendioxid reagieren**, um **Karbonate** zu bilden und der **Versauerung der Ozeane entgegenzuwirken**.
- **CO_2-Sequestrierung**: Fängt **Treibhausgase**, die durch **Energiegewinnung und Industrie** ausgestoßen werden, und lagert sie ein, bevor sie in die Atmosphäre gelangen. Dieser Vorgang reduziert die globale Kohlendioxidkonzentration aber nur, wenn die Energie durch Verbrennung von speziell angebauter **Biomasse** gewonnen wird.
- **Pflanzenkohle**: **Biomasse verkohlen, um Kohle** zu gewinnen, und diese verbrennen, sodass sie nicht verrotten und CO_2 freisetzen kann.

INFORMATIONSTHEORIE

Die Informationstheorie ist ein Teilbereich der Mathematik, der sich damit befasst, Informationen möglichst effizient zu codieren und zu übertragen.

SHANNON BITS

Diese Idee wurde als Erstes von **Claude Shannon** im Jahr **1948** im Aufsatz „A mathematical theory of commmunication" vorgestellt.

Shannons Vision verband alle Kommunikationsarten – **Telefonsignale, Nachrichten, Radiowellen und Bilder** –, die in **binären Zahlen oder Bits** codiert werden konnten.

000100100 00010010 00010010
101001101 101001101 101001101
00010010 00010010 00010010
111001001 111001001 111001001
00010010 00010010 00010010

Er zeigte, wie Information mit **absoluter Präzision quantifizierbar** ist, und demonstrierte die **grundlegende Einheit aller Informationsmedien**.

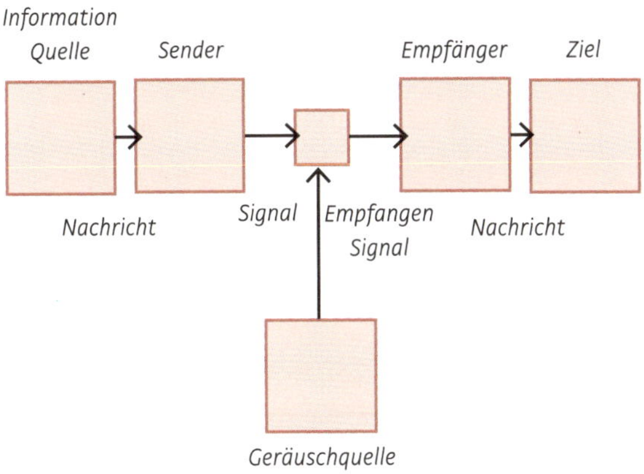

Shannon hat erklärt, dass alle **Kommunikationssysteme** eine **gemeinsame Form** haben. **Rauschen** kommt während der **Übertragung hinzu**.

INFORMATIONSENTROPIE

Das ist ein Maß für die **Unsicherheit in einer Nachricht**.

Über einen verrauschten Kanal gesendet, kann eine Nachricht zu mehreren möglichen Nachrichten werden. Das Ziel des Empfängers ist es, die **korrekte Nachricht trotz des Rauschens ohne Fehler wiederherzustellen**.

Informationstheorie führt zu einer **genauen, fehlerfreien** Datenkompression (z.B. ZIP-Dateien) und weniger genauen Datenkompressionen (z.B. MP3 und JPEG).

BAHNBRECHENDE ERFINDUNGEN

Die Informationstheorie war **ausschlaggebend für den Erfolg** der ***Voyager*-Missionen in das Weltall, die Erfindung der CD, der** Einführung der **Mobiltelefone** und der **Entwicklung des Internet**.

GESCHWINDIGKEITSLIMIT

Jeder Kommunikationskanal hat ein Geschwindigkeitslimit, das **Shannon Limit**, das in **Bits pro Sekunde** gemessen wird. Wenn dieses Limit überschritten wird, **schleichen sich Fehler ein**. Unterhalb dieses Limits kann die Nachricht fehlerfrei sein.

WÄRME

Wärme ist eine Energieform (siehe Seite 18) – die am wenigsten nützliche, da das Umwandeln von Wärme in nützliche Energie oder Arbeit schwierig und ineffizient ist.

DEFINITION WÄRME IST IN WIRKLICHKEIT DIE SCHNELLE BEWEGUNG VON ATOMEN ODER MOLEKÜLEN.

FRÜHE THEORIE

Im **18. Jahrhundert** dachte man, dass Wärme eine **Flüssigkeit namens kalorische Substanz** ist, die von einem **heißen zu einem kalten Objekt** fließt. Wenn man einen **heißen Stein** in einen **Eimer Wasser** gibt, fließt die „kalorische Substanz" vom Stein zum Wasser.

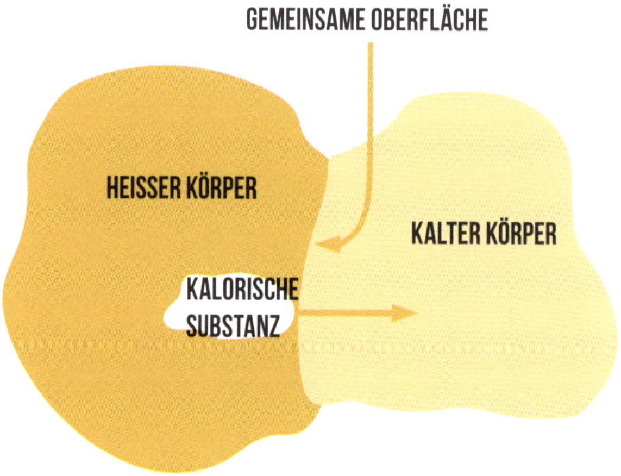

1798 hat der amerikanisch-britisch-deutsche Spion, Wissenschaftler und Diplomat **Benjamin Thompson** (siehe Seite 18) bemerkt, dass das **Ausbohren von Eisenkanonen** Wärme generiert und dass stumpfe Bohrer mehr Wärme produzieren als scharfe. Er folgerte, dass vor der Bohrung **keine kalorische Substanz in den Bohrern oder dem Eisen** war; woher kam die Wärme dann?

REIBUNG

James Prescott Joule meinte, dass die Wärme durch **Reibung** entstehe, und zeigte viele Fälle auf, in denen das der Fall zu sein schiene. Schließlich, nach viel Spott und Ablehnung, brachte er den **großartigen Physiker Lord Kelvin** dazu, ihm zuzustimmen.

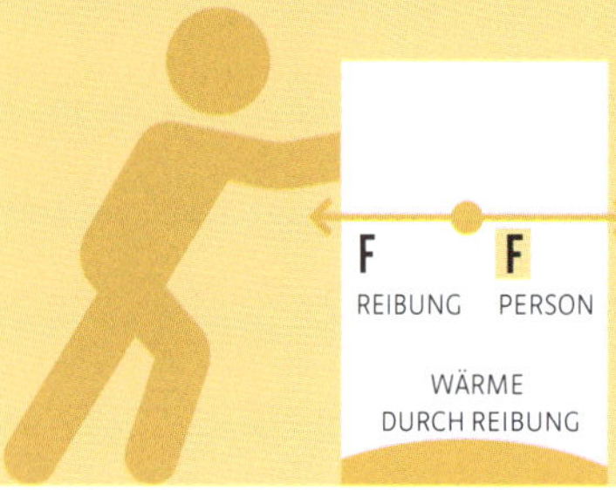

VERSCHWENDETE ENERGIE?

Wärme ist meist einfach verschwendete Energie, aber sie kann **in nützlichere Formen umgewandelt werden**, wie zum Beispiel beim **Stirlingmotor** (siehe Seite 168) oder bei **Kraftwerken** (siehe Seite 138).

LATENTE UND SENSIBLE WÄRME

In seiner **Vorlesung 1847** „On Matter, Living Force, and Heat" (Über Materie, Lebende Kraft und Wärme) definierte Joule die Fachbegriffe **latente Wärme** und **sensible Wärme** als **Bestandteile** der Wärme, die sich auf jeweils andere **physikalische Phänomene** auswirkt.

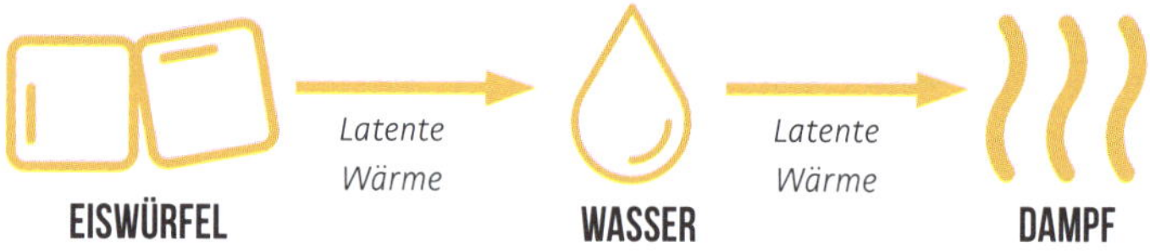

LEONARDO DA VINCI

Leonardo da Vinci war ein italienischer Maler, Wissenschaftler und Ingenieur, der von unverheirateten Eltern in der Stadt Vinci in der Nähe von Florenz in Italien geboren wurde.

DATEN 15. APRIL 1452 – 2. MAI 1519

KUNST

Malte *La Gioconda* (die ***Mona Lisa***) und viele weitere berühmte Werke.

Machte wunderschöne **anatomische Zeichnungen von Menschen und Tieren** und **ausführliche Aufzeichnungen** in Spiegelschrift.

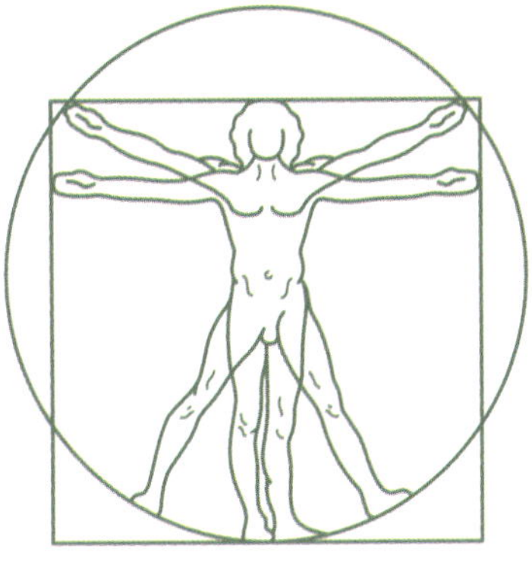

Er fertigte viele **Zeichnungen von Vögeln** und ihren **Flügeln** an und davon, wie sie **fliegen**.

ERFINDUNGEN

Er hatte eine außergewöhnliches Talent für das technische Zeichnen, sowohl bezüglich **existierender Maschinen** ...

... als auch **erfundener**, darunter einige **Flugmaschinen**; bis 250 Jahre nach seinem Tod konnte keine Maschine fliegen.

Ein Ingenieur ist für gewöhnlich jemand, der etwas baut. Leonardo baute eine **Reihe von Barrikaden**, um Venedig vor Angriffen zu schützen, und 1502 fertigte er eine Zeichnung für die **220 Meter lange Brücke für Konstantinopel**, aber die meisten seiner Zeichnungen und Entwürfen waren **nur Ideen**. Er hatte eine bemerkenswerte Vorstellung des Ingenieurwesens und wie Dinge funktionierten oder **in Zukunft** funktionieren könnten.

Er entwarf ein **Fahrrad** und einen **Fallschirm**, Jahrhunderte vor ihrer Zeit, ebenso wie **Musikinstrumente**, einen **mechanischen Ritter**, **hydraulische Pumpen**, **reversible Kurbeltriebe**, **gerippte Mörsergranaten**, **eine Dampfkanone** und eine **riesige Armbrust**.

HEBEL

Ein Hebel ist eine Art einfache Maschine: ein Gerät, um Arbeit durch Verstärkung der Kraft zu verrichten, sodass die Kraft, die über eine weite Distanz ausgeübt werden kann, auch auf kürzere Distanzen wirkt. Der Mathematiker und Ingenieur Archimedes definierte im antiken Griechenland das Hebelgesetz.

HEBELGESETZ

In **algebraischen Begriffen** sagt das Hebelgesetz, dass die Kraft, multipliziert mit dem **Abstand zum Drehpunkt** auf der einen Seite des Drehpunktes genau gleich groß ist, wie auf der anderen Seite.

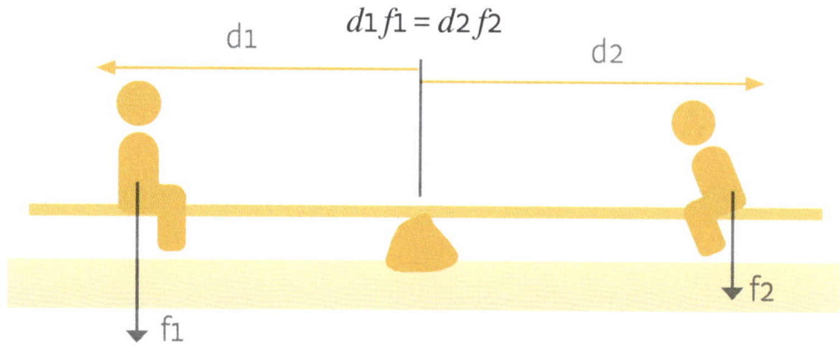

- **Vor 20 Millionen Jahren** Primaten verwenden erstmals Stöcke als Kraftverstärker
- **ca. 5000 v. Chr.** Schwebebalken wurde von den alten Ägyptern zum Wiegen verwendet
- **ca. 200 v. Chr.** Archimedes beweist das Hebelgesetz
- **ca. 1400 n. Chr.** Wissenschaftler der Renaissance definieren die sechs grundlegenden Arten von Maschinen: Hebel, Rolle, schiefe Ebene, Schraube, Keil und Seil

HEBEL AN UNERWARTETEN ORTEN

Hebel werden auf der ganzen Welt in unterschiedlichen Varianten verwendet. Das **Hebelgesetz** findet bei folgenden Dinge Anwendung: **Scheren, Flaschenöffnern, Nussknackern, Zangen, Heckenscheren, Bolzenschneidern, Brecheisen, Schraubenschlüsseln, Klauenhämmern, Wippen, Waagen, (Tennis- oder Baseball-)Schlägern**, und **Schubkarren**.

TEILE EINES HEBELS

Ein Hebel besteht aus vier Elementen:

- **Balken**: Strukturelement, das auf dem **Drehpunkt** schwenken oder sich bewegen kann
- **Anstrengung: Kraft**, die von einer Person/Maschine auf den Hebel ausgeübt wird
- **Drehpunkt**: der **Dreh- und Angelpunkt** eines Hebels
- **Last:** das **Objekt**, auf das der Hebel **einwirkt**

HEBELKLASSEN

Es gibt **drei Klassen von Hebeln**, abhängig von den relativen Positionen von **Anstrengung, Drehpunkt** und **Last**:

Klasse 1: **Anstrengung** und **Last** sind auf **gegenüberliegenden Seiten** des **Drehpunktes** (z.B. **Schere, Zange**).

Klasse 2: **Anstrengung** und **Last** befinden sich auf **der gleichen Seite** des **Drehpunktes, wobei die** Anstrengung weiter entfernt ist (z.B. **Schubkarren, Nussknacker**).

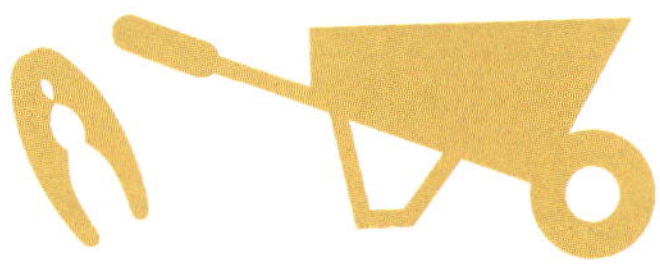

Klasse 3: **Anstrengung** und **Last** befinden sich auf **der gleichen Seite** des **Drehpunktes, aber die** Anstrengung ist zwischen Last und Drehpunkt (z.B. **Pinzetten, Baseballschläger**).

MECHANIK

Technische Mechanik, auch bekannt als Angewandte Mechanik ist ein spezieller Teilbereich der Physik, bekannt als Mechanik. Sie ist die Anwendung von Mechanik an praktischen Beispielen, z.B. wie Materialien, Bestandteile und Strukturen auf Krafteinwirkungen reagieren.

INGENIEURWESEN VS. KLASSISCHE MECHANIK

Die Mechanik ist der erste und grundlegende Teil der Physik. In der **klassischen Physik** (d.h. Physik, die sich nicht mit Relativität oder Quantenmechanik beschäftigt) ist es die **Wissenschaft von Körpern in Bewegung oder im Gleichgewicht**. Klassische Mechanik baut auf **Newtons Gesetzen der Bewegung** auf. Angewandte Mechanik tritt auf, wo die klassische Mechanik auf die Praxis trifft. **Angewandte Mechanik** lässt sich weiter in **zwei Kategorien teilen**: **Statik** und **Dynamik**.

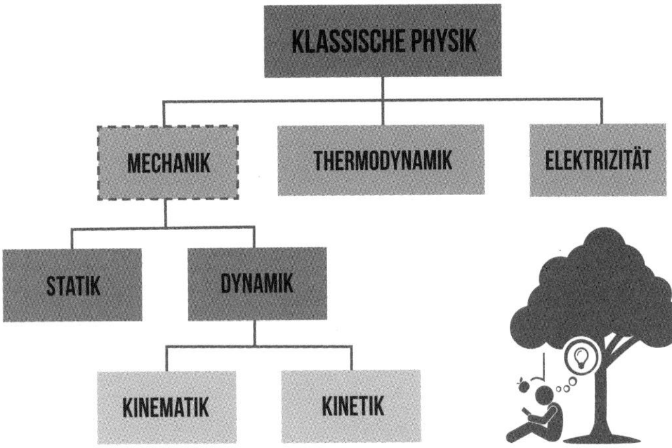

STATIK

Das ist der Bereich der Mechanik, der sich mit der **Analyse von Körpern in statischem Gleichgewicht** befasst (d.h. wo sich die Kräfte gegenseitig aufheben). **Newtons zweites Gesetz der Bewegung** besagt: Kraft = Masse x Bewegung. Statik beschäftigt sich mit Situationen, in denen die **Bewegung** gleich **null** ist, was bedeutet, dass die Nettokraft auf einen Körper auch null sein muss.

DYNAMIK

Das ist der Bereich der Mechanik, der sich mit der **Analyse von nicht statischen Körpern** befasst (d.h. wo sich die Kräfte gegenseitig nicht komplett aufheben). Sie unterteilt sich weiter in **Kinematik** (Analyse dynamischer Körper *ohne* Rücksicht auf die Kräfte, die für die Bewegung notwendig sind) und **Kinetik** (Analyse dynamischer Körper *mit* Rücksicht auf bewegende Kräfte).

STRÖMUNGSMECHANIK

Es gibt noch andere Arten der Mechanik. **Quantenmechanik** befindet sich momentan außerhalb des Zuständigkeitsbereich des Ingenieurwesens, aber Bereiche wie **Strömungsmechanik**, die Wissenschaft von Flüssigkeiten und Körpern in **relativer Bewegung**, sind wichtig.

FREIKÖRPERBILDER

Ein wichtiges Werkzeug für Ingenieure, die mit Statik arbeiten, ist das Freikörperbild: Ein Bild zeigt **alle Kräfte, die auf den Körper im Ruhezustand einwirken** (d.h. nicht unter Bewegung). Alle diese Kräfte müssen einander **gegenseitig aufheben**.

EIN BLOCK AUF EINER RAMPE

FREIKÖRPERBILD DES BLOCKS

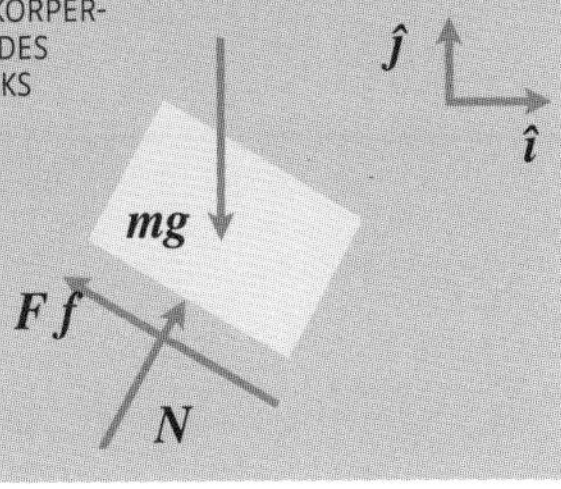

NANOTECHNOLOGIE

Nano bedeutet sehr klein. Ein Nanometer ist ein Milliardstel eines Meters: 1 nm = 10^{-9} m. Nanotechnologie ist Ingenieurwesen im atomischen oder molekularen Größenbereich.

FORSCHUNG DER 1980ER

1981 haben **Gerd Binnig** und **Heinrich Rohrer** das **Rastertunnelmikroskop** erfunden und es Wissenschaftlern so ermöglicht, Atome und Verbindungen zwischen ihnen zu sehen und später **einzelne Atome zu manipulieren**.

1985 **entdeckten** Harry Kroto**,** Richard Smalley und Robert Curl **das außergewöhnliche Molekül C60,** bei dem **60 Kohlenstoffatome** in der Form eines Fußballs angeordnet sind. Es wurde **Buckminsterfulleren** genannt, nach den Strukturen des Architekten Buckminster Fuller, und später zu **Fulleren** verkürzt.

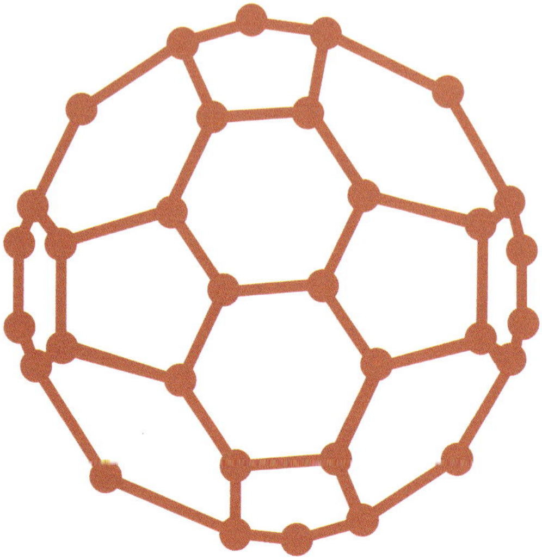

NANOPARTIKEL IN GEWÖHNLICHEN PRODUKTEN

Nanopartikel aus Silber sind **bakterizid** und wurden in die Oberfläche von **Schneidbrettern** eingearbeitet. Intel produziert **Mikroprozessoren** durch Nanolithografie.

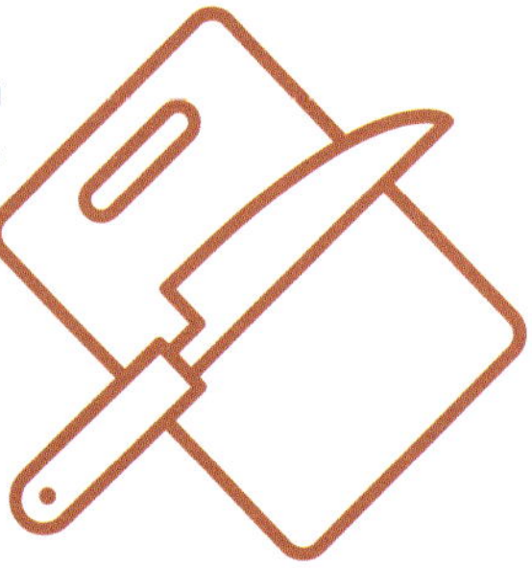

Nanopartikel aus Titandioxid werden in **Sonnencremen** verwendet; ebenso werden sie **Glas** beigefügt, um es **schmutzabweisend und selbstreinigend** zu machen.

AKTUELLE UND ZUKÜNFTIGE FORSCHUNG

Nanotechnologie ist ein **spannender und schnell wachsender** Forschungsbereich. Wissenschaftler experimentieren mit **molekularer Selbstassemblierung**, die es ermöglichen soll, komplexe chemische Strukturen automatisch zu synthetisieren, während **Martin Burke** einen molekularen **3D-Drucker** entwickelt hat.

FULLEREN

Fulleren ist ein **zu großes Molekül,** um als Nano zu gelten, aber die späteren Derivate **Kohlenstoffnanoröhren (CNTs)** haben ca. **1 mm** Durchmesser und eine Länge von 100 nm bis 0,5 m. Sie sind außerordentlich stark und werden für **Bootsrümpfe**, **Autoteile**, **Sportartikel**, **schmutzabweisende Kleidung** und viele andere Dinge eingesetzt.

GRAPHEN

Graphen (**eine einzelne Schicht aus Kohlenstoffatomen**) wird verwendet, um **Plastik stärker** und **leitfähiger zu machen,** ebenso wie in **elektronischen und photonischen (optischen) Schaltkreisen**, **Transistoren** und **Solarzellen**.

ERNEUERBARE ENERGIE

Erneuerbare Energie ist Energie aus Ressourcen, die nicht begrenzt sind, sondern ständig erneuert werden. Eine der größten technischen Herausforderungen unserer Zeit ist, die Technologie zu entwickeln und skalieren, um erneuerbare Energie ausreichend, kosteneffizient, verlässlich und zugänglich zu machen.

- **ca. 3500 v. Chr.** Segelboote nutzen Wind, um Schiffe zu bewegen
- **400 v. Chr.** Erster schriftlicher Hinweis auf Wasserräder
- **3. Jahrhundert v. Chr.** Griechen und Römer nutzen konzentrierende Spiegel, um Fackeln mit Sonnenenergie anzuzünden
- **1. Jahrhundert n. Chr.** Heron von Alexandria beschreibt eine windbetriebene Maschine
- **644** Frühester bekannter Hinweis auf eine Windmühle in Persien
- **1839** Edmond Becquerel entdeckt die photovoltaische Wirkung
- **1879** Erstes Wasserkraftwerk wird bei den Niagarafällen gebaut
- **1888** Erstes **Windkraftwerk**
- **1904** Erstes Erdwärmekraftwerk in Larderello in Italien
- **1954** Erste Photovoltaik-Zelle aus Silizium
- **1966** Erstes Gezeitenkraftwerk an der Flussmündung des Rance in der Bretagne in Frankreich
- **2000** Erstes kommerziell genutztes Wellenkraftwerk wird auf Islay in Schottland gebaut

ARTEN VON ERNEUERBARER ENERGIE

Viele, aber nicht alle Quellen erneuerbarer Energie können auf die **Sonne** zurückgeführt werden. Die Hauptkategorien sind:

- **Solar**: die **Strahlung der Sonne** zu verwenden, um **Elektrizität** zu gewinnen, wie z.B. mit Solarpanels; oder um **Wärme** zu generieren, die direkt dazu verwendet werden kann, um Elektrizität zu gewinnen.
- **Wind**: Windturbinen auf See oder an Land nutzen Flügel, um **Windenergie in kinetische Energie umzuwandeln**, um Stromgeneratoren zu betreiben.
- **Wasserkraft**: **Sonnenstrahlung** betreibt den **Wasserkreislauf**, und **Wasserkraft** kommt in diesem Kreislauf zu Nutzen, indem zum Beispiel fallendes Wasser verwendet wird, um **Turbinen** anzutreiben.
- **Meeresenergie**: **Wellenenergie** wird aus **Wind** generiert; **Gezeitenenergie** entsteht durch die **Gravitationswirkung** von **Sonne** und **Mond**; **Wärmegefälle** im Ozean entstehen durch **Sonnenerwärmung** und Strömungen; **Strömungen** entstehen durch eine Kombination anderer Quellen.
- **Erdwärme:** Dadurch, dass Erdwärme durch den **Verfall radioaktiver Elemente** entsteht, kann sie direkt angezapft werden, um **Wärme** oder **Dampf** für Turbinen zu generieren.
- **Biomasse**: **Natürliche Prozesse**, um Sonnenstrahlung in **chemische Energie** umzuwandeln, erzeugen erneuerbare Energie in Form von Biomasse, die **verbrannt** oder in **Biotreibstoff** umgewandelt werden kann.

SPEICHERPROBLEM

Eines der größten Probleme, des Ingenieurwesens in Hinblick auf erneuerbare Energie ist, sie so zu speichern, dass sie genutzt werden kann wann und wo sie gebraucht wird, und nicht nur dann, wenn beispielsweise der Wind weht oder die Sonne scheint.

RISIKO

Alle Projekte des Ingenieurwesens haben ein Element des Risikos. Die Aufgabe eines Ingenieurs in jedem Projekt ist es, alle möglichen Risiken des Projektes zu bewerten und sie bei der Gestaltung zu berücksichtigen.

BEISPIELE FÜR RISIKEN

Geringes Risiko: Beim Schwingen eines **Hammers** könnte man den **Daumen** statt des **Nagels** treffen.

Hohes Risiko: Ingenieure dürfen bei ihren **Berechnungen** für die Gebäudeplanung keine wesentlichen Faktoren außer Acht lassen, damit ihre **Strukturen auch starken Erdbeben standhalten** können.

FUKUSHIMA

Am **11. März 2011** überschwemmte ein in dem Ausmaß noch nie dagewesener **Tsunami** die **9 Meter hohe Ufermauer** der japanischen Stadt Fukushima und den **Nuklearreaktor** dahinter, was zu einem massiven Leck **radioaktiven Materials** führte. Niemand starb direkt durch die radioaktive Strahlung, aber ca. **20.000 Personen ertranken** oder starben an Ereignissen, die durch den Tsunami ausgelöst wurden. Die Ufermauer war sehr hoch, aber **hätte der Baumeister sie höher bauen sollen?** Die riesige Wasserwand **war viel gefährlicher als die Radioaktivität**.

BRÜCKEN

Am **28. Dezember 1879** stürzte die Firth-of-Tay-Brücke ein, als ein Zug sie während eines Sturms überquerte Dies forderte **75 Menschenleben**. Der Ingenieur **Sir Thomas Bouch** wurde bezüglich der **Windlasten** schlecht beraten und das Gusseisen, das für die Brücke verwendet wurde, hatte **minderwertige Qualität**.

Brücken und ähnliche Strukturen werden meist bewusst **overengineered**, um viel **größere Lasten** zu ermöglichen als erwartet.

AUTOVERKEHR

Die meisten Menschen haben ein schlechtes Urteilsvermögen, was Risiken betrifft, und erkennen nicht, dass **Autofahren gefährlicher ist als Fliegen**, da sie im Auto die Kontrolle haben, aber im Flugzeug ein Gefühl der Hilflosigkeit verspüren. Alleine in den USA sterben jährlich **35.000 Personen bei Verkehrsunfällen**, während auf der ganzen Welt durchschnittlich **weniger als 1000 Personen in Flugzeugabstürzen** ihr Leben verlieren.

BODENMECHANIK

Gebäude und ingenieurtechnische Bauten müssen auf etwas gebaut sein, und dieses Etwas ist meist Erde. Erde ist auch ein wichtiger Bestandteil von Strukturen wie Deichen und Dämmen. Es ist essenziell, zu verstehen, wie der Erdboden auf Kräfte reagiert.

DIE GROSSEN SECHS

Bodenmechanik wird durch die **sechs Eigenschaften von Boden** bestimmt

- **Reibung**: Wie rutschfest ist eine Erdmasse? Je mehr Wasser enthalten ist, desto geringer ist die Reibung, weshalb Lehm weniger Reibung als Sand oder Kies hat.
- **Kohäsion**: **Anziehung** zwischen den Partikeln, die die Klebrigkeit des Bodens ausmachen. **Lehm** ist **kohäsiver** als **Erde** oder **Kies**.
- **Kompressibilität**: Inwieweit wird der Boden unter einer **Belastung** zusammengedrückt?
- **Elastizität**: In welchem Ausmaß wird sich der Boden nach einer Kompression wieder **zu seiner vorigen Dichtigkeit ausdehnen**?
- **Permeabilität**: Wie gut **fließt Wasser** durch den Boden?
- **Kapillarität**: In welchem Ausmaß wird **Wasser** vom Grundwasserspiegel **durch** die Erde nach oben gezogen?

FUNDAMENTE

Fundamente werden benötigt, um das **Gewicht einer Struktur auf den Boden zu übertragen**, sodass sie stabil bleibt. Die **Art des Fundaments** muss **an die Bodenmechanik angepasst sein**, sonst kann die Erde **scheren** (entlang der Bewegungsebenen gleiten) oder sich unter Kompression **uneben setzen**. Arten von Fundamenten sind unter anderem:

- **Punktfundamente**, bei denen Fundamente direkt unter die **lasttragenden Elemente** wie **Säulen** oder **Wände** gesetzt werden
- **Flächengründungen**, wo eine **Platte** – normalerweise aus **Stahlbeton** – unter dem gesamten Gebäude liegt
- **Schwimmende Gründung**, wo **feste Boxfundamente** so tief gesetzt werden, dass das **Gewicht der ausgehobenen Erde gleich groß ist wie das der Struktur darüber**, sodass die Erde darunter **dasselbe Gewicht trägt** wie davor
- **Pfahlgründung, wo sich** Säulen **bis in das** Grundgestein **erstrecken, um** die Ladung direkt zu übertragen
- **Pfahl-Platten-Gründung**, die **die Last direkt an der gesamten Länge der Pfähle überträgt**

ALLGEMEINES

HANGSTABILITÄT

Die Schwerkraft übt eine **Kraft** auf die Erde in einem **Hang** aus. Dieser wird durch **Reibung** und **Kohäsion** zwischen den **Erdpartikeln entgegengewirkt. Bodenmechaniker** beurteilen die **Stabilität** eines Hangs aufgrund des **Verhältnisses zwischen diesen Kräften**. Ein Verhältnis von genau Eins zeigt an, dass die Kräfte **ausgeglichen sind**. Ein Verhältnis von Zwei zeigt an, dass die stabilisierenden Kräfte **doppelt so stark** sind wie die bewegende Kraft. Ein Hang mit weniger als Eins **rutscht vielleicht oder bricht ein. Wasserspiegel und Bewegungen im Boden** beeinträchtigen dieses Verhältnis.

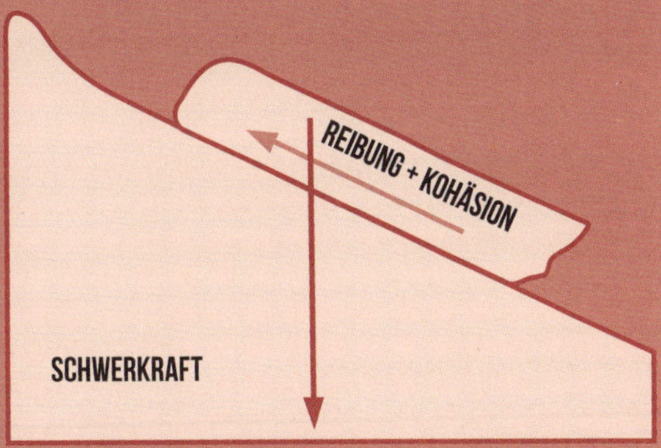

VERMESSUNG

Vermessung bedeutet, einen Landstrich oder Gebäude zu studieren und zu messen und jedes Stück eines Landstrichs oder Gebäudeplans zu identifizieren.

ALTES ÄGYPTEN

Die **Cheops-Pyramide** in Ägypten hat die Seiten exakt nach **Nord-Süd** und **Ost-West** ausgerichtet. Die Vermesser fanden den Süden vermutlich dadurch, dass sie die **Positionen des Sonnenaufgangs und Sonnenuntergangs** an einem Tag gemessen haben und den **Winkel zwischen ihnen halbiert haben**.

ALTES GRIECHENLAND

Die Griechen waren Meister im Vermessen; das Wort ***Geometrie*** **bedeutet „das Land vermessen“**.

Um **550 v. Chr.**, verwendete **Eupalinos** (siehe Seite 39) einfache Vermessungstechniken, um herauszufinden, wo er den **zweiten Tunnel** auf der Insel **Samos beginnen** sollte.

RÖMER

Die Römer haben einfache Methoden verwendet, um **gerade Straßen** zu planen, meist haben sie den **kürzesten Weg von A nach B** genommen.

Hauptsächlich hat der römische Vermesser, oder **Gromaticus**, einen **Groma** verwendet, der in **Mesopotamien** erfunden wurde. Es war ein einfaches, **tragbares** Gerät mit **Senklot und Visierkreuz**.

VERMESSUNGSGERÄTE

1571 **beschrieb der englische Wissenschaftler** Leonard Digges **den** Theodolit**: ein Instrument, um Horizontalwinkel zu messen, das auch heute noch verwendet wird.**

Zusätzlich zum **Theodolit** verwenden **Vermesser heute Maßband, Totalstation**, die Winkel und Distanzen misst, **3D-Scanner**, ein **Nivelliergerät**, ein **optisches Gerät**, gemeinsam mit einer **Nivellier- oder Messlatte**.

KARTIERUNG

Für die Kartierung wurden **Fluggeräte und Satelliten** verwendet, aber in Großbritannien hofft der Ordnance Survey, in naher Zukunft **solarbetriebene Drohnen in großer Höhe** zu betreiben, die monatelang in der **Stratosphäre** fliegen können, ohne dass man die **Batterie tauschen muss**.

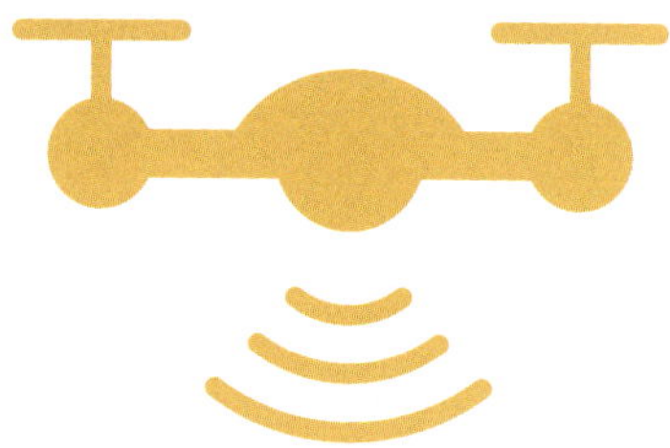

THERMODYNAMIK

Thermodynamik ist der Bereich der Wissenschaft, der sich mit Wärme, Temperatur, Energie, Arbeit und der Verbindung zwischen ihnen beschäftigt.

LATENTE WÄRME

1761 entdeckte **Joseph Black** die latente Wärme: die Wärme, die notwendig ist, um **Eis zu schmelzen,** und die **Wärme, die abgegeben wird, wenn Dampf zu Wasser kondensiert**.

DAMPFMASCHINE

1769 hatte **James Watt** die brillante Idee, einen **separaten Kondensator** zu verwenden, um die Effizienz der **Dampfmaschine von Newcomen** (siehe Seite 49) zu verbessern.

CARNOTSCHER KREISPROZESS

1824 wollte der **französische Ingenieur Nikola Leonard Sadi Carnot** die Effizienz noch weiter verbessern.

Er beschrieb den Betrieb einer perfekten, **verlustfreien** Dampfmaschine – eine Wärmemaschine, die zwischen **zwei Wärmespeichern** arbeitet, wobei Dampf Wärmeenergie in **mechanische Arbeit** umwandelt. Der „Carnotsche Kreisprozess“ brachte ihm den Titel **Vater der Thermodynamik**.

ERSTER HAUPTSATZ

1850 bewies **Rudolph Claudius, dass Wärme nicht von einem** kälteren Objekt zu einem wärmeren fließt**. Er verstand auch, dass Energie bei jedem Vorgang in einem** geschlossenen System **erhalten bleibt, sie kann nicht** geschaffen oder vernichtet werden**.** Das ist der erste Hauptsatz der Thermodynamik.

ZWEITER HAUPTSATZ

In jedem wirklichen System wird Energie immer als Wärme **verbraucht**; diesen Verlust nennt man **Entropie**. Das ist das **zweite Gesetz** der Thermodynamik Die Tatsache, dass Entropie **stetig zunimmt**, ist einer der Gründe, warum die **Zeit vergeht**.

LORD KELVIN

1854 formulierten **William Thomson** (später Lord Kelvin) und **William Rankine** präzise Versionen des ersten und zweiten Gesetzes.

Thompson hatte die Idee einer **absoluten Temperaturskala.** Diese misst in **Kelvin**; null K ist der absolute Nullpunkt der Temperatur; nichts kann kälter sein.

EXERGIE

1873 erfand ***J. Willard Gibbs*** die Idee der zugänglichen Energie – von **Zora Rant 1956** „Exergie“ genannt (aus dem griechischen ***ex*** und ***ergon***, was „aus Energie“ bedeutet). Die **Exergie** eines Systems ist die **maximale nutzbare Arbeit** während eines Prozesses, die das System in ein **Equilibrium** mit einem **Wärmespeicher** bringt.

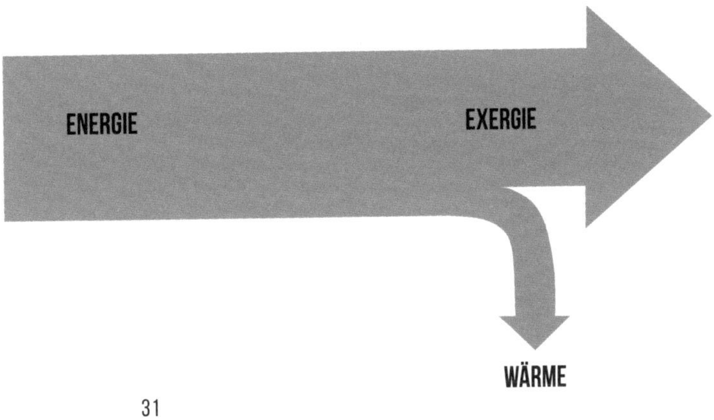

ALLGEMEINES

FACHWERKKONSTRUKTION

Ein Fachwerk ist eine Konstruktion aus geraden Teilen, die über Gelenke , meist als Dreiecke, verbunden sind, sodass die gesamte Konstruktion als eine Einheit funktioniert. Jeder Teil steht entweder unter Druck oder Spannung.

ARTEN VON FACHWERKEN

Die **Dachsparren und Deckenbalken** eines einfachen Fachwerks, bei dem die **schrägen Teile** unter **Druck**, und die **horizontalen Teile** unter **Spannung** stehen.

Der **elementare Diamantrahmen** eines Fahrrades ist ein **flaches Fachwerk**, das aus **zwei Dreiecken** besteht. Diese Art von Fachwerk ist **viel leichter**, als ein Balken oder eine Struktur aus **Feststoff** wäre.

Ein **Gitterrahmen** ist ein **dreidimensionales Gitter** aus Dreiecken, das beispielsweise bei Pylonen verwendet wird, die **Elektrizität in Hochspannung** befördern.

Das **Sparrendach**, das um **1614** von **Inigo Jones** nach England gebracht wurde, erlaubte es **Christopher Wren Häuser** mit **flachen Decken** zu bauen, da die **vertikalen** Streben unter Zug stehen und die **horizontalen** Teile stützen.

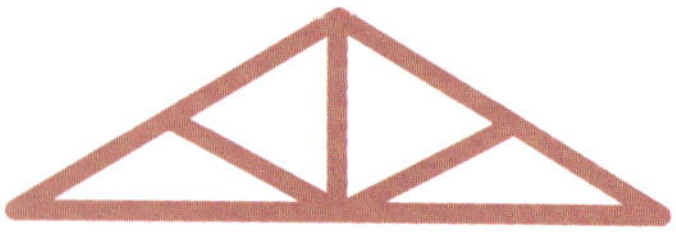

Das **Kehlbalkendach** ist eine **erweiterte Form** des Sparrendachs.

1844 patentierten Caleb und Thomas Pratt den **Pratt Truss**, der beim **Bau vieler Brücken** verwendet wurde, zuerst aus **Holz**, dann **Eisen** und schließlich aus **Stahl**.

1820 **patentierte der amerikanische Ingenieur** Ithiel Town **den** Town Lattice Truss**, der am meisten für** Fachwerkbrücken **verwendet wurde.** Die vielen, eng gesetzten diagonalen Elemente **können aus** Brettern **und auch** ohne einschlägige Ausbildung **gefertigt werden.**

VISKOSITÄT

Eine dicke, klebrige Flüssigkeit nennt man viskos (zähflüssig). In der Praxis ist Viskosität die Menge an interner Reibung; die Kraft pro Einheit, die dem Fluss entgegenwirkt.

GESETZ VON STOKES

Sir George Stokes untersuchte die **Viskosität** in den **1840ern**. Das Gesetz von Stokes erlaubt es Wissenschaftlern, die **Viskosität einer Flüssigkeit zu berechnen**, indem eine **Kugel** durch eine **mit Flüssigkeit gefüllte Röhre** fallen gelassen und die **Endgeschwindigkeit** gemessen wird.

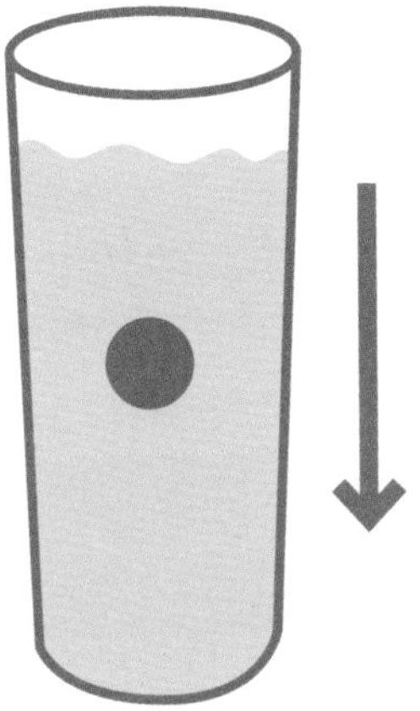

REIBUNG

Rinnt eine **Flüssigkeit (oder Gas)** durch ein Rohr, wird sie durch Reibung an den **Rändern** gebremst, dadurch bewegen sich aufeinanderfolgende Schichten schneller, je **näher man der Mitte** kommt. Viskosität ist eine **Maßeinheit der Reibung** zwischen **aufeinanderfolgenden Schichten**.

VISKOSITÄT ERKLÄREN

Sirup ist **viel zähflüssiger als Wasser**. **Thixotrope Flüssigkeiten**, wie Tomatenketchup, werden flüssiger, wenn sie geschüttelt oder gerührt **werden.**

ALLGEMEINES

EINFLUSS VON LUFT UND WASSER

Die Viskosität von Luft führt zum **Strömungswiderstand eines Flugzeugs**; die Viskosität von **Wasser bremst Boote und Schiffe**. Flugzeuge und Schiffe sind **stromlinienförmig**, gebaut, um **diesen Widerstand zu minimieren**.

EINFLUSS VON TEMPERATUR

Bei Temperaturen nahe am **absoluten Nullpunkt**, fällt die Viskosität von **Supraflüssigkeiten** wie z.B. **Helium-3 und Helium-4** auf null. Wenn etwas davon in einen Becher gegeben wird, kriecht ein **dünner Film die Becherwand hinauf**, über den Rand und an der Außenseite hinunter.

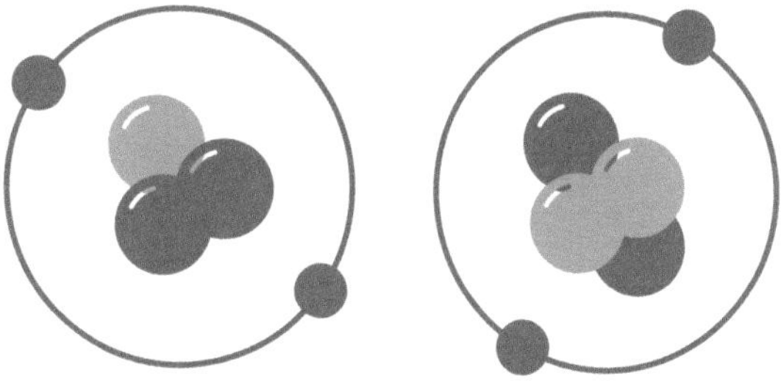

SCHWACHSTELLEN

Ingenieure können Schwachstellen reduzieren, indem sie Risiken bewerten und in Betracht ziehen, bevor sie ein Projekt beginnen, und Möglichkeiten aufzeigen, mit Katastrophen umzugehen, wenn sie auftreten.

NATURKATASTROPHEN

Die Schadenanfälligkeit einer **Person**, eines **Systems** oder **Gebäudes** liegt darin, mit den Auswirkungen einer **feindlichen Umgebung** nicht umgehen zu können. Beispielsweise kann ein **Gebäude**, das auf **flachem Land nahe eines Flusses** gebaut wurde, **überschwemmt werden**.

In **Erdbebenzonen** sind viele Bauten anfällig für **Erschütterungen** (siehe Seite 14).

HÄUFIGE SCHWACHSTELLEN

Ältere Menschen haben oft **Probleme** mit **Stiegen**.

In den USA sterben jährlich **35.000** Personen bei **Autounfällen**; jeder, der mit dem Auto fährt, ist gefährdet.

GEFÄHRLICHE HOBBIES

Manche Menschen setzen sich freiwillig Gefahren aus. Beispielsweise wählen **Kletterer**, **Schifahrer**, und **Taucher** diese Beschäftigungen wegen des **Nervenkitzels**.

GEFÄHRLICHE SUBSTANZEN

Notdienstpersonal braucht **Schutzkleidung**, um mit **gefährliche Substanzen** zu hantieren.

SCHWACHSTELLEN ENTSCHÄRFEN

Die Aufgabe eines Ingenieurs ist es, die Anfälligkeit von Personen oder Gebäuden **zu vermeiden**, indem sie die Risiken bei ihrer Arbeit eindämmen (siehe Seite 28).

Das geht von **von Bombenkellern** bei **Krieg** ...

... bis zu **Fahrradhelmen**.

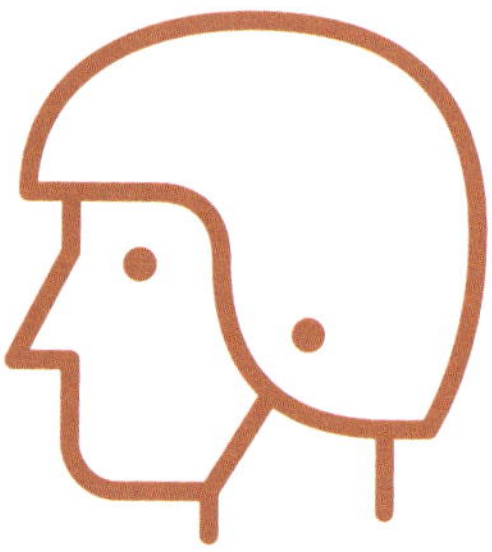

TOILETTEN

Toiletten sind eine elegante Lösung, menschliche Ausscheidungen zu entsorgen. Toiletten gab es bereits in einigen der frühesten Gesellschaften; die Toilette, wie wir sie heute kennen, entstand im 18. Jahrhundert und hat sich seither erstaunliche wenig verändert.

ca. 2500 v. Chr. Erste Toiletten mit Holzsitzen und Abwasserkanälen, aufgebaut im Indus Valley in den Städten Mohenjo Daro und Harappa

ca. 2000 v. Chr. Erste Toilette zum Spülen im minoischen Palast von Knossos

ca. 100 v. Chr. Römische öffentliche Toiletten mit fließendem Wasser

ca. 1200 n. Chr. Schlösser im Mittelalter haben Aborte

1596 Sir John Harrington entwirft für Elisabeth I. eine Latrine mit einer Zisterne über dem Kopf und einer Hebel-gesteuerten Klappe

1775 Der britische Uhrmacher Alexander Cummings patentiert den Rohrbogen, auch „Gestankfalle" genannt

1778 Toilette zum Spülen patentiert von Joseph Bramah von Yorkshire in England

1885 Der britische Porzellanhersteller Thomas Twyford und der Sanitärtechniker J. G. Jennings schaffen die erste in einem Stück gefertigte Toilette aus Porzellan

TOILETTENPAPIER

Vor der Erfindung des Toilettenpapiers, wurde der Po mit verschiedensten Artikeln gereinigt, von **Schwämmen auf Stöcken** (**altes Rom**) über **Wolle** oder **Baumwolle** (reiche **europäische Händler**) zu **Maiskolben** (**Kolonialamerika**). Zwar wurde Papier zum Reinigen des Pos schon im 6. Jahrhundert in **China** verwendet, aber spezielles Toilettenpapier wurde erst 1857 vom Amerikaner **Joseph Gayetty** erfunden. In den 1880ern begannen die **Brüder Scott** Toilettenpapier auf Rollen zu verkaufen.

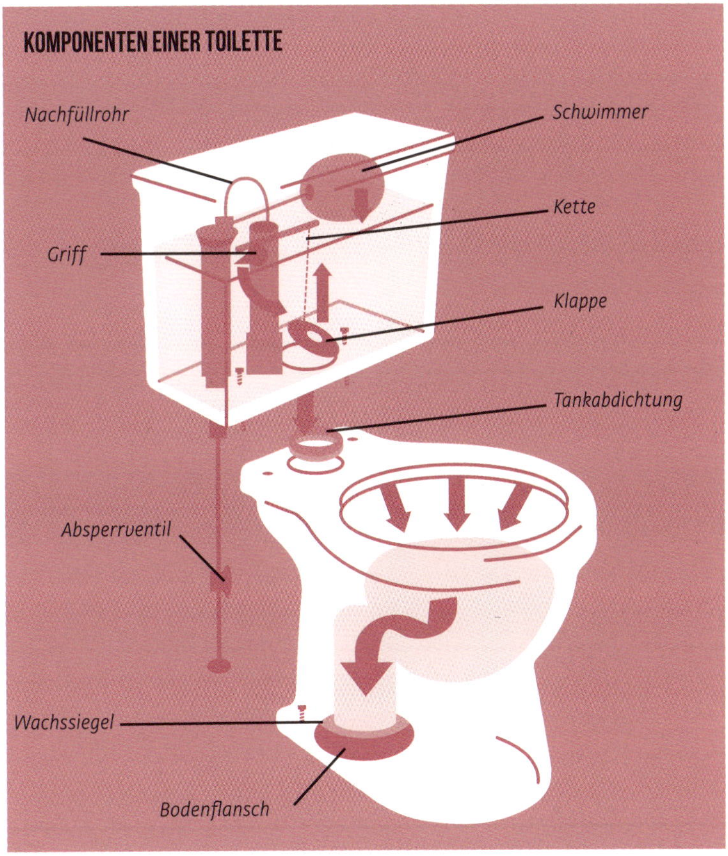

DÄMME

Ein Damm ist eine Struktur, die aus verschiedenen Gründen quer durch fließendes Wasser gebaut wird; z.B. für Versorgung, Bewässerung, als Energiequelle, zur Verbesserung der Navigierbarkeit, Freizeitmöglichkeiten zu bieten oder Überflutungen und Durchflussmengen zu kontrollieren.

TEILE EINES DAMMS

Die Elemente eines Damms sind durch die **Stromauf-und-abwärts-Achse** definiert. Der **aufwärtige Dammfuß** befindet sich dort, wo die Oberwasserseite auf den Damm trifft; der **abwärtige Dammfuß** befindet sich dort, wo die Unterwasserseite auf den Damm trifft. Das Wasser, das auf der Oberwasserseite gestaut wird, ist der **Stausee**; das Wasser unter dem Damm ist das **Unterwasser**. Das **Freibord** ist der Platz zwischen der **Stauseeoberfläche** und dem **niedrigsten Punkt**, an dem es den Damm **überlaufen** kann. Ein **Gerinne** ist ein Kanal, durch den Wasser über oder rund um den Damm abgeleitet werden kann. **Widerlager** sind die **natürlichen** oder **künstlichen** Teile der Talwände, gegen die der Damm gebaut wurde.

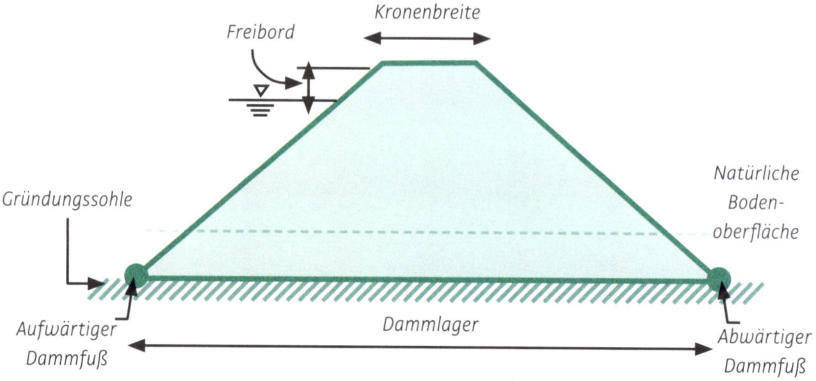

BIBERDÄMME

Menschen sind nicht die einzigen Lebewesen, die Dämme errichten. Ein durchschnittlicher Biberdamm ist ca. 1,8 m hoch und 1,5 m breit. Der größte entdeckte Biberdamm am südlichen Ende des Wood Buffalo National Park in Alberta in Kanada **ist 850 Meter breit und wurde vermutlich über 20 Jahre hinweg von den Bibern gebaut.**

ARTEN VON DÄMMEN

Ein Damm muss den **Kräften, die vom gestauten Wasser ausgeübt werden** widerstehen können. Die Haupttypen der Dämme lösen dies auf verschiedene Arten:

- **Bogen**: Dadurch, dass der Damm gebogen ist, wird der Druck in die Talwände abgeleitet. Diese Art wird oft in **engen Tälern mit steilen Wänden** angewandt.
- Stützwand: Stützwände auf der Unterwasserseite **stützen den Damm**, sodass zwischen den Stützwänden weniger Material verwendet werden muss.
- **Staudamm**: Sie haben einen breiteren Querschnitt und finden häufiger in **breiten Tälern** Anwendung. Sie verwenden **natürliche Materialien** wie **Erde** oder **Steine**, und haben meist einen **undurchdringbaren Kern**.
- **Gewichtsstaumauer**: Diese beziehen ihren **Stabilität** aus dem **Eigengewicht** und haben meist einen **dreieckigen** Querschnitt.

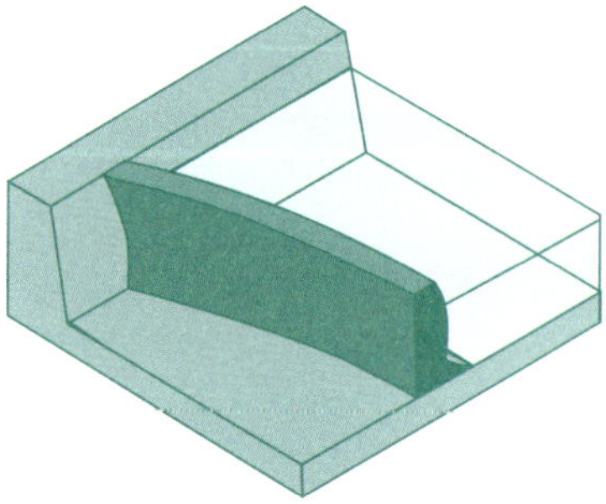

DIE BRONZEZEIT

Die Bronzezeit hat ihren Namen von der technischen Entwicklung, die auf die Steinzeit folgte, als die Menschen lernten, Metall zu bearbeiten. Sie begann um 4500 v. Chr. im Nahen Osten, erreichte Nordeuropa aber erst 500 v. Chr..

- **ca. 6500 v. Chr.** Erste Kupferobjekte in Ostanatolien
- **ca. 4500 v. Chr.** Beginn des Chalkolithikums (Kupfer-Stein-Zeit), bzw. die Frühe Bronzezeit
- **ca. 4000 v. Chr.** Metallurgen in Anatolien entdecken Bronze, indem sie Kupfer mit Arsen mischen
- **ca. 3500 v. Chr.** Kupfermetallbearbeitung ist in Mesopotamien weit verbreitet
- **ca. 3000 v. Chr.** Chalkolithikum im Mittelmeerraum, breitet sich nach Europa aus; in Mesopotamien ersetzt Zinn Arsen in Kupferlegierungen
- **ca. 2500 v. Chr.** Bronze erstmals in Britannien
- **ca. 2000 v. Chr.** Zinnablagerungen in Cornwall
- **ca. 1200 v. Chr.** Beginn der Eisenzeit im Nahen Osten
- **ca. 1000 v. Chr.** Blei wird Bronze zugegeben
- **ca. 500 v. Chr.** Ende der Bronzezeit in Europa
- **15. Jahrhundert n. Chr** Bronzezeit in Mexiko

FRÜHE ZINN-BRONZE

Cu + Sn = Bronze

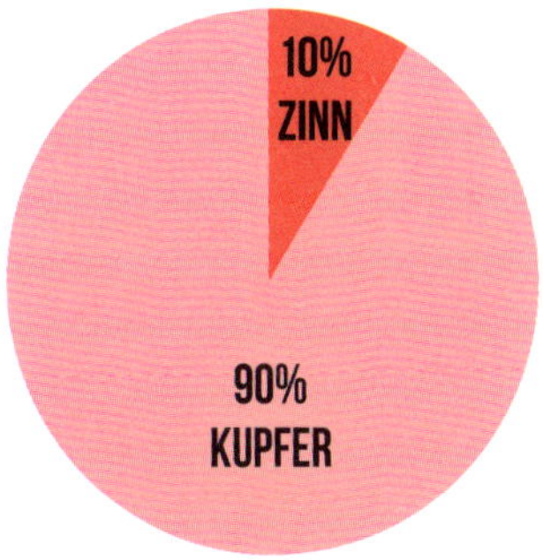

KUPFER UND BRONZE

Bronze ist eine Legierung aus Kupfer, normalerweise mit **Zinn**. Als **prähistorische Völker** die **Metallurgie** entwickelten, begannen sie mit Kupfer, da dies in natürlicher Form auftritt (pur) und **vermischten** es mit anderen Elemente, um Bronze zu gewinnen. Dieses ist leichter zu bearbeiten und ergibt stärkere **Werkzeuge** und **Waffen**.

URSPRUNG DER ZIVILISATION

Die Kontrolle über die Ressourcen und Technologien der Bronzeherstellung half dabei, **Stadtstaaten** und **Zivilisationen** zu gründen, sodass die **Bronzezeit** Zeuge **der ersten Zivilisationen in Mesopotamien** war, mit **Schrift**, **Buchhaltung** und **höherer Mathematik**.

FORTSCHRITTE DER BRONZEZEIT

Die technologischen und bautechnischen Fortschritte während der Bronzezeit sind unter anderem riesige **Bewässerungsprojekte**, der Bau der **Pyramiden** und anderer **Monumente**, die Ausbreitung von **Streitwägen und Fuhrwerken mit Rädern**, die Erfindung des **Pflugs** und schließlich die Entwicklung der **Eisenbearbeitung**.

BRÜCKEN

Brücken gibt es in allen Formen und Größen. Solange der schnelle Reiseverkehr die Welt immer kleiner erscheinen lässt, werden Ingenieure noch längere und größere Brücken bauen, um Wasserstreifen überwinden zu können.

EINFACHE BRÜCKEN

Tausende Jahre haben Menschen **Stämme oder Bretter über Flüsse gelegt,** um sie überqueren zu können.

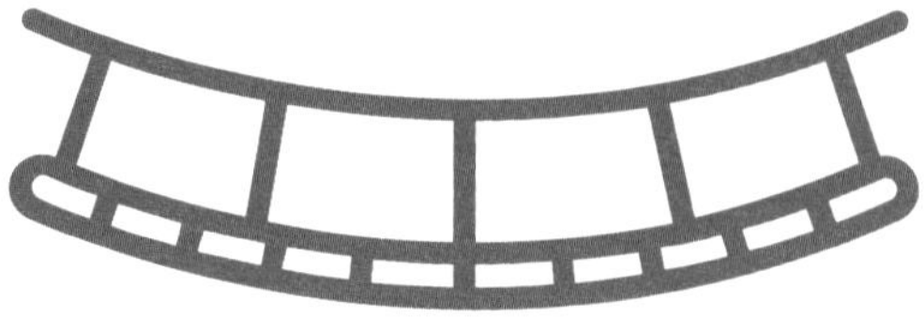

In Südamerika haben die **Inka Seilbrücken** gebaut, um **Schluchten und Canyons** zu überqueren, und haben die Seile jedes Jahr mit **Ichu-Gras** erneuert. Mancherorts wird das immer noch gemacht.

Auf regelmäßig genutzten Wegen waren einfache Brücken **aus Stein**.

In der Zwischenzeit hatten größere Wege in entwickelten Ländern **Steinbrücken**, um Flüsse zu überqueren.

TRANSPORTBRÜCKEN

Durch den Anstieg des Transports mussten die Brücken stark genug sein, um **Pferde und Karren** tragen zu können, und **eben genug, um Schienen zu verlegen**.

Hölzerne Eisenbahnbrücken waren **günstiger und schneller** gebaut.

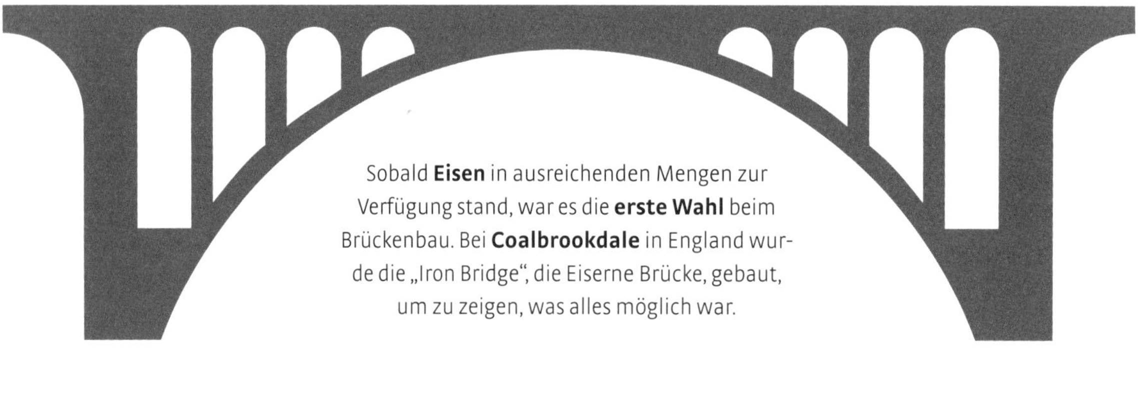

Sobald **Eisen** in ausreichenden Mengen zur Verfügung stand, war es die **erste Wahl** beim Brückenbau. Bei **Coalbrookdale** in England wurde die „Iron Bridge", die Eiserne Brücke, gebaut, um zu zeigen, was alles möglich war.

TUNNEL

Ein Tunnel ist ein unterirdisch verlaufender Durchgang. Die frühesten Tunnel wurden als Aquädukte gebaut, wurden aber auch für Transport, Lagerung, und Verlegung von Rohren und Kabeln genutzt.

- **ca. 4000 v. Chr.** Qanats (Aquädukte) in Persien gebaut
- **6. Jh. v. Chr.** Der griechische Ingenieur **Eupalinos** gräbt auf der Insel Samos ein Aquädukt durch einen Berg
- **ca. 1. Jh. v. Chr.** Römer entwickeln Militärtunnel, um Verteidigungen zu untergraben
- **18. Jahrhundert n. Chr.** Boom im Kanalbau führt zu Fortschritten im Tunnelbau
- **1880** Erster Versuch, einen Tunnel unter dem Ärmelkanal zu graben
- **1991** Eurotunnel fertiggestellt

DER TUNNEL DES EUPALINOS

Der Tunnel des Eupalinos ist ca. 1036 Meter lang und hat einen Durchmesser von 1,8 Metern und einen Graben, der zwischen 3,9 und 8,9 Meter tief ist. Die maximale Tiefe des Tunnels – unter der Bergspitze – beträgt 180 m. Der Bau des Tunnels dauerte acht bis zehn Jahre, wobei Gruppen von jeder Seite zu graben begonnen haben und sich in der Mitte trafen.

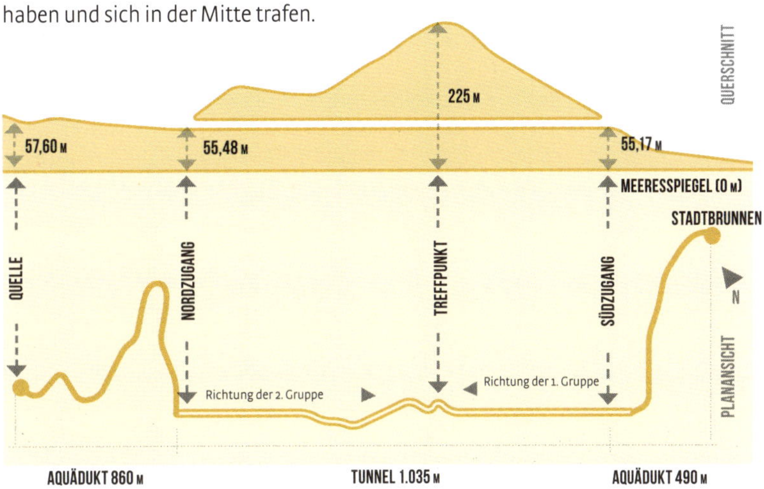

TEILE EINES TUNNELS

Die Öffnungen eines Tunnels nennt man **Portale**. Die Seiten nennt man **Ulmen**. Die obere Hälfte des Tunnels ist die **Kalotte**; die untere Hälfte ist die **Strosse**. Der Punkt, an dem die Ulmen nicht mehr nach innen, sondern nach außen gebogen sind, nennt man **Federlinie**. Die Aushöhlung eines Tunnels nennt man **Ausbruch**.

ARTEN VON TUNNELN

Grundsätzlich haben Tunnel einen runden Querschnitt und die Form von **zwei zusammenhängender Bögen**. Ein **hufeisenförmiger Tunnel** hat eine **flachere Strosse**. Ein **D-förmiger Tunnel** hat eine **flache Strosse**, **gerade Wände** und ein **gebogenes Dach.**

SEIKAN-TUNNEL

Der **weltlängste Tunnel unter dem Meer** (Stand 2019) ist der **Seikan-Tunnel** in **Japan**. Er verbindet die japanischen Inseln **Honshu** und **Hokkaido** und ist 58,85 Kilometer lang.

GEWÖLBE

Gewölbe sind einfache Verdichtungsstrukturen, die Ingenieure tausende Jahre für Gebäude verwendet haben. Die kurvige Strukturen werden sowohl als einfache Öffnungen, etwa Tore, als auch als Träger von Lasten genutzt.

FUNKTIONSWEISE

Der **Schlussstein** drückt nach unten und seitlich auf die Steine darunter. Der **Zweck eines Gewölbes** ist es, einen **Abstand zu überbrücken, indem nur Druckkräfte** eingesetzt werden. Diese **Druckkräfte drücken die Seiten** des Gewölbes nach außen; oft sind sie durch **Stützpfeiler** auf der Außenseite gestützt.

ANTIKE BÖGEN

Gewölbe wurden schon vor **viertausend Jahren** gebaut, obwohl sie **früher unterirdisch waren**, wo die umgebende Erde die Seiten der Gewölbe stützte.

WAS BEDEUTET DAS?

Die Wörter *Architekt* und *Architektur* bedeuten „**Bogenbauer**„ und „**Bogenbau**„.

RÖMISCHE STRUKTUREN

Römer waren begeisterte Gewölbebauer, die **Steinstrukturen** verwendeten, um Höhen und Distanzen zu überbrücken. Eine dieser Strukturen war der Aquädukt **Pont du Grand**; der oberste Teil transportierte Wasser zu einer Stadt in der Nähe. Sie haben Bögen auch in Gebäuden genutzt und bauten **Gewölbe und Kuppeln**, die nichts anderes als **dreidimensionale Bögen** sind.

MITTELALTER

Die meisten **romanischen Bögen** waren **oben rund**, in **gotischen** Kirchen und Kathedralen wurden meist **Spitzbögen** verwendet, die unten **weniger seitliche Kraft ausübten**.

ZWANZIGSTES JAHRHUNDERT

Der Schweizer Bautechniker **Robert Maillart** war ein Brückenbauer, der sich auf **Gewölbe aus Stahlbeton spezialisierte**. Die **Salginatobelbrücke**, die 1929–30 erbaut wurde, ist eine **Dreigelenkbrücke**. Die Gelenke an beiden Enden der Brücke und in der Mitte erlauben eine **thermale Expansion und Kontraktion** der Struktur.

Die **Bayonne-Brücke**, entworfen von **Othmar Amman** und 1931 eröffnet, verbindet Bayonne in New Jersey mit Staten Island in New York. Sie ist eine der **längsten Stahlbogenbrücken** der Welt.

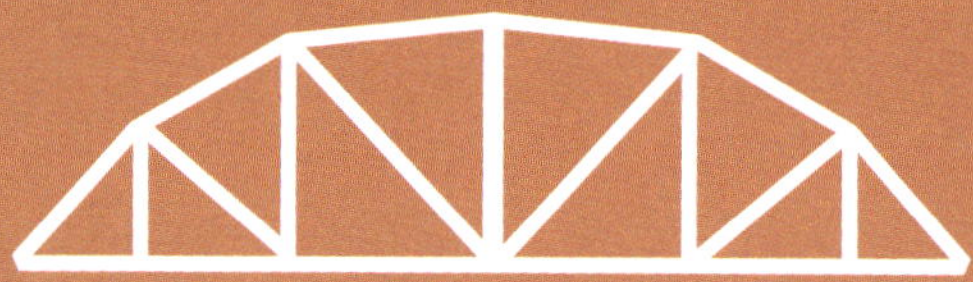

LEUCHTTÜRME

Ein Leuchtturm ist eine Struktur, die Licht und andere Hilfsmittel ausstrahlt, um Seefahrern auf See auf einem Schiff zu helfen und sie vor Gefahren, wie beispielsweise Felsen, zu warnen.

- **660 v. Chr.** Der Dichter Lesches beschreibt einen Leuchtturm bei Sigeum
- **ca. 300–280 v. Chr.** Sostratus von Knidos baut den Leuchtturm von Alexandria
- **ca. 50** Kaiser Claudius erbaut den großen Leuchtturm im Portus Romae
- **ca. 150** Erste Leuchttürme in Westeuropa, gebaut von den Römern bei Dover und Boulogne
- **ca. 800** Erster Leuchtturm auf See, der Leuchtturm von Cordouan an der Mündung der Gironde
- **ca. 800** Belege über Leuchtfeuer am Zugang zum Persischen Golf
- **ca. 1200** Die Maya errichten Leuchttürme in Mittelamerika
- **1562** 711 Leuchtfeuer entlang der chinesischen Küste zwischen Westkuangtun und Nordjiangsu
- **1763** Erstes katoptrisches System, das Licht durch Parabolspiegel reflektiert
- **1800** Leuchtturm im Inland bei Pica in Chile, um Reisende durch die Atacama-Wüste zu leiten
- **1822** Der französische Physiker Augustin Fresnel perfektioniert die dioptrische Linse und das Prismensystem
- **1902** Vorstellung des Parabolreflektors mit einem elektrischen Bogenlicht
- **1930er** Erster automatisierter Leuchtturm

ZWEI VON SIEBEN

Zwei der **Sieben Weltwunder** waren Leuchttürme: der **Leuchtturm von Alexandria** und der **Koloss von Rhodos**.

DER PHAROS

Die Menschen des Altertums behaupteten, dass der Pharos 966 m hoch war, aber vermutlich war er nur 241 Meter hoch.

FRESNEL-LINSE

Augustin-Jean Fresnel perfektionierte ein geniales System, das dabei half, das Maximum an der Lichtquelle einzufangen und zu bündeln. **Dioptrische Prismen** brechen Licht, sodass es horizontal austritt, während darüber und darunter **katadioptrische Prismen** Lichtstrahlen nahezu senkrecht biegen, sodass sie auch horizontal verlaufen.

ARCHIMEDES

Archimedes war primär Mathematiker, aber er war auch Ingenieur mit außergewöhnlichen Fähigkeiten und Genialität.

DATEN CA. 287–212 V. CHR.

ARCHIMEDES' ENTDECKUNGEN UND ERFINDUNGEN

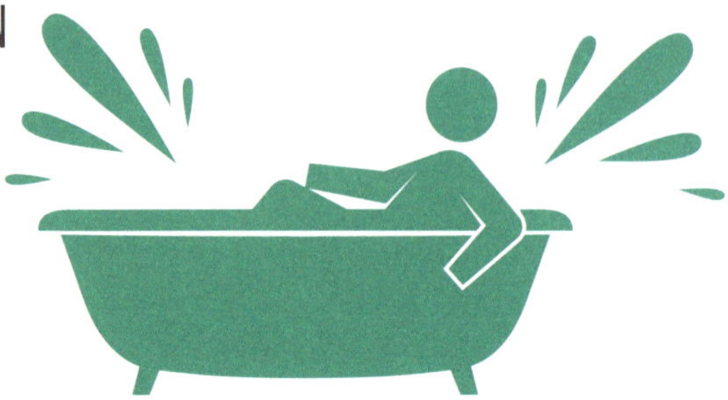

PI

Er zeigte, dass der Wert von **π (pi) zwischen 3,1408 und 3,1429 liegt**.

$$\frac{\text{Umfang}}{\text{Durchmesser}} = \pi$$

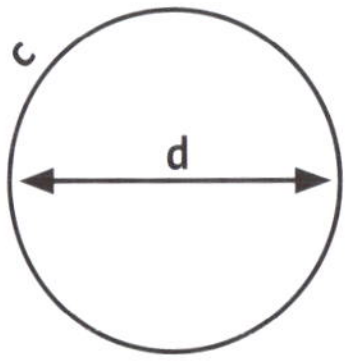

KUGEL IN EINEM ZYLINDER

Durch pure Logik und ohne die Gleichungen, die wir heute haben, bewies er, dass das **Volumen einer Kugel in einem Zylinder zwei Drittel des Volumens des Zylinders beträgt** und die Oberflächen dasselbe Verhältnis haben. Darauf war er so stolz, dass er es auf seinen **Grabstein gravieren ließ**.

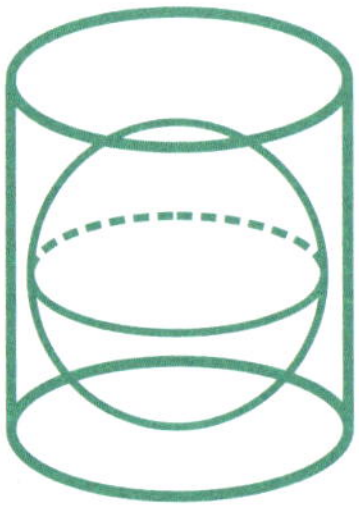

ARCHIMEDISCHES PRINZIP

Es besagt: Der **statische Auftrieb eines Körpers im Wasser ist genauso groß wie die Gewichtskraft des vom Körper verdrängten Wassers**. Als er dies entdeckte, sprang er bekanntlich nackt aus dem öffentlichen Bad und rief **„Heureka"**.

ARCHIMEDISCHE SCHRAUBE

Die Schraube **entfernte Bilgewasser** und verhinderte, dass das gewaltige Schiff *Syracusia* aus dem Rumpf leckte.

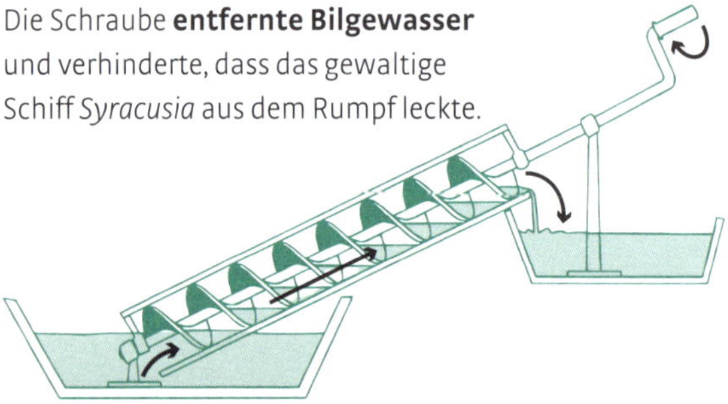

HEBEL UND SEILZÜGE

Er hat das **Hebelgesetz** formuliert, das es Seemännern erlaubt, schwere Lasten zu heben, was davor unmöglich war.

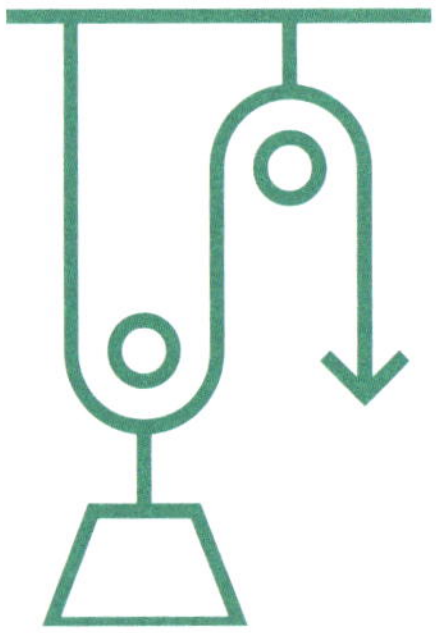

WÄRMESTRAHLEN

Er erfand den **Hitzestrahl** und **versenkte eindringende römische Schiffe**.

EIN GUTER BÜRGER

Viele der **Erfindungen von Archimedes** entstanden dadurch, dass er seine **Heimatstadt** Syrakus unterstützen wollte, vor allem, **sie vor Überfällen zu schützen**.

WASSERRÄDER

Ein Wasserrad ist ein Gerät, das kinetische und/oder potenzielle Energie von Wasser in eine Drehbewegung umwandelt, um Vorgänge wie Mahlen oder Hubvorgänge zu ermöglichen.

GESCHICHTE DES RADES

Der erste schriftliche Hinweis auf ein Wasserrad wird auf 400 v. Chr. datiert, Wasserräder waren aber vermutlich schon viele Jahrhunderte davor in Verwendung. Bis zur **Industriellen Revolution** war Wasser die **hauptsächliche nichttierische Energiequelle** und man konnte Wasserräder an nahezu jedem Fluss oder Bach finden.

HORIZONTAL, OBER- ODER UNTERSCHÄCHTIG

Es gibt drei grundlegende Arten von Wasserrädern. Das einfachste, älteste und am Wenigsten effiziente ist die **Horizontalmühle**. Effizienter ist das **unterschächtige Wasserrad**, am effizientesten ist das **oberschächtige Wasserrad**.

DOMESDAY RÄDER

Das **Domesday Book**, eine Aufzeichnung der Grundbesitzverhältnisse in England, erhoben im Jahr 1086, zählte 5.624 Wasserräder, obwohl es wahrscheinlich viel mehr gab.

NOCKEN

Mühlen brauchten oft **Zahnräder**, um die Bewegung des Wasserrades in nutzbare Arbeit umzuwandeln. Eine geniale, einfache Methode, **Drehbewegung in geradlinige Bewegung umzuwandeln**, um zu **stanzen** oder **stampfen**, ist, einen **Nocken** auf das Rad und einen anderen auf einen **Stab** oder **Balken** zu montieren.

OBERSCHÄCHTIGE WASSERRÄDER

Unterschächtige Wasserräder sind **weniger effizient** und leisten keine Arbeit mehr, sobald der Wasserspiegel sinkt. Wenn die Fallhöhe des Wassers hoch genug ist oder ein künstlicher Fall geschaffen werden kann, kann das Rad so aufgesetzt werden, dass der Wasserstrom von oben auf das Rad einwirkt und so potenzielle Energie der **Schwerkraft** zur **Strömungskraft** hinzufügt. Verschiedene Arten von oberschächtigen Rädern sind unterschiedlich effizient.

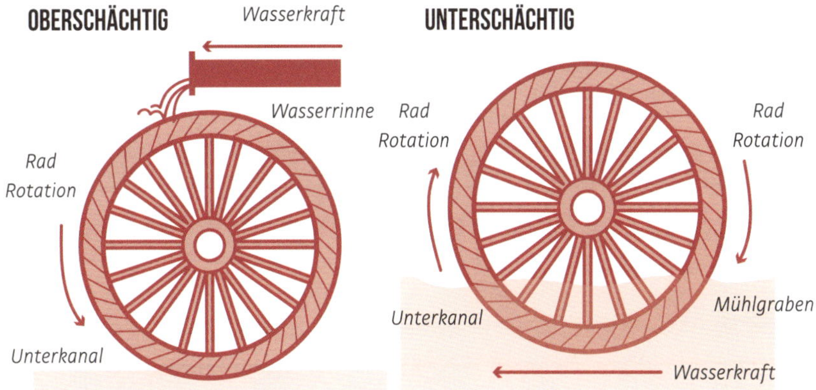

WASSERVERSORGUNG UND ABWASSER

Die Römer verwirklichten viele Meilensteine im Ingenieurwesens, aber unter den beeindruckendsten Errungenschaften sind hydraulische Strukturen, darunter Aquädukte, Bäder und Abwasserkanäle.

AQUÄDUKTE

Um Wasser von Quellen zu den Städten zu transportieren, verließen sich die Römer auf die **Schwerkraft** und **intelligentes Ingenieurwesen**. Im Gegensatz zum allgemeinen Eindruck querten Aquädukte selten Brücken; die meisten waren **Tunnel** oder **abgedeckte Rinnen** umrahmt von **Konturlinien**. Um Spalten zu überbrücken, verwendeten Ingenieure **Brücken** oder Überlaufrohre**.**

595.000 Kubikmeter: die geschätzte tägliche Wasserzufuhr von Rom.

KANÄLE ODER ABFLÜSSE?

Die meisten **alten Ablaufrinnen**, die heute als **Abwasserkanäle** bezeichnet werden, waren ursprünglich dafür gedacht, Oberflächenwasser von **Sümpfen**, **Überschwemmungen** und **Unwettern** abzuleiten. Die **Cloaca Maxima** („größter Abwasserkanal") in Rom wurde für diese Zwecke genutzt. Erst später wurden einige öffentliche und private **Latrinen** angebunden und bis zum 19. Jahrhundert waren Kanäle spezielle für **menschliche Ausscheidungen** sehr selten.

CLOACA MAXIMA

Im 6. Jahrhundert v. Chr. als offener Kanal für die **Drainage von Sumpfland** geschaffene Struktur, wurde die Cloaca Maxima im 3. Jahrhundert v. Chr. eingebettet und in ein gigantisches **Tonnengewölbe** umgewandelt. Sie war 2400 Jahre lang in Verwendung.

RÖMISCHE LATRINEN

Häusliche Toiletten wurden in **Töpfen**, **Eimern** oder **Senkgruben** entleert. **Öffentliche Toiletten** waren **lange Bänke** über **Wasserkanälen**, die den Abfall gleich wegtransportierten, mit einem zweiten Kanal, der die Füße der Benutzer **wusch** und **spülte**.

CARACALLA-THERMEN

Eines der größten Gebäude im alten Rom waren die **Caracalla-Thermen**, ein Komplex über 13 Hektar, wovon das Hauptgebäude 228 m lang, 116 m breit und geschätzt 38 m hoch war. Darin konnten sich gleichzeitig 1600 Badegäste aufhalten. Der Komplex beinhaltete auch **zwei Büchereien**, **Sporthallen** und **Einkaufspassagen**. Es wurde durch ein **Hypokaustum** und **heißes Wasser** von einem eigenen Aquädukt **geheizt**.

DIE CHINESISCHE MAUER

Eine der größten technischen Meisterleistungen der menschlichen Geschichte, die Chinesische Mauer, ist eigentlich ein Zusammenschluss aus Mauerstücken, die sich quer durch China erstrecken und unterschiedliche Formen haben.

- **5.–3. Jh. v. Chr.** Kriegsführende Staaten – kleinere Mauern zwischen den Königreichen errichtet, gemeinsam mit dem nordöstlichen Abschnitt
- **221–206 v. Chr.** Qin-Dynastie – nordöstlicher Abschnitt erneuert, nach Westen verlängert
- **206 v. Chr.–220 n.Chr.** Han-Dynastie – nordöstlicher Abschnitt erneuert, Verlängerung nach Norden und Osten, weit in die Wüste Gobi
- **386–584** Nördliche Wei-Dynastie – zentraler Abschnitt westlich von Peking
- **1066–1234** Liao- und Jin-Dynastien – zusätzliche Abschnitte weit im Norden
- **1368–1644** Ming-Dynastie – baute die Mauer rund um Peking neu, nordöstlich der koreanischen Grenze, und zerstörte die Abschnitte im Westen

DAS PASSENDE FÜR JEDE GELEGENHEIT

Man stellt sich die Chinesische Mauer als Struktur aus **Ziegeln und Steinen**, doch ist das nur ein Teil davon. In den **Wüstenregionen** wurden **Sand und Kies** verwendet, um die **Raster aus Weide und Schilf** zu füllen. In steinigen Gebieten wurden mit **Erde** und **Boden** weitläufige **Wallabsätze (Bermen)** errichtet.

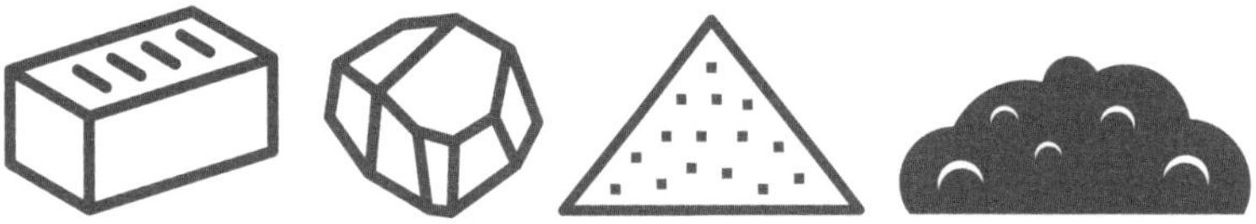

KLASSISCHE BAUWEISE

Die klassische Mauer der **Ming Dynastie** wurde durch **parallele Mauern** aus **Steinplatten** oder **gebrannten Ziegeln** gebaut, durch **Kalkmörtel** und manchmal **Klebreis** gefestigt. Der Raum zwischen den Mauern wurde mit **lokal abgebauten Steinen** gefüllt, auf die **Erde** und **Geröll** gefüllt wurde. Sobald das obere Ende der Mauer erreicht wurde, wurde ein Pflaster aus einer **Schicht aus Ziegeln und Steinen** gelegt.

ZEHNTAUSEND LI

Ursprünglich wurde die Chinesische Mauer als **„10.000-Li-Mauer"** genannt. Ein Li ist 500 Meter lang, und die Länge der ursprünglichen Mauer, die vom ersten Kaiser **Shi Huangdi** erbaut wurde, betrug laut Überlieferungen 4988 Kilometer. Die chinesische Regierung sagt, dass die **Gesamtlänge all der Mauerfragmente**, die von verschiedenen Dynastien erbaut wurden, 21197 km beträgt. Der Teil der Chinesischen Mauer, der heutzutage von Touristen besucht wird, ist die **Ming-Dynastie-Mauer**, die ursprünglich angeblich 8851 km lang war.

Die **Ming-Mauer** ist knapp 42 m hoch, an der Basis zwischen 24 und 48 m dick und verjüngt sich nach oben auf 19 m. Sie wurde durch 25.000 **Türme** und 15.000 **Außenposten befestigt**.

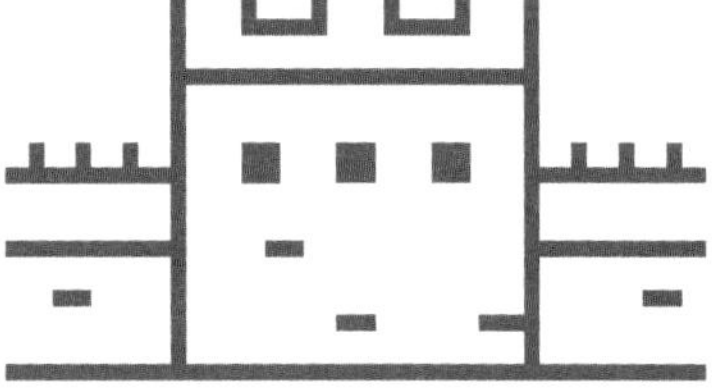

KUPPELN

Kuppel: eine Art Gewölbe; ein Bogen, der tiefer ist als seine Stützweite. Eine Kuppel kann eine runde, elliptische oder polygonale Grundfläche haben, und in vertikalen Abschnitten bauchig, geteilt, halbrund oder spitz sein. Die Römer entdeckten ein neues Material, dass es ihnen erlaubte, enorme Kuppeln zu erbauen.

RUND ODER ECKIG

Kuppeln sind je nach der Grundfläche, auf der sie aufsitzen, unterschiedlich. Wenn die **Tragkonstruktion denselben Grundriss** wie die Kuppel hat, nennt man sie **Tambour** und die gesamte Struktur ist eine **Rotunde**. Wenn der Grundriss der Tragkonstruktion **quadratisch oder viereckig** ist, machen eingreifende Elemente den **Übergang von eckig zu rund** möglich; diese sind unter anderem **Lünetten**, **Pendentifs** und **Trompen**.

ARTEN VON KUPPELN

Es gibt vielerlei Kuppeln: **Schirmkuppel**, **Melonenkuppel**, **Segelgewölbe**, **Kalotte**, **Kreuzgang**, **Rippenkuppel**, **Kürbiskuppel**, und **Pantheon**. Der letzte Typ, der nach dem mächtigen **römischen Pantheon** benannt ist, ist eine niedrige Kuppel, die innen oft eine **Kassettendecke** hat und außen **gestuft** ist.

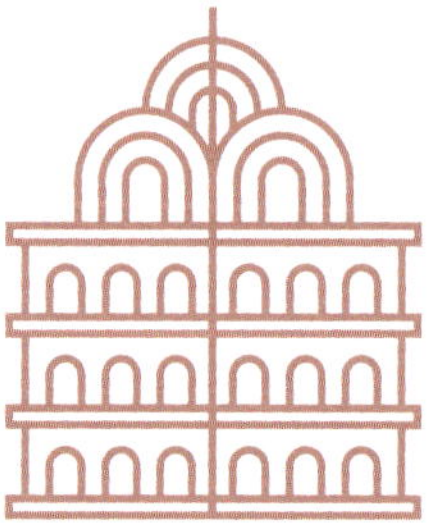

DAS PANTHEON

Als großer **Tempel** für alle **römischen Götter** wurde der Bau in Rom von **Agrippa** um 27 v. Chr. begonnen, aber bis zur Herrschaft **Hadrians** (ca. 120n. Chr.) nicht beendet. Durch die Verwendung von **Beton** konnten die Römer eine **riesige Kuppel auf den Tambour setzen**. Die **Rotunde** misst sowohl im Durchmesser als auch der Höhe 43 m und wird von einem 9 m breiten **Oculus** (kreisförmige Öffnung) ausgeleuchtet.

BRUNELLESCHIS DUOMO

Die **Kuppel der Kathedrale in Florenz** war ein revolutionärer Entwurf von **Filippo Brunelleschi**, der (1420 begann) eine **zweischalige** Kuppel, mit Neuerungen, um sie zusammenzuhalten, zu bauen. Einige dieser Neuerungen waren **Eisenketten**, **Spannringe** aus **Stein**, **Eisen**, und **Holz, um der Umfangspannung entgegenzuwirken** (sich nach außen ausbreitender Druck), und **gewundene** Verläufe aus **Mauerwerk aus Fischgrätmuster**. Selbst die **Seilzüge und Kräne** waren neu.

WINDMÜHLEN

Eine Struktur mit Segeln, um den Wind einzufangen und einen Mechanismus Arbeit verrichten zu lassen. Die meisten Windmühlen wurden genutzt, um Getreide zu mahlen oder Wasser zu pumpen. Bis zum Aufkommen des Verbrennungsmotors waren sie weit verbreitet.

- **1 Jahrhundert n. Chr.** Heron von Alexandria beschreibt eine windbetriebene Maschine
- **644** Frühester Hinweis auf eine Windmühle in Persien
- **915** Horizontale Windmühlen in Persien
- **ca. 1200** Dschingis Khan bringt die persischen Windmühlenmacher nach China
- **ca. 1200** Bockwindmühlen in Europa
- **1420** Turmmühlen (Holländerwindmühlen) in Europa
- **1745** Edmund Lee erfindet die automatische Windnachführung
- **1772** Andrew Meikle erfindet die Federjalousieflügel
- **1789** Stephen Hooper entwickelt in England ferngesteuerte Flügeln aus Schiebebrettern
- **1807** Sir William Cubitt erfindet die „Patentflügel"auf der Basis von Meikle und Hooper

- **1854** Daniel Halladay erfindet in den USA die Windpumpe mit Windrad
- **1890** Erste Windmühle zur Gewinnung von Elektrizität in Dänemark

ARTEN VON WINDMÜHLEN

Die verschiedenen Arten von Windmühlen im Laufe der Zeit:

Horizontale Mühlen
Ähnlich den **horizontalen Wasserrädern** wurden die Segel **horizontal** auf einer **vertikalen Achse** angebracht, sodass für das Betreiben der Mühle **keine Zahnräder** nötig waren.

Holländerwindmühlen
Flügel und **Achse** befinden sich in einer **drehbaren Kappe**, die auf einem **unbeweglichen Turm** aufgesetzt ist, in dem sich der Rest der Maschinerie und Strukturen befindet. Holländerwindmühlen können viel größer sein.

Bockwindmühlen
Die **Flügel** sind **vertikal** an einer **horizontalen Achse befestigt**, mit **Zahnrädern, die andere Ebenen drehten**. Die Flügel, Zahnräder und andere Maschinerie befinden sich in einer Struktur, die auf robusten Pfosten aufsitzt, sodass sich die gesamte Struktur **zum Wind bewegen kann**.

EISEN

Eisen ist für sein Gewicht erstaunlich stark und einfach zu bearbeiten, leicht erhältlich und billig – wenn die Technologie existiert, um es richtig zu schmelzen. Eisen hat das Ingenieurwesen bedeutend verändert.

- **ca. 3000 v. Chr.** Meteoreisen
- **ca. 1200 v. Chr.** Beginn der Eisenzeit, Schmelze von Eisenerz
- **ca. 500 v. Chr.** Etruskisches Eisenverhüttungszentrum Populonia, jährlich 1600 – 2000 Tonnen Eisen
- **ca. 500 v. Chr.** Roheisen in China mit Hochöfen erzeugt
- **ca. 1 n. Chr.** Die Haya in Ostafrika erfinden unabhängig von anderen Völkern Hochöfen
- **ca. 1200** Hochöfen in Westeuropa
- **1708** Abraham Darby stellt in England den Kokshochofen vor
- **1754** Erstes Eisenwalzwerk für die industrielle Erzeugung von gehämmertem Eisen
- **1760** Jährliche Roheisenerzeugung in England: 2500 Tonnen
- **1779** Erste gusseiserne Brücke, die den Severn bei Coalbrookdale überspannt – gebaut von Abraham Darby aus gusseisernen Balken
- **1805** Jährliche Roheisenerzeugung in England: 350.000 Tonnen
- **1850–51** Joseph Paxton erbaut den Kristallpalast aus Eisen und Glas in London

VORBLÖCKE

Eisen hat einen sehr **hohen Schmelzpunkt** (1540°C), doch bevor **Hochöfen** diese Temperaturen ermöglichten, mussten **Metallurgen** es aus Vorblöcken gewinnen – einer Mischung aus **Eisen**, **Kohle** und **Schlacke**, die durch Erhitzen erzeugt wird.

ROHEISEN

Hochöfen, bei denen Luft unter Druck gesetzt wird, erreichen **höhere Temperaturen**, sodass **geschmolzenes Eisen** aus dem Ofen herauslaufen kann, das in Formen abkühlt. Die daraus entstehenden **Blöcke** werden dazu verwendet, **gehämmertes Eisen** oder **Stahl** zu erzeugen.

GEGOSSEN VS. GEHÄMMERT

Gusseisen (geschmolzenes Eisen, das in Formen gegossen wird und dort auskühlt, ist **stark unter Druck,** aber **schwach unter Spannung**. Bei Gebäuden wird es für **Säulen** oder **Geländer** eingesetzt. **Gehämmertes Eisen** (gehämmert, um es zu härten) ist weniger **spröde**.

EISENGEBÄUDE

Die **Ironbridge** bei **Coalbrookdale** in England war die erste große Eisenstruktur. Darauf folgten weitere Brücken und **eisenumrahmte Fabriken und Lagerhallen**, wie die 1804 gebaute **William Strutt's North Mill** bei Belper. **Gusseiserne Säulen** wurden zum Stützen von **Balken** für **Ziegelbauten** verwendet. **Viktorianische Strukturen aus Glas und Eisen** erreichten ihren Höhepunkt mit dem **Kristallpalast** im Jahr 1851. **Eiserne Unterzüge und Nieten** ermöglichten den Bau von **Metallrahmen** mit **leichter Verkleidung**, was zum Bau noch höherer Gebäude führte.

DAMPFMASCHINEN

Die bestimmende Technologie der Industriellen Revolution, Dampfkraft, würde die Welt verändern, aber um sie zum Laufen zu bringen, benötigte es einige brillante Ingenieure.

- **1. Jh. v. Chr.** Heron von Alexandria beschreibt den Heronsball, eine Dampfmaschine
- **1644** Evangelista Torricelli zeigt, dass die Atmosphäre Gewicht hat und beweist die Existenz von Vakuum
- **1657** Otto von Guericke nützt Vakuum und Luftdruck, um eine enorme Kraft zu schaffen
- **1679** Denis Papin schafft ein Teilvakuum durch die Verdichtung von Dampf und entwirft einen Einfachkolben
- **1698** Thomas Savery patentiert eine Pumpe, die Dampf in einem Zylinder verdichtet, um mit dem daraus folgenden Druck Wasser anzusaugen
- **1712** Thomas Newcomen führt seine Dampfmaschinenpumpe vor, um Wasser aus den Minen zu pumpen
- **1769** James Watt stellt einen Patentantrag für den separaten Kondensator
- **1775** Watt und Matthew Boulton produzieren leistungsfähige Dampfmaschinen
- **1781** Watt überarbeitet seine reine Dampfmaschine, um eine Drehbewegung für ein breiteres industrielles Anwendungsgebiet zu schaffen

NEWCOMEN ÖFFNET DIE TÜR

Die **Dampfpumpe** von Newcomen konnte mit **ausrangierter Kohle** betrieben werden, während sie zur gleichen Zeit einen **massiven Anstieg des Kohleabbaus hervorbrachte**, und so die **Industrielle Revolution** anfachte.

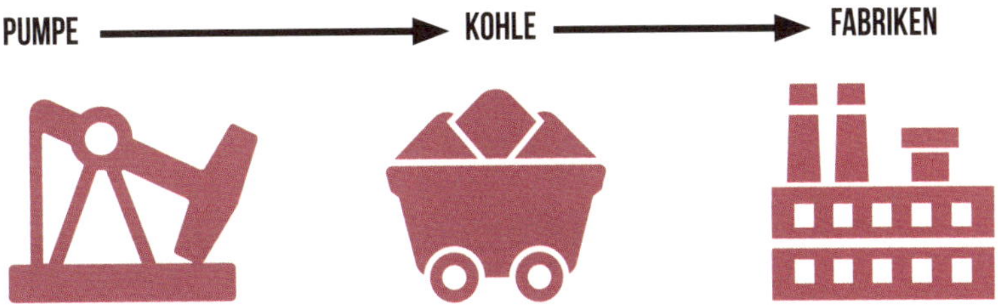

WATT'S KONDENSATOR

Maschinen von Newcomen kondensierten den Dampf in effizienter Weise im Zylinder, sodass dieser bei jedem Hub gekühlt und erhitzt werden musste. Watt erkannte, dass Dampf „**elastisch**“ ist und dass man **Druck** (durch ein Teilvakuum) in einem Behälter (der heiß blieb) aufbauen konnte, während man im anderen **Kondensieren** konnte (dieser Behälter blieb kalt).

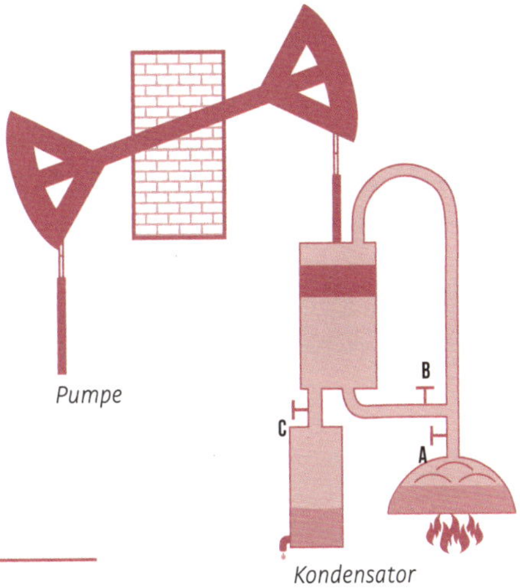

ATMOSPHÄRISCHER VS. ECHTER DAMPF

Maschinen von Newcomen und **frühe Modelle von Watt** waren **atmosphärische Motoren**: Sie funktionierten mit dem **Gewicht der Luft**, um den **Abwärtshub des Kolbens zu treiben**. Später **kapselte Watt den Kolben** ein und verwendete die **Dampfexpansion**, um **beide Hube des Kolbens** zu treiben und so die Effizienz massiv **zu erhöhen**.

FABRIKEN

Eine Fabrik ist ein Fertigungssystem; normalerweise ein Gebäude oder Gebäudeblock, aber aus der Sicht des Ingenieurwesens kann es auch als Methode gesehen werden, Bestandteile zu einem System zu kombinieren und zu steuern.

BEVOR ES FABRIKEN GAB

Vor der **Industriellen Revolution** war eine Fabrik ein **Handelsdepot**, das als **Stützpunkt eines Händlers oder Vertreters** diente. **Industrielle Prozesse** auf der anderes Seite waren klein und verstreut: **Familienbetriebe**. Es gab aber auch **Ausnahmen**. Bei **Lavrio** in **Griechenland** gab es beispielsweise ***ergastéria***: alte Fabriken

CROMFORD MÜHLE

Richard Arkwright war eine Englischer Herrenfriseur, der **Maschinen für die Textilherstellung** entwickelte und 1771 eine Menge an **mechanischen und prozesstechnischen Innovationen** in eine Mühle am Ufer des **River Derwent** in Derbyshire baute und so die **erste industrielle Fabrik** kreierte. Obwohl er meist als **innovativer Unternehmer** beschrieben wird, war er eigentlich ein Systemingenieur**.**

WISSENSCHAFTSMANAGEMENT

Aufgrund der amerikanischen Fortschritte **bei Fabriksystemen, vor allem was de Mechanisierung** betraf, sprachen die Briten vom **„American System of Manufactures“.** Diese Innovationen der Anlagentechnik erreichen neue Höhen mit **Frederick Taylors Principles of Scientific Management**: genaue **Arbeitsteilung**, **zentrale Steuerung**, **sinnvolles Management** und Einsatz einer **Stoppuhr zur Messung** von Prozessen.

AMERIKANISCHE EXPERIMENTE

Samuel Slater brachte die Erfindungen der britischen Industrie **nach** Amerika und baute 1790 die erste Textilfabrik der USA auf Rhode Island**. Slater entwarf auch „Firmendörfer“**, deren Bewohner in der **Kleidungsherstellung** arbeiteten, und weitete so die Definition der Fabrik aus. Ab **1814** entwickelte in **Massachusetts** eine Gruppe Industrieller, die von **Francis Cabot Lowell** geleitet wurde, ein **alternatives Modell** mit **großen, voll integrierten, hoch mechanisierten Fabriken**.

HÄNGEBRÜCKEN

Das klassische Beispiel einer Struktur unter Spannung ist eine Hängebrücke, deren Form sehr stark von ihrem Gewicht abhängt.

SEILE UND KETTEN

Hängebrücken aus **Lianen** und **Seilen** waren vermutlich unter den **ersten von Menschen gebauten Strukturen**. Hängebrücken aus **Eisenketten** wurden im **Mittelalter** in **Südasien** gebaut.

JACOB'S CREEK

Die **erste Hängebrücke im Westen** wurde von dem amerikanischen Richter **James Finley** entworfen, um den **Jacob's Creek in Pennsylvania** zu überqueren. Er imitierte **asiatische Modelle** und entwarf eine Brücke mit **Bodenbelag**, die auf **vertikalen Aufhängungen** hing, die ihrerseits an einer **Eisenkette hingen**.

MENAI SUSPENSION BRIDGE

1826 beendete **Thomas Telford** die Arbeit an der **Menai Suspension Bridge** (Menai Hängebrücke), die auf **Eisenketten** hängt und **Wales** mit der Insel **Anglesey** verbindet. Die **königliche Marine** bestand auf einer **Durchfahrtshöhe** von 30,5 m über **Flut**.

JOHN A. ROEBLING SUSPENSION BRIDGE

Roebling war ein **Pionier** des Designs von Hängebrücken. Seine 322 m lange Brücke zwischen **Cincinnati** und **Covington** war bei ihrer **Eröffnung 1866 die längste der Welt**.

GEORGE-WASHINGTON-BRÜCKE

Die George-Washington-Brücke, die vom leitenden Bauingenieur **Othmar Ammann** entworfen wurde, ist 1450 m lang und hängt an 106.000 **Drähten**, die zu **vier dicken Kabeln** verflochten wurden. Sie trägt **14 Fahrbahnen** von und nach **New York City**.

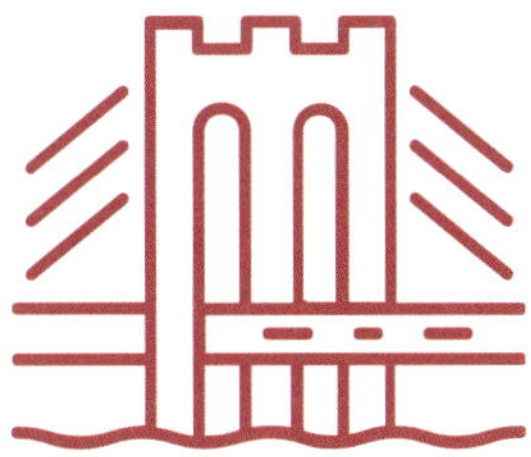

GROSSE BRÜCKE DANYANG KUNSHAN

Mit 164 km Länge ist die **Große Brücke Danyang-Kunshan in China** die **längste Brücke der Welt**. Sie ist Teil der **Strecke des Hochgeschwindigkeitszuges Peking-Shanghai**.

ZEMENT

Zement ist ein wesentlicher Bestandteil von Mörtel, einem Bindemittel, das verwendet wird, andere Materialien wie Ziegel zu verbinden, oder mit Gesteinskörnung zu Beton gemischt wird.

GIPS

Die alten **Ägypter** erzeugten Zement, indem sie Gips verwendeten, einen an **Kalzium** und **Schwefel** reichen Stein. Der Gips wurde **gebrannt** (soweit erhitzt, dass er **den Großteil des Wassers verliert**, das chemisch an das Kalzium und den Schwefel gebunden ist) und zerrieben. Das dadurch entstandene **Pulver** konnte wieder mit Wasser gemischt werden, um einen **zementartigen (klebrigen) Mörtel** zu erzeugen.

RÖMISCHER ZEMENT

Die Römer entdeckten einen Zement, den sie ***pozzolan*** nannten: eine Art **Vulkanasche** ähnlich pulverisiertem Ziegelstein, die ursprünglich aus **Pozzuoli beim Vesuv** stammte, aber auch aus **gebranntem Lehm und Ziegelstaub** erzeugt werden konnte. Dieser Zement konnte sogar **unter Wasser verwendet** werden.

PORTLANDZEMENT

Das **Geheimnis** um **wasserundurchlässigen Zement** war bis ins **späte Mittelalter verloren**. Der moderne Zement hat seinen Ursprung bei **Joseph Aspidin**, der 1824 den **Portlandzement** patentierte, den er nach der Ähnlichkeit des Aussehens von **Portland-Stein** benannte. Aspidins Zement wurde dadurch gewonnen, **pulverisierten Lehm mit Kalkstein zu mischen** und das Gemisch zu **brennen**. 1845 nutzte **Isaac Johnson höhere Temperaturen**, um den **ersten modernen Portlandzement** zu erzeugen.

HYDRAULISCHE KRAFT

Portlandzement härtet sogar **unter Wasser aus**, wie auf dramatische Weise gezeigt wurde, als ein **Schiff** mit einer Ladung Aspidin-Zement **vor der Küste Englands sank**. Die **ausgehärteten Fässer** wurden geborgen und dazu verwendet, ein **Pub in Sheerness bei Kent** zu bauen.

SCHILDVORTRIEB

Eine der großen Herausforderungen im 19. Jahrhundert war es, einen Tunnel unter einem Fluss zu graben. Der erste Versuch in London, unter der Themse zu graben, scheiterte tragisch, doch dann sah der Ingenieur Marc Brunel (1769 – 1849) einen Wurm, der ihn auf eine Idee brachte.

GEFÄHRLICHER UNTERGRUND

1807 versuchte der **Dampfmaschinenpionier Richard Trevithick aus Cornwall** (1771 – 1833) einen **Tunnel** unter der **Themse** zu graben, musste aber feststellen, dass dies eine **besonders schwierige Aufgabe** war. Ein Tunnel müsste durch **wassergesättigten Schlamm** und **Treibsand** verlaufen, das alles unter **extremem Druck** von dem **Wasser** darüber, vor allem bei Flut. Trevithicks Tunnel wurde immer wieder von schmutzigem Wasser **geflutet**, bis er es schließlich **aufgab**.

HOLZBOHRMUSCHEL

Der aus Frankreich emigrierte Ingenieur **Marc Brunel** fand einen **verrottenden Schiffsbalken** und untersuchte einen **Teredo navalis** oder **Schiffsbohrwurm** (eigentlich eine Muschel) mit einer Lupe. Er stellte fest, dass dieses Tier **sich vorgräbt**, indem es das Loch des Tunnels durch **Raspeln mit dem Kiefer** biss und die **Holzmasse am Weg in eine harte Tunnelverkleidung presste**. Dies inspirierte seinen **Schildvortrieb.**

DER SCHILD

Brunels baute einen **Metallrahmen**, der durch ein **Metalldach** geschützt und in **zwei Kammern geteilt** ist, die jeweils vorne verschlossen sind. Diesen Verschluss aus Planken nennt man **Bohlen**, die die **nasse Erde** zurückhalten. Jede dieser Kammern konnte auf **Stützböcken** nach vorne geschoben werden. In jeder Kammer war ein **Bergarbeiter**, der jeweils ein Bohle entfernte, ein ein paar Zentimeter tiefes **schachtelförmiges Loch** grub und dann die Bohle zur **nächsten Fläche** vorschob. Sobald die gesamte Kammernoberfläche ausgegraben war, wurde die Kammer **vorgesetzt**, um gegen die neue Fläche zu drücken, und der **gesamte Schild** wurde einige Zentimeter nach vorn gerückt. **Maurer** hinter der Vorrichtung **verkleideten den Tunnel mit Ziegeln**.

LANGSAMER FORTSCHRITT

Brunel begann 1825 zu arbeiten, aber obwohl der Vortrieb funktionierte, bleib das Projekt **gefährlich** und wurde für **sechs Jahre gestoppt**, nachdem eine Flut **sechs Minenarbeiter tötete**. Der Tunnel wurde **schließlich 1841 fertiggestellt**.

BETON

Beton ist eine Art künstlicher Stein, der beliebig geformt und gestaltet werden kann und dazu verwendet wird, andere Gebäudematerialien zusammenzuhalten.

BETON HERSTELLEN

Beton wird aus Teilen harten Materials (**Gesteinskörnung** genannt, was **für gewöhnlich Schotter**) und **Mörtel** gemischt, der aus einer Mischung aus **Sand**, **Wasser**, und **Zement** (ein **Bindemittel**, heute normalerweise **Portlandzement**) hergestellt wird.

RÖMISCHE BETONBAUTEN

Sobald sie gelernt hatten, **langsam trocknenden Zement** herzustellen, bauten die Römer kolossale Gebäude – darunter **weitläufige Kuppeln** wie den **Pantheon** und den ***Domus Aurea*** – und riesige Innenräume.

RÖMISCHER BETON

Die Römer waren die ersten, die die Möglichkeiten des Betons beherrscht haben, indem sie die Art ***opus caementicium*** verwendeten, was aus **Steinen, die mit Kalk und *pozzolan*** gemörtelt wurden, bestand.

VERSTÄRKUNGEN

Die ersten Experimente mit Stahlbeton wurden im frühen 19. Jahrhundert gemacht. 1832 dokumentierte **John London**, ein Pionier der **viktorianischen Glasarchitektur**, die Verwendung von **Eisenstangen** für **verstärkte Betonböden**; andere verwendeten **Drahtgeflecht**. Heute wird Stahlbeton aus **Stahlstäben** gefertigt, sodass er **enormer Kompression und Spannung** widersteht, und hat den zusätzlichen Vorteil, dass er sehr **feuerresistent** ist.

SPANNUNG UND DRUCK

Beton ist **stark unter Druck**, aber **schwach unter Spannung.** Wenn Beton für Bestandteile wie **Balken** verwendet wird, muss er **verstärkt** sein.

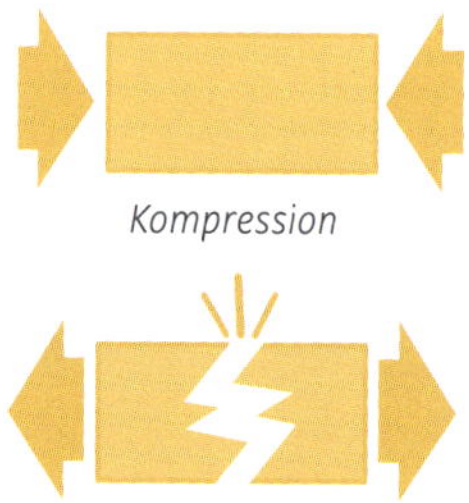

Spannungskräfte ziehen den Boden dieser Betonplatte auseinander, wenn sie sich biegt.

BESSEMERBIRNE

Stahl wurde vermutlich zum wichtigsten Baumaterial des späten 19. und 20. Jahrhunderts, aber erst nachdem ein Ingenieur herausfand, wie man ihn zuverlässig und günstig herstellen konnte.

ca. 1000 v. Chr. Alter Stahl in begrenzten Mengen hergestellt

ca. 500 v. Chr. Ursprung des Toledo-Stahls

ca. 800 n.Chr. Stahlproduktion in Damaskus mit importiertem asiatischen Stahl

ca. 1100 Chinesische Hochöfen für Stahlproduktion verwendet

1856 Bessemer kündigt Umwandlungsvorgang an

1859 Bessemer schafft seine eigene Stahlarbeit

UNREINHEITEN

Mitte des 19. Jahrhunderts war die Stahlproduktion **limitiert** und **teuer**, sodass Stahl nur für kleine Dinge wie **Besteck** verwendet wurde. Die Alternative, **gehämmertes Eisen**, war auch teuer, da es mühsam aus **Roheisen**, das **Unreinheiten enthielt, die es spröde machten**, hergestellt werden musste.

KOHLENSTOFFGEHALT

Stahl ist eine **Legierung aus Eisen und Kohlenstoff** (0,1 – 1 Gewichtsprozent), und manchmal anderen Elementen wie **Mangan**. Eisen **Kohlenstoff** zuzufügen nennt man **Karbonisation**. **Alte Schlosser** konnten eine **oberflächliche Karbonisation** erreichen, indem sie das Eisen mit **Kohle** erhitzt haben, aber sie konnten den **Prozess wenig kontrollieren oder dimensionieren**.

PERFEKTE BALANCE

Kohlenstoff ändert die **kristalline Struktur**, die **Eisenatome** annehmen, macht es so **härter** und erhöht die **Zugfestigkeit**, aber auch **spröder**, (also **weniger dehnbar**). Je mehr Kohlenstoff, desto spröder wird der Stahl. Ingenieure benötigen eine **Balance zwischen Zugfestigkeit und Dehnbarkeit**, und verwenden üblicherweise Stahl mit 0,15 bis 0,4 % Kohlenstoff.

BESSEMER

Henry Bessemer (1813-1898) war ein Ingenieur, der eine neue Waffen**art erfand, und sie aus** Stahl gießen wollte**. Er entwarf einen großen Schmelztiegel,** in den **geschmolzenes Eisen** gegossen werden konnte und durch den ein **Luftstrom geführt** wurde, um die **Unreinheiten**, die das Eisen spröd machten, abzubrennen. Das war sein **Umwandler**.

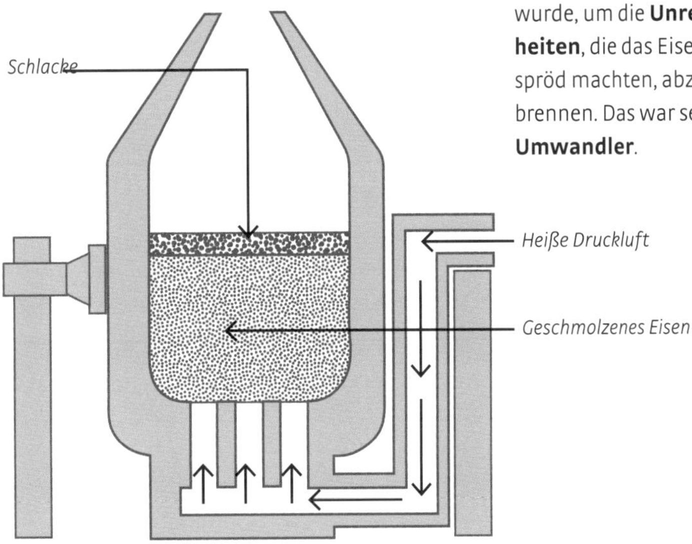

SIR JOSEPH BAZALGETTE

Bazalgette löste nicht nur Londons Abwasserproblem – seine Kanäle sind heute noch in Verwendung –, er war auch maßgeblich an der Auslöschung von Cholera in der Hauptstadt beteiligt.

28. März 1819 Geburt

1840 Londons Bevölkerung wächst auf 2,5 Millionen; Abwasser von überlaufenden Aborten rinnt durch die Straßen zum Fluss

1849 Bazalgette wird zum Hilfsgeometer der städtischen Kommission für Abwasserkanäle ernannt.

1853–54 Choleraepidemie in London tötet 10.000 Personen

1856 Das städtische „Board of Works" (MBW) mit Bazalgette als Ingenieur wird ins Leben gerufen

1858 Überlaufende Kanäle und heiße Sommer machen London unerträglich. Michael Faraday schrieb an *The Times*: „Der Geruch war sehr schlecht ... zu dieser Zeit war der ganze Fluss ein Abwasserkanal."

1858 Der „Große Gestank" wird im Parlament debattiert und das MBW erhält 3 Millionen Pfund, um ein Abwassersystem zu bauen.

1874 Ritterschlag

15. März 1891 Tod

BAZALGETTES KANÄLE

Die meisten seiner früheren Abwasserkanäle wurden aus **Ziegeln** gebaut, Bazalgette war einer der ersten Ingenieure, der **Beton** als Bauelement verwendete.

Pumpwerke bei **Abbey Mills**, nördlich der Themse, und **Crossness** im Süden hoben den Abwasserspiegel so weit, dass es bergab zu den Mündungen weiter östlich fließen konnte. Abbey Mills wird auch **„Cathedral of Sewage"** (Abwasserkathedrale) genannt.

An den schrägen, schlammigen Flussufern baute Bazalgette die **Victoria**, **Albert** und **Chelsea Embankments** (d. h. Uferdämme), in denen die Hauptabwasserkanäle und U-Bahntunnel verliefen.

HOCHHÄUSER

Der Bau sehr hoher, vielstöckiger Gebäude war erst möglich, als Ingenieure die richtigen Baumaterialien und Bautechniken entwickelt und wesentliche Herausforderungen gemeistert hatten.

- **1868-1870** Equitable Life Assurance Building, NYC: **40 Meter**
- **1883-1885** Home Insurance Building, Chicago: **42 Meter**
- **1887-1888** Tacoma Building, Chicago: **50 Meter**
- **1911-1913** Woolworth Building, NYC: **241 Meter**
- **1930-1932** Empire State Building, NYC: **380 Meter** (Dach)
- **1969-1970** John Hancock Center, Chicago: **344 Meter**(Dach)
- **1964-1974** World Trade Center, NYC: **417 Meter**
- **1972-1974** Sears Tower, Chicago: **443 Meter**(Dach)
- **1991-1997** Petronas Twin Towers, Kuala Lumpur, Malaysia: **452 Meter**
- **2010** Burj Khalifa, Dubai: **828 Meter**(Dach)

METALLRAHMEN

Wände waren traditionell die **lasttragenden Elemente** einer Struktur, aber die **Bauweise von Hochhäusern** stellte dies auf den Kopf. Die lasttragenden Elemente sind die **Metallrahmen** oder **–skelette** des Gebäudes, von denen die Wände wie Vorhänge hängen – darum „**Vorhangfassade**".

THE SKY IS THE LIMIT?

Die Gebäudehöhe wurde von einer Reihe an Faktoren begrenzt: **ausreichend starke Materialien**, um **große Belastungen tragen zu können**; **strukturelle Designs**, die die Lasten halten können; die **Kosten** enormer Mengen an **Baumaterial**; und die Menge an **Stufen**, die die Gebäudenutzer bereit waren zu überwinden.

INDUSTRIELLE FERTIGUNG

Der Ansatz, der zuerst bei Bau von **Brücken** und später **Fabriken** angewendet wurde, **besser Rahmen als Wände zu bauen**, würde viele dieser Probleme lösen. **Industrielle Fertigungsmethoden** waren unter anderem **standardisierte Komponenten** in einfachen und schnell **wiederholbaren Schritten** zusammenzusetzen, sodass riesige Strukturen **schnell und günstig aufgebaut** werden konnten.

HINAUFGEHEN

Es ist nicht sinnvoll, von Menschen zu erwarten mehr als ein paar Stockwerke auf- oder abzugehen, also mussten **Aufzüge**erfunden werden, bevor Hochhäuser rentabel wurden. **Das erste Bürogebäude mit Aufzügen** war das **Equitable Life Assurance Building**, **1870** in **New York City** eröffnet; nicht zufällig wird dieses Gebäude **gemeinhin als erstes Hochhaus bezeichnet**.

DER RICHTIGE PREIS

Obwohl **Designs** für Hochhäuser aus **Holz** und **Ziegel** erreicht werden können, wäre die Mengen an benötigtem Material **unerschwinglich**. **Eisen** und vor allem **Stahl** sind **stark genug**, dass **relativ leichte und billige** Komponenten zusammengesetzt werden können, um **Rahmen** zu fertigen, die **sehr schwere Lasten tragen können**. **Vorfertigung** der Komponenten wie **Betonplatten** und **Stahlbalken** in **standardisierten Größen** machten eine günstige **Massenproduktion** möglich.

DER EIFFELTURM

Im Zuge der Weltausstellung 1889 in Paris, hundert Jahre nach der Revolution, war Gustav Eiffels großer Turm ein Wunderwerk des Ingenieurwesens, sowohl im Konzept als auch der Ausführung.

INGENIEUR EIFFEL

Obwohl er am bekanntesten für den Turm ist, hat Eiffel auch viele wichtige **Brücken** und andere Strukturen gebaut, darunter das **stützende Eisenskelett** der **Freiheitsstatue**.

MIT NIETEN ARBEITEN

Die Metallteile des Turmes wurden mit **Nieten** aneinander fixiert. Diese sind wie **Bolzen**, aber bevor sie eingesetzt werden, werden sie **erhitzt**, sodass sie **sich ausdehnen** und **weicher werden**. Sobald sie sitzen, werden sie an beiden Enden **gehauen**, um sie **platt zu machen**, und wenn sie **abkühlen**, **ziehen sie sich** und somit **die Teile zusammen**. **Zweieinhalb Millionen** Nieten wurden verwendet.

PUDDELVERFAHREN

Eiffel war Experte darin, mit Eisen, gewonnen aus dem **Puddelverfahren,** zu arbeiten, eine Art von **gehämmertem Eisen** mit **ähnlichen Eigenschaften und Vorzügen wie Stahl**.

SCHNELLER FORTSCHRITT

Der Spatenstich war am 28. Januar 1887, die **Fertigstellung** am 31. März 1889, d.h. der Turm war in **zwei Jahren, zwei Monate und fünf Tagen fertig gestellt**.

PYLON

Eiffel und seine Ingenieure **Maurice Koechlin** und **Emile Nouguier** stellten sich eine **Pylon-ähnliche Struktur** mit **vier Säulen aus Gitterwerkträgern** vor, die an der Spitze vereint würden. Das Design war vom **Latting Observatory** in New York **inspiriert**.

URSPRÜNGLICHES DESIGN

Das ursprüngliche Design für den Turm hatte **architektonische Schnörkel**, wie **riesige Bögen**, **Hallen mit Glaswänden** auf jeder Ebene und eine **knollenförmige Spitze**.

PRÄZISES INGENIEURWESEN

In Eiffels **Werkstatt** am Rand von Paris, wurden die **18.038 Metallteile** des Turms **mit einer Genauigkeit von Zehntelmillimetern entworfen** und dann in **fünf-Meter langen Elementen vorgefertigt**. Diese wurden zur Baustelle transportiert, wo 150 bis 300 Arbeiter den **Turm aufbauten**.

IN ZAHLEN

- Höhe: 342 Meter
- Stockwerke: 84
- Seitenlänge am Fuß: 125 Meter
- Gewicht: 7.300 Tonnen
- Farbe: 60 Tonnen
- Aufzüge: 5

EUROTUNNEL

Der längste Unterwassertunnel der Welt ist der Eurotunnel, der zwischen England und Frankreich unter dem Ärmelkanal verläuft, ist die Verwirklichung eines mehr als 200 Jahre alten Traums.

1802 Der französische Ingenieur Albert Mathieu schlägt einen Tunnel unter dem Ärmelkanal vor, mit einer künstlichen Insel in der Mitte, als Rastplatz für die Pferde

1872 Mit dem Kommen der Eisenbahn wurde das Projekt praktikabel; Gründung der English Channel Company

1881 Gründung der der Mitbewerberin South Eastern Company

1882 Grabungen beginnen bei Dover

1883 Grabungen aufgegeben

1966 Die Staatsoberhäupter Frankreichs und Großbritanniens geloben, eine Transportverbindung zwischen den beiden Staaten zu errichten

1988 Grabungen beginnen von beiden Seiten

1990 Tunnel treffen sich

1991 Tunnelgrabung ist abgeschlossen

1994 Offizielle Eröffnung durch Präsident Mitterand und Queen Elisabeth II. im Mai; die ersten Reisenden passieren den Tunnel im November

DREI IN EINS

Es sind eigentlich **drei Tunnel** – zwei große Eisenbahntunnel (7,6 Meter breit und hoch genug für einen zweistöckigen Bus) und einen schmäleren **Wartungstunnel** dazwischen.

DEM KALK FOLGEN

Um innerhalb der Schicht aus stabilem **Kalkstein** zu bleiben, die sich unter dem Ärmelkanal befindet, biegt sich der Tunnel an manchen Stellen nach rechts und links, oben und unten. Die **durchschnittliche Tiefe** unter dem Meeresboden beträgt **45 Meter**.

VERKEHR

Der Tunnel wird täglich von **400 Zügen** genutzt, die im Durchschnitt **50.000 Passagiere**, **6000 Autos**, und **54000 Tonnen Fracht** befördern.

GRABEN FÜR DEN SIEG

Insgesamt wurden elf **Tunnelbohrmaschinen** verwendet: fünf auf französischer Seite und sechs auf britischer. **Die Arbeiten auf der französischen Seite gingen langsamer voran, da der Boden nasser war.** Für die **Auskleidung des Tunnels** wurden zwei Systeme verwendet: **vorgefertigte Betonringe** und **verschraubte Segmente aus Gusseisen**.

ZEITERSPARNIS

An ihren **nächsten Punkten** sind Großbritannien und Frankreich ca. 34 km voneinander entfernt. Trotzdem sind die Tunnel 56 km lang, da sie **zu den Bahnhöfen Folkestone und Calais im Inland laufen**. Vor dem Tunnel brauchte man **ca. sechs oder sieben Stunden mit Zug und Fähre von London nach Paris**. Nun braucht man **zweieinhalb Stunden mit dem Zug**.

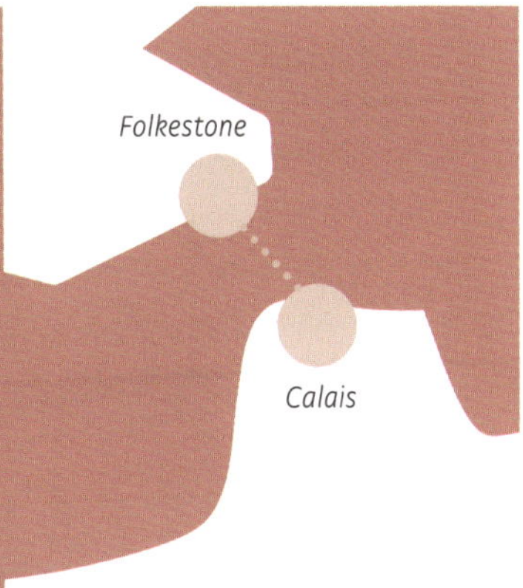

DIE RETTUNG DES SCHIEFEN TURMS

Der mittelalterliche Turm von Pisa ist berühmt für seine Schieflag. 1990 lief er Gefahr, umzufallen. Ingenieure wurden gerufen, um das berühmte Gebäude zu retten.

DER 56 METER HOHE TURM WEICHT CA. 5 M VON SEINEM LOT AB.

BODENVERSCHIEBUNG

Die Arbeit am Turm begann 1173 und dauerte bis 1372 an! Zur Zeit, als die Arbeiter den 2. Stock gebaut hatten, **fünf Jahre nach Baubeginn, begann sich der Turm** aufgrund des **unebenen Grunds bereits zu neigen.**

AUSGLEICHEN

Als die Arbeit am Turm fortschritt, versuchten die Bauer **die Neigung zu kompensieren,** indem sie die **Wände der oberen Stockwerke**, auf der **Nordseite** (andere Seite der Neigung) **etwas kürzer bauten als auf der Südseite**, sodass der Turm sich **biegt und neigt**.

RETTUNGSKOMMANDO

1990 fürchtete man, **dass der Turm zusammenbrechen könnte**, und die italienische Regierung berief ein Komitee ein, das vom **britischen Ingenieur John Burland** geleitet wurde. Die Gruppe fand eine **einfache Lösung**: Ein paar Lastwagenladungen **Erde** wurden unter der **Nordseite ausgehoben**, während **Stahlkabel** um den unteren Teil des Turm gebunden wurden, um ihn zu **stabilisieren**. Das **Gewicht des Turms drückte die noch weniger dichte Erde** unter der Nordseite zusammen und 2001 war der Turm um 38 cm **gerader**.

IMMER NOCH

2013 war der Turm noch **2,5 cm** gerader und in Zukunft soll der Turm noch **etwas gerader werden**, bevor er beginnt, sich **wieder zu neigen** – aber **sehr langsam**, also sollte er noch **hunderte Jahre stehen**.

DAS RAD

Das Rad war eine revolutionäre Technologie, die in Westasien im frühen 4. Jahrtausend v. Chr. ihren Ursprung hatte. Durch das Ingenieurwesen wurde es stetig verbessert.

DIE ENTWICKLUNG DES RADES

Das Rad entwickelte sich aus **Walzen**: **runde Stämme**, die unter **Schlitten** gelegt wurden, um **Reibung zu reduzieren**. Sie wurden durch **hölzerne Dübel** und **Stifte** an ihrem Platz gehalten. Die Rollen wurden zu **Achsen** mit **Vollholzscheiben auf beiden Seiten**; die Scheibe wurde durch Achsen fixiert und **das Ensemble rotierte**.

ACHSNAGEL UND NABEN

Ab dem 3. Jahrhundert v. Chr. wurde die **Achse standardmäßig am Wagen fixiert** und das Rad über das Ende geschoben (mit **Achsnägeln** in Position gehalten), sodass es **um die Achse rotieren konnte**. Der Teil des Rades, durch den die Achse läuft, nennt man **Radnabe**.

ENTLASTUNG

Feste Räder sind **schwer**. Der erste Schritt war, sie **leichter** zu machen, indem man **Sektionen ausgeschnitten hat**. Später wurde eine ganz **andere Art von Rad** entwickelt, mit einem **Rahmen aus Bugholz**, das durch **Speichen** an der **Radnabe** befestigt war.

VERGRÖSSERUNG DER REICHWEITE

Eine Person kann zu Fuß ca. 50 km am Tag zurücklegen – und viel weniger, wenn sie **Lasten trägt**. Ein **Lastpferd** mit einer **schweren Last** schafft weniger als 25 km in 8 Stunden. Dasselbe Pferd kann **doppelt so viel transportieren** und kommt somit knapp 5 km weiter, **wenn sich die Last auf einem Wagen mit Rädern befindet**.

DAS MYSTERIUM DER FEHLENDEN RÄDER

Schon die **präkolumbischen Amerikaner** verwendeten Räder (bei Spielzeugen), aber aus unbekannten Gründen **haben sie sie nie für Fahrzeuge verwendet.**

KANÄLE UND SCHLEUSEN

Darunter versteht man natürliche oder künstlich angelegte Kanäle, um Wasser im Inland zu transportieren und/oder Wasser für die Be- oder Entwässerung zu kontrollieren.

- **ca. 5000 v. Chr.** Entwässerungskanäle in Mesopotamien
- **ca. 515 v. Chr.** Der persische Kaiser Dareios I. lässt einen Kanal bauen, der den Nil mit dem Roten Meer verbindet
- **ca. 610** Der Kaiserkanal in China verbindet den Jangtsekiang und den Gelben Fluss
- **ca. 950** Der chinesische Ingenieur Chiao Wei-yo erfindet eine zweistufige Schleuse für Kanäle
- **ca. 1500** Erste moderne Schleusentore bei einem Kanal in Mailand, vermutlich von Leonardo da Vinci entworfen
- **1681** Der Canal du Midi wird in Frankreich fertiggestellt, mit einem 7,6 m langen Tunnel
- **1825** Beginn der Arbeiten an dem 584 km langen Erie-Kanal, der den Hudson River mit dem Eriesee verbindet
- **1869** Eröffnung des Suezkanals, der das Mittelmeer mit dem Roten Meer verbindet
- **1914** Endlich wurde die Arbeit am Panamakanal beendet
- **1959** Eröffnung des Sankt-Lorenz-Seewegs, der die Großen Seen mit dem Atlantik verbindet

SCHLEUSEN UND WASSERPEGEL

Das **Wasser**, das zwischen **zwei Schleusen gestaut** wird, nennt man **Füllhöhe. Oberwasser** ist der Teil mit dem **höchsten Wasserspiegel eines Kanals,** bei dem spezielle Vorkehrungen getroffen werden müssen, damit der Wasserspiegel **aufgefüllt bleibt. Unterwasser** ist der Bereich mit dem **niedrigsten Wasserspiegel**. Eine **Schleuse** ist der relativ kurze **Bereich zwischen zwei Schleusentoren**.

SCHLEUSEN

Schleusen haben eine Kammer zwischen zwei Toren und wurden um das 14. Jahrhundert in Europa eingeführt. Sie funktionieren wie eine Luftschleuse: Wenn das Schleusentor zum Unterwasser offen ist, ist das Wasser in der Kammer auf Höhe des Unterwassers. Sobald das Schiff in der Kammer ist, wird das Tor geschlossen und Oberwasser eingelassen, bis der Wasserpegel auf Höhe des Oberwassers ist und das Tor zum Oberwasser geöffnet werden kann.

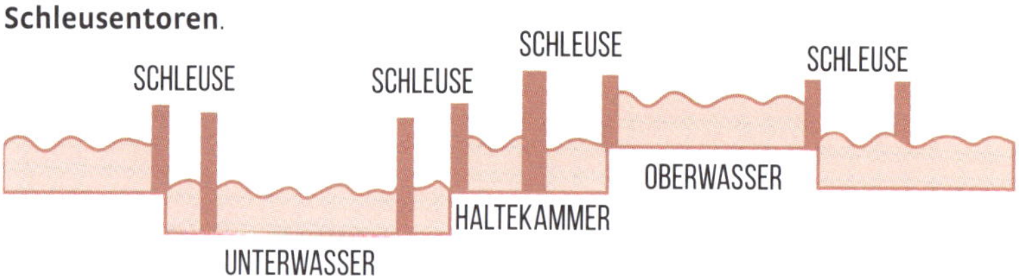

ARTEN VON SCHLEUSEN

Es gibt sechs Arten von Schleusen:

Einfache Schleusen: eine einfache Kammer mit einem **Tor** auf jeder Seite**.**

Breite Schleusen: einfache Schleusen, die **breit genug für zwei Schiffe gleichzeitig** sind, sodass Schiffe aneinander vorbeifahren können.

Doppelschleusen: **nebeneinander liegende** einfache Schleusen**.**

Sperrschleusen: schließen den **Wasserfluss** in einem Kanal komplett ab – verwendet, um **gegnerischen Kanalgesellschaften das Wasser zu stehlen**.

Schachtschleusen: **Schleusen** mit **Schleusentoren, die sich auf und ab bewegen**, anstatt aufzuschwingen. Sie werden an **engen Stellen** verwendet.

Schleusentreppe: eine Reihe an **Schleusen**, um größere **Höhen überwinden zu können.** Eine **Treppe** ist wo jedes Tor die Kammern auf beiden Seiten bedient; **es gibt auch Schleusentreppen mit** Zwischenhaltungen.

STRASSEN

Straßen sind vielleicht die ersten menschlichen Arbeiten des Tiefbaus, es gab viele Straßen bereits in prähistorischen Zeiten, noch vor der Entwicklung von Städten oder der „Zivilisation".

- **ca. 5000 v. Chr.** Höhenwege im Neolithikum in Europa
- **4000 v. Chr.** Steinstraßen in Ur
- **4000 v. Chr.** Knüppeldamm (aus querliegenden Balken) in Glastonbury, England
- **4000 v. Chr.** Bei Mohenjo Daro im Industal wurden mit Tonscherben Wege gepflastert
- **ca. 2600 v. Chr.** Erste gepflasterte Straßen in Ägypten
- **ca. 600 v. Chr.** Bau der Diolkos, einer Steinstraße über den Isthmus von Korinth entlang welcher Frachten und Schiffe gezogen wurden
- **ca. 500 v. Chr.** Bau der Königsstraße in Persien
- **312 v. Chr.** Bau des ersten Teils der Via Agrippa, der größten römischen Straße
- **ca. 50 n.Chr.** Straße von England nach Rom
- **ca. 9. Jahrhundert** Das Kalifat baut Straßen in islamischen Ländern
- **ca. 12. Jahrhundert** Europäer des Mittelalters entwickeln ein lokales Straßennetz
- **15. Jahrhundert** Entstehung des Straßennetzes der Inka
- **ca. 1770** Der französische Ingenieur Pierre-Marie-Jérôme Trésaguet entwickelt ein wissenschaftliches Straßenbausystem
- **1811** John McAdam entwickelt sein Prinzip der Straßenverlegung, das „Chaussieren"
- **1848** Die Makadam-Bauweise wird verwendet
- **1858** Asphalt wird in Paris erstmals verwendet

RÖMISCHER STRASSENBAU

Es gab **mindestens drei Phasen von römischen Straßen**: ***die via terrena*** aus **gestampfter Erde** und die ***via glareata*** aus **Kies auf gestampfter Erde**, manchmal mit **Steinplatten** darauf. Die **höchste Stufe** war die ***via munita***, die von **Ingenieuren und Arbeitern** (meistens Soldaten) gebaut wurde , mit **tiefen Gräben**, die mit **Schichten aus verschiedenen Arten von Steinen und Kies** gefüllt wurden. Darauf lagen **geschnittene Steinplatte**n, um eine Wölbung zu erzeugen, und **seitlich waren sie mit Gehwegen abgeschlossen**.

ALTE RÖMISCHE STRASSE IM QUERSCHNITT

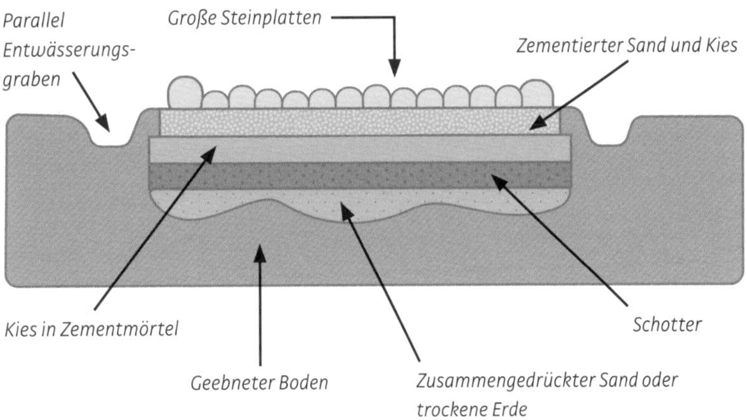

BESSERE STRASSEN

Fortschritte im Straßenbau wurden von Ingenieuren wie **John McAdam** (1756-1836) angeführt, die **den Straßentransport drastisch verbesserten**. Die **Reisezeit von London nach Edinburgh verkürzte sich** von zehn Tagen im Jahr 1754 auf etwas über 42 Stunden im Jahr 1832.

SCHIFFE

Das Ingenieurwesen war immer der Schlüssel zur Herstellung von Schiffen, die Frachten auf dem Wasser tragen und dabei Wellen und Wind bewältigen können.

- **ca. 800.000 v. Chr.** Erste Wanderung auf See der Hominiden, als *Homo erectus* Flöße oder Kanus baute
- **ca. 10.000 v. Chr.** Schilfboot auf einem prähistorischen Felsen nahe der Kaspischen See
- **ca. 8000 v. Chr.** Ältestes erhaltenes Boot – das Einbaumkanu *Pesse*

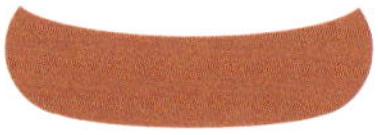

- **ca. 4000 v. Chr.** Groß Schilfboote auf dem Nil
- **ca. 3000 v. Chr.** Metallwerkzeuge ermöglichten Planken für größere und komplexere Schiffe
- **ca. 2500 v. Chr.** Ägypter bauen erste seetaugliche Holzschiffe
- **ca. 1550 v. Chr.** Die Phönizier entwickeln die Galeone
- **ca. 200 n. Chr.** Dschunken in China
- **ca. 750** Langschiffe der Wikinger
- **ca. 1000** Polynesier in Auslegerkanus bevölkern die Pazifischen Inseln

- **ca. 1400** Die Portugiesen entwickeln Karavellen
- **ca. 1500** Drei-Mast Karacken für das Segeln auf Ozeanen
- **1769** Frühe Schoner
- **1774** Erster Raddampfer
- **1802** Erster gewerblicher Raddampfer
- **ca. 1830** Frühe Klipper
- **1843** SS *Great Britain* ist das erste Dampfschiff mit einem eisernen Rumpf
- **1859** Erstes gepanzertes Kriegsschiff
- **1886** Erster Öltanker

- **1906** HMS *Dreadnought* beginnt die Dreadnought-Ära
- **1918** Erster Flugzeugträger
- **1951** Erstes zweckgebundenes Containerschiff
- **1955** Erstes Luftkissenfahrzeug

KRAWEEL VS. KLINKER

Früher **unterschieden zwei wichtige Merkmale die Mittelmeerschiffe von den nordeuropäischen**:

Mittelmeerschiffe wurden in **Kraweelbauweise gebaut**, mit **Planken,** die **aneinandergelegt wurden**, um **glatte Seiten** zu bekommen. **Nordeuropäische Schiffe** wurden für heftigeren Seegang in **Klinkerbauweise** mit überlappenden Planken erzeugt.

Bei Mittelmeerschiffen waren **Bug und Heck unterschiedlich**, während **Schiffe in Nordeuropa auf beiden Seiten ähnlich geformt waren**, sodass sie in **beide Richtungen gesteuert werden konnten, wenn der Wind sich drehte**.

CONTAINERSCHIFF

Containerschiffe transportieren **standardisierte Behälter (Container), die dafür geschaffen sind, das** Be- und Entladen und die Übergabe an Straßen- und Schienentransporte einfacher zu machen. Je **mehr ein Schiff transportieren kann,** desto **ökonomischer sind die Transportkosten**, vor allem seit sogar die größten Schiffe **heutzutage praktisch roboterhaft** und mit einem **Minimum an Besatzung funktionieren**. Dementsprechend wurden die Schiffe **immer größer**.

ÖLTANKER

Ein Öltanker ist eine Reihe von Tanks, die **in der Form eines Schiffes aneinandergebaut werden**, mit einem Motor an einem der Enden. Der **Oberbau**, wie beispielsweise die Brücke, ist auf ein Minimum reduziert, ebenso die Besatzung.

U-BOOTE

Seit der Zeit von Aristoteles träumte man von einem Schiff, das es ermöglichte, unter Wasser zu reisen und für lange Zeit dort zu bleiben. Geschichten über Alexander den Großen, dass er auf diese Weise gereist war, inspirierten Versuche, U-Boote zu bauen.

- **ca. 330 v. Chr.** Aristoteles schreibt über Tauchglocken
- **1500** Leonardo da Vinci zeichnet ein „Schiffe versenkendes" Tauchboot
- **1578** Der englische Mathematiker und Gastwirt William Bourne entwirft ein Tauchgerät
- **1620** Der dänische Erfinder Cornelis Drebbel führt ein tauchfähiges Ruderboot vor
- **1864** Das Tauchboot der Konföderierten, die CSS *Hunley* versenkt ein feindliches Schiff
- **1898** Simon Lakes *Argonaut* ist das erste U-Boot, das in See sticht
- **1954** Start des ersten funktionierenden nuklearbetriebenen U-Bootes, der USS *Nautilus*
- **2012** James Camerons *Deepsea Challenger* erreicht den Boden des Marianengrabens

DREBBELS TAUCHBOOT

Der niederländische Erfinder **Cornelius Drebbel** (1572 – 1633) entwirft eine **Vorrichtung, die oft als erstes U-Boot angepriesen wird**, obwohl es eigentlich **kein Tauchboot** war. Es war ein **gedecktes Ruderboot** mit einem **gewinkelten Bug**, weshalb es angeblich tauchte, wenn es vorwärts fuhr.

TAUCHBOOT VS. U-BOOT

Ein richtiges U-Boot ist **komplett von der Oberfläche unabhängig** und **muss nur zum Auftanken auftauchen**. Die meisten Schiffe, die früher als U-Boote beschrieben wurden, waren eigentlich **Tauchboote**: Schiffe, die eine **Verbindung zur Oberfläche brauchen**, für **Luft**,**Energie** usw.

PRINZIP DES AUFTRIEBS

Das Wichtigste beim Bau eines U-Bootes ist der **Auftrieb**: Ein Körper **sinkt nur, wenn er schwerer ist als das Wasser, das er verdrängt**. U-Boote müssen diesen Auftrieb kontrollieren können, um **ab-** und **aufzutauchen**. Um das zu erreichen, müssen sie irgendwie ihr **Gewicht oder Volumen verändern**.

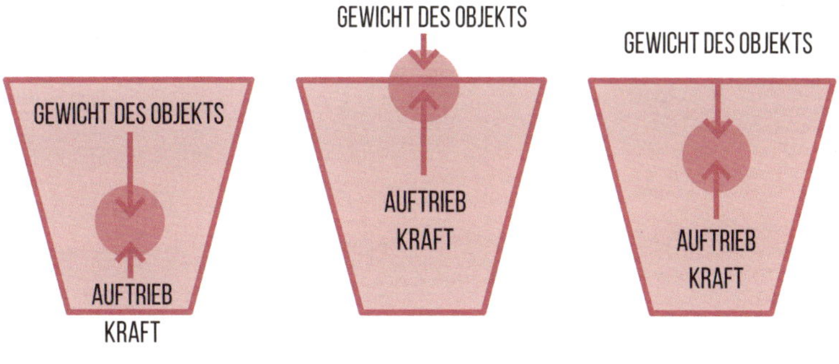

DAS PRINZIP DER TAUCHGLOCKE

Eine Tauchglocke funktioniert dadurch, dass die **Luft, die in einem umgedrehten Gefäß gefangen ist, nicht entweichen kann**. Am Beginn des Einsatzes der Tauchglocken ohne **Sauerstoffzufuhr** war man mit vielen Problemen konfrontiert, darunter **Sauerstoffmangel** und **Kohlendioxidüberschuss**, **Hitze** und **Feuchtigkeit**. Ebenso wurde die **Glocke schwerer, je tiefer sie tauchten**, da nach **Boyles Gesetz** der Wasserdruck die Luft in der Glocke zusammendrückte und so das **Auftriebsvolumen verringerte**.

DAMPFSCHIFFE

Bis ins späte 18. Jahrhundert waren Dampfmaschinen riesige und schwerfällige Maschinen, deren Anwendung auf Minen begrenzt waren, doch die neuen Maschinen von James Watt boten eine radikale neue Technologie: Konnten Schiffstechniker diese zu ihrem Vorteil nutzen?

- **1783** Der Marquis de Jouffroy d'Abbans baut das erste Dampfschiff, die *Pyroscaphe*
- **1790** John Fitch führt in Amerika den ersten Dampfschiffbetrieb
- **1801** Der schottische Ingenieur William Symington entwickelte eine Dampfmaschine, um ein kleines Flussboot anzutreiben, die *Charlotte Dundas*
- **1815** USS *Demologos*, das weltweit erste dampfbetriebene Kriegsschiff
- **1819** Die *Savannah*, ein Segelschiff mit Dampfmaschine und Schaufelrad, überquert als erstes dampfgestütztes Schiff den Ozean
- **1840** Die SS *Great Britain* ist das erste Dampfschiff mit Schrauben
- **1860** Die SS *Great Eastern* wird für die nächsten 47 Jahre das größte Passagierschiff
- **1884** Erfindung der Schiffsdampfmaschine

SCHAUFELRAD VS. SCHRAUBE

Ungefähr 40 Jahre lang war das **dampfbetriebene Schaufelrad** der Antrieb auf dem Wasser, aber **Schaufelräder hatten Nachteile**. Insbesondere hätten sie beim **Unter-** oder **Abtauchen** in **schwere Seen** die **Motoren beschädigen** können. **Schraubenpropeller**, mit der ***Great Britain*** von **Isambard Kingdom Brunel** (1806-1859) vorgestellt, **lösten dieses Problem**.

DAMPFKANU

In Amerika entwickelte der Ingenieur **John Fitch** (1743-1798) eine **Alternative zu Schrauben und Rädern**. Sein erstes Dampfboot, die ***Perseverance***, hatte **Paddelbanken** auf beiden Seiten, die an einer **Kurbel hängten** und das **Boot wie ein Kanu ruderten**. Später wechselte er zu **am Heck montierten Schaufeln**, die **wie Entenfüße paddelten**.

SCHIFFSMASCHINEN-BAUER

Die Dampfschiffe brachten eine **neue Spezialisierung für Techniker** hervor: den **Schiffstechniker**, der den traditionellen **Seemann** ersetzte. Anstatt mit **Segeln** und **Seilen** zu arbeiten, musste der Schiffstechniker Motoren einsetzen und instand halten.

DREIFACHEXPANSION

Die **ökonomische Geschwindigkeit** und das Ausmaß der **Dampfschifffahrt** wurden durch die 1870 vorgestellte Dreifach-Expansionsmaschine **verändert**, bei der **Dampf verwendet wurde, um vor der Kondensierung drei Kolben anzutreiben**. Noch **effizienter und stärker** wurden die Motoren mit Einführung der **Dampfturbinen**, bei denen der **Dampf die Drehung einer propellerähnlichen Turbine antreibt**.

LOKOMOTIVEN

Eisenbahnen existierten vor den Motoren der Lokomotive, aber es war die Dampfmaschinentechnologie, die von wegweisenden Ingenieuren entwickelt wurde, die sie veränderte.

1801 Die Lokomotive Puffing Devil des Ingenieurs Richard Trevithick aus Cornwall beförderte sechs Personen entlang der Hauptstraße von Camborne. Einige Tage später wurde der Motor zerstört, da die Lokführer den Heizkessel laufen ließen, als sie im Pub ein Bier trinken waren, während der Motor trocken heizte und überhitzte.

1804 Trevithicks unbenannter Lokomotivenmotor zieht zehn Tonnen Eisen und 70 Personen fast 16 km auf den Gleisen bei den Pennydarren-Eisenwerken in Merthyr Tydfil mit einer durchschnittlichen Geschwindigkeit von 8 km/h. Dies ist die erste erfolgreiche Anwendung einer Dampfmaschine bei einer Eisenbahn.

1812 Die Middleton Railway in der Nähe von Leeds befördert regelmäßig Frachten mit einer Dampflok.

1813 William Hedleys Puffing Billy beginnt seine fünfzigjährige Dienstzeit auf der Grubenbahn der Zeche Wylam Colliery.

1814 George Stephenson (1781–1848) entwirft seine erste Dampflokomotive, Blücher, um Kohle entlang der Schienen bei Killingworth Colliery zu transportieren.

1825 Eröffnung der weltweit ersten öffentlichen Personen- und Frachtlokomotive – die Stockton and Darlington Railway. Stephensons Motor Locomotion No. 1 zieht einen Wagen, der Experiment genannt wurde, auf dem vorne ein Mann auf einem Pferd saß, der eine Fahne hielt, auf der stand: *Periculum privatum utilitas publica* („Die Gefahr trifft nur den Einzelnen, die Allgemeinheit hat den Nutzen")

GEHEN, NICHT LAUFEN

Bei der ersten Fahrt entlang der **Stockton and Darlington Railway** erreichte die **Locomotion No. 1 von George Stephenson** eine **durchschnittliche Geschwindigkeit** von knapp 13 km/h. Die **durchschnittliche Geschwindigkeit eines laufenden Menschen** beträgt 26 – 32km/h.

DAMPFZIRKEL

Um seine Dampfmaschine zu bewerben, baute **Trevithick** eine Art **„Dampfzirkel"** mit einem **runden Vorführgleis** am **Londoner Torrington Square**, um den seine Lokomotive **„Catch Me Who Can"** (Fang mich, wer kann) fuhr – siehe Zeichnung unten.

DIE ROCKET

Die bekannteste frühe Dampfmaschinen, die Rocket von Stephenson, öffnete die Tür zu einer Welt voll Geschwindigkeit, und zwar dank zweier technischer Erfindungen: mehrerer Kesselrohre und des Direktantriebs.

BEI DEN RENNEN VON RAINHILL ERREICHTE DIE ROCKET EINE SPITZENGESCHWINDIGKEIT VON 48 KM/H.

RENNEN VON RAINHILL

Die Lokomotiven von George Stephenson **zogen über mehrere Jahre Lasten** auf der **Stockton and Darlington Railway** (S&DR), aber man hatte das Gefühl, dass ein **neues Design** für **Passagierwägen** gebraucht würde. 1829 veranstaltete die S&DR einen Wettbewerb bei **Rainhill**, um eine geeignete Lokomotive zu finden. George und sein Sohn Robert entwarfen den Gewinner, **Rocket**.

DIREKTANTRIEB

Ältere Lokomotiven waren **Balanciers**, wie sie bei **Minen und Mühlen** verwendet wurden. Bei einem Balancier ist der **Zylinder vertikal** und der **Kolben bewegt einen Längsträger**, sodass er sich auf und ab bewegt. Die Rocket hatte **geneigte Zylinder**, die die **Räder direkt antrieben**. **Direktantrieb werden später zur norm**, obwohl die **Zylinder irgendwann horizontal liegen**, um glatter zu laufen.

VERBESSERTE ERHITZUNG

Rocket war schneller als die anderen Lokomotiven, weil sie **mehr Dampfkraft erzeugen konnte**, was an dem **neuartigen Heizkessel** lag. Davor verwendeten Dampfkessel **eine oder zwei Eisenrohre oder -abzüge, um heiße Gase vom Ofen durch einen Wasserkörper zu leiten und diesen zu Dampf zu erhitzen**. Rocket verwendete **25 schmale Kupferrohre** (5 statt 30 cm) **und erhöhten so** die Oberfläche für und Menge an **Wärmeübertragung** im Heizkessel.

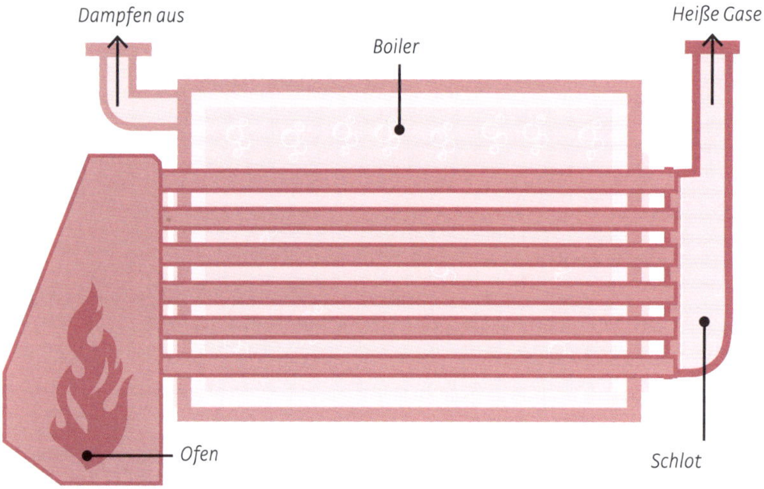

VIER RÄDER SIND GUT, SECHS RÄDER BESSER

Rocket und die anderen Dampfmaschinen davor hatten einen gemeinsamen **Konstruktionsfehler**: Da sie nur **vier Räder** hatten, begannen sie auch schon bei moderater Geschwindigkeit zu **„pfeifen“** oder **wippen**. Dazu kam, dass, je **schwerer** die Motoren wurden, desto **mehr Last auf die Räder wirkte**. Um diese Probleme zu lösen, führten die Stephensons **den ersten** Motor mit sechs Rädern ein, den **Patentee**.

OMNIBUSSE

Große Wagen oder Kutschen waren privat und für Reisen zwischen Städten sehr beliebt, aber speziell entworfene Kutschen für den öffentlichen Transport in Städten waren eine Neuheit und kamen erst in den 1820ern.

- **1662** Das Experiment eines öffentlichen Wagentransports in Paris scheitert
- **1816** Ein kurzer Streckendienst wurde zwischen Manhattan und Brooklyn in New York eingeführt
- **1826** Stanislas Baudry gründet den ersten Pferdebus als öffentliches Verkehrsmittel in Nantes, den „Omnibus"
- **1829** George Shillibeer gründet einen Omnibusdienst in London
- **1830** Omnibusdienste begannen in New York
- **1847** Erster Doppeldecker-Bus
- **1851** Die Great Exhibition in London fördert die Nachfrage nach Bussen; Einführung der Knifeboard-Sitze
- **1914** Letzter Pferdebusdienst in London
- **1956** Vorstellung des Londoner Routemaster-Busses

EINER FÜR ALLE

Omnibus bedeutet „**für alle**". Der **typische Name für den städtischen öffentlichen Straßenverkehr stammt von einem Franzosen, der den** ersten erfolgreichen Betrieb **führte,** Stanislas Baudry (1777-1830). Er nannte ihn „Omnibus", da es ein **„Service für alle"** war.

SITZE IM PFERDEBUS

Pferdebusse mussten **so viele Leute wie möglich** transportieren, ohne die **Reisequalität** zu beeinträchtigen. Der normale Omnibus hatte nach vorne gerichtete **„Gartensitze"** für zwölf Personen, mit einer **Leiter, die zum Dach führte**, das als ungedecktes **Oberdeck** fungierte. Dort fanden sich Rücken.an-Rücken gebauten Bänke mit fünf Plätzen, die **Knifeboards** genannt wurden; außerdem gab es **zwei Plätze neben dem Fahrer**. **Dadurch, dass die Leitern durch Stiegen ersetzt wurden,** konnten auch **Frauen an das Oberdeck gelangen**.

OFFENE TÜREN

Der Routemaster besaß auch eine einfache, doch geniale Strategie, die **Effizienz zu steigern** und **Stoppzeiten zu reduzieren**: einen offenen Heckeinstieg, **sodass Passagiere jederzeit zu- und absteigen konnten, sobald der Bus nicht zu schnell unterwegs war.**

NEUERUNGEN MIT DEM ROUTEMASTER

Der bekannteste **Motorbus** war der **Routemaster**, ein **Doppeldecker-Bus**, der für **London** in den Jahren nach dem Zweiten Weltkrieg entworfen wurde und 1956 in Betrieb ging. Ingenieure sollten einen **leichteren** (und dadurch **treibstoffsparenderen**) Bus entwerfen, der aber **nicht weniger Kapazitäten** als der alte haben sollte. Eine leichte **Aluminiumkonstruktion**, die während des **Krieges für die Flugzeugproduktion** entwickelt wurde, bedeutete eine **drastische Gewichtsreduktion**. Der Routemaster war zusätzlich der **erste Bus mit Vorderradachsen mit Einzelaufhängung**, **Servolenkung**, einem **Vollautomatikgetriebe** und **Hydraulikbremsen**.

ISAMBARD KINGDOM BRUNEL

Sohn des Ingenieurs Marc Brunel, wurde Isambard Kingdom (1806 – 1859) durch große Errungenschaften beim Bau von Brücken, Lokomotiven und Dampfschiffen einer der meist gefeierten Ingenieure aller Zeiten.

NASSE ARBEIT

Isambards **erster Job** war es, 1825 die Grabungen des **Thames Tunnels** mit dem **Schildvortrieb** seines Vaters zu beaufsichtigen, doch 1828 **ertrank er beinahe**, als der **Tunnel überflutet** wurde.

CLIFTON SUSPENSION BRIDGE

Isambard reichte das Gewinnerdesign für eine Brücke über die **Clifton-Schlucht** in **Bristol** ein, deren Konstruktion 1831 begann, die aber bis 1864 nicht eröffnet wurde. Bis heute ist sie eine atemberaubende Struktur.

EISENSCHIFF

1843 nahm Isambard die **SS *Great Britain***, ein **Dampfschiff mit eisernem Rumpf**, in Betrieb, das wie davor die ***Great Western*** das **größte bisher gebaute Dampfschiff war**. Es war das **erste, das einen Schraubenpropeller statt eines Schaufelrads** verwendete, und war Jahrzehnte lang im Einsatz.

AUF NACH WESTEN

1833 wurde Isambard beauftragt, die **neue Eisenbahnlinie zwischen London und Bristol** (und weiter) zu bauen, die **Great Western**. Er vermaß die Route, beaufsichtigte die Verlegung von 190 km Gleisen und entwarf **Geländer**, **Tunnel**, **Brücken**, **Haltestellen**, **Signale** und sogar **Haltestellenlaternen**.

NOCH WEITER

1835 schlug Isambard vor, dass die **Great Western Linie** (im Gegensatz zur physischen Bahnlinie) nicht am Meeresufer enden, sondern **über den Atlantik weitergeführt werden sollte.** Er wurde **beauftragt, das erste Dampfschiff zu bauen, das den Atlantik nur mit Dampf überqueren könnte**. Zu dieser Zeit **wurde behauptet**, dass dies nur möglich wäre, wen das **Schiff mit Kohle gefüllt sei**, aber die **SS Great Western bewies ihnen das Gegenteil.**

DER GRÖSSTE

Isambards **letztes Projekt** war eine riesiger Dampfer, der ca. 10 Mal so schwer war wie die *Great Britain*. Die ***Great Eastern*** wurde dafür gebaut, genug Kohle zu transportieren, um **bis nach Australien** zu kommen, und der visionäre doppelwandige Eisenrumpf **würde zur** Norm für Dampfschiffe **werden, aber es war ein** turbulentes Projekt **und Isambard erlitt nur zwei Tage vor der Jungfernfahrt 1858 einen tödlichen Schlaganfall**.

FAHRRÄDER

Als zweirädriges Fahrzeug, das von seinem Lenker angetrieben wird, ist das Fahrrad ein solcher Höhepunkt des Ingenieurwesens, dass sich die Bauart seit den 1880ern fast nicht verändert hat.

- **ca .1790** Erste zweirädrige Fahrzeuge
- **1817** Zweirädrige, lenkbare Laufmaschine
- **1839** Erstes Tretrad
- **1861** Erstes Fahrrad mit Tretkurbelantrieb
- **1871** Hochrad mit Stahlspeichen
- **1873** Erfindung des Kettenantriebs
- **1885** Sicherheitsniederrad

DEN WEG BEREITEN

Die Technik und der Bau des Fahrrads bereiteten den Weg für den Aufstieg des Automobils. Fahrradhersteller waren Vorreiter in Techniken wie dem **Fließband** und **geplanter Veralterung** sowie bei **Marketinginitiativen**. **Fahrradorganisationen** setzten sich für **Straßen in guter Qualität** und **effektive Regulierungen** (Höchstgeschwindigkeiten, Verkehrskontrollen etc.) ein, was den **verstärkten Gebrauch von Autos erleichterte**.

DAS GOLDENE ZEITALTER

Das **Sicherheitsrad** mit **Kettenantrieb**, **Bremsen**, **Luftreifen** und Kugellager machte das **Fahrrad schneller als ein Pferd mit Kutsche**, aber einfach und sicher zu fahren. In Amerika führte dies zum **„Goldenen Zeitalter des Fahrrades“**. 1887 waren in den USA **hunderttausend Fahrräder auf den Straßen**; 1896 waren es **vier Millionen**.

FAHRRADKRANKHEITEN

Die Begeisterung für das Fahrradfahren führte zu Warnungen vor den **moralischen Gefahren des Rades** – beispielsweise, gewagte Kleidung wie Frauenoberhosen zu tragen – und vor damit zusammenhängenden Gesundheitsrisiken wie **„Fahrradbuckel“** oder **„Fahrradzucken“**.

AUFZÜGE

Der Sicherheitsaufzug war eine geniale, lebensrettende Erfindung für sich, hatte aber auch gravierende Auswirkungen auf Architektur, Stadtleben und Liegenschaftswerte.

HINUNTER

Fahrgastaufzüge wurden in England in den 1830ern **eingeführt**, in **Amerika in den 1840ern**, aber die verwendeten **Hanfseile rissen oft – mit fatalen Folgen**.

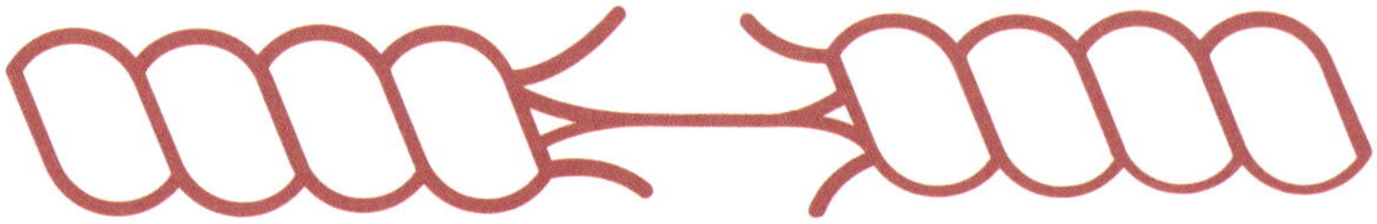

OTIS KOMMT ZU HILFE

1852 war der Ingenieur **Elisha Otis** verantwortlich für die Nachrüstung einer Fabrik und bemerkte, dass die Arbeiter den **Hubwerks-Aufzug** nicht benutzten Er wollte die Sicherheit des Aufzugs verbessern, und so war der **Sicherheitsaufzug erfunden**.

VERKEHRT HERUM

Die Ankunft der Aufzüge **verkehrte die normalen Strukturen der Liegenschaftswerte in Hochhäusern.** Vor dem Aufzug waren die **Räume oben im Gebäude** die **billigsten**, da sie am **schwierigsten zu erreichen waren. Danach** war das **oberste Geschoss**, weit entfernt vom **Gestank und Lärm der Straße, am teuersten**.

KLINKENTRÄGER

Otis' grundlegende Erfindung war es, **Klinkenstangen mit Sägezähnen** auf beiden Seiten des **Aufzugsschachtes** zu montieren, mit **Klinken** am Aufzug, die **automatisch in den Klinkenstangen einrasteten, wenn sie nicht unter Spannung standen**. **Sobald die Spannung wegfiel**, weil das **Aufzugskabel riss**, sprangen die **Klinken** nach außen und **stoppten den Aufzug**.

HOCH HINAUS

Elisha Otis starb 1861 mit nur 49 Jahren. **Seine Söhne führten das Geschäft weiter** und bauten **Otis-Aufzüge** 1889 in den **Eiffelturm** in Paris, 1890 in das **Washington Monument** und 1913 in das **Woolworth Building,** dem damals **höchsten Gebäude der Welt,** ein.

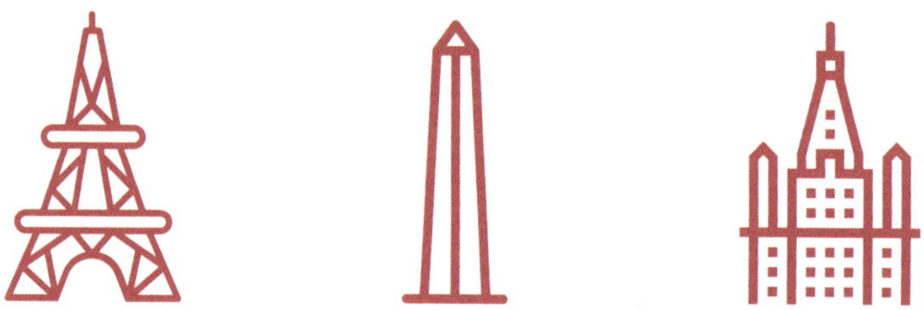

ELEKTRISCHE LOKOMOTIVEN

Werner Siemens' dynamo-elektrische Energiegewinnung ermöglichte neue Anwendungen elektrischer Kraft, darunter auch Transport.

SAUBERKEIT

Mitte des 19. Jahrhunderts konnte die **steigende Nachfrage nach städtischem Transport** nicht mehr mit vorhandenen Technologien befriedigt werden: **Pferden und Dampfmaschinen**. **Pferde** waren **für den städtischen Kontext nicht stark genug**, während **Dampfmaschinen** zu **schmutzig und schwerfällig** waren. **Elektrische Motoren** könnten die notwendige **saubere**, **anpassbare Bewegungskraft** liefern, **wenn genug Leistung aufgebracht werden könnte.**

ELEKTRISCHE EXPERIMENTE

Experimente mit elektrischen Motoren für den Transport führte man schon 1835 durch, als der amerikanische Schmied **Thomas Davenport** einen kleinen elektrischen Zug vorstellte**.** Allerdings war die **Batterieleistung** damals nicht ausreichend **und obwohl die** Stromabnahme über die Schiene **1840 patentiert wurde, gab es noch nicht** genug Stromquellen**.**

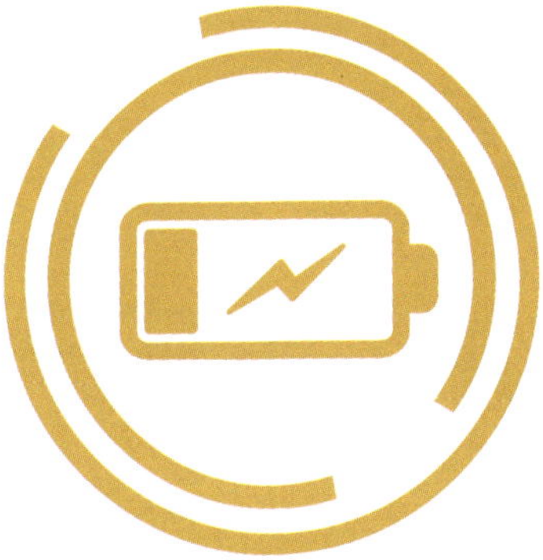

VERGNÜGUNGSFAHRT

Das änderte sich, als **Werner Siemens** die **Dynamomaschine** erfand. Bei der Suche nach neuen Anwendungsgebieten baute er einen **elektrischen Demonstrationszug** für die **Berliner Gewerbeausstellung 1879**. Ein kleiner **Zug, angetrieben von einem Elektromotor,** zog **18 Passagiere** um eine ca. 300 m lange runde Strecke. **Elektrizität** von einem **dampfbetriebenen Dynamo** wurde dem **Zug** über die **Schienen** zugeführt. Der kleine Zug beförderte mehr als 86.000 Passagiere in vier Monaten.

ELEKTRISCHES WELTREICH

Siemens folgte diesem Erfolg mit der **ersten elektrischen Straßenbahn in Berlin** im Jahr 1881 und machte sich daran, den **ersten elektrischen Trolleybus**, **elektrische Minenlokomotiven** und **elektrische Untergrund-Bahnen** (in Budapest) auszuarbeiten.

VERBRENNUNGSMOTOR

Nachdem der Verbrennungsmotor mit Petroleum lief, wurde er schnell zum beliebtesten Motor der Welt, denn der ursprüngliche Verbrennungsmotor lief mit Gas.

REIN ODER RAUS?

Der Verbrennungsmotor hat seinen Namen daher, dass **Treibstoff im Motor selbst brennt**. Eine Dampfmaschine hingegen ist ein **Motor mit äußerer Verbrennung**, da der **Treibstoff in einem Ofen abseits des Motors verbrannt wird**.

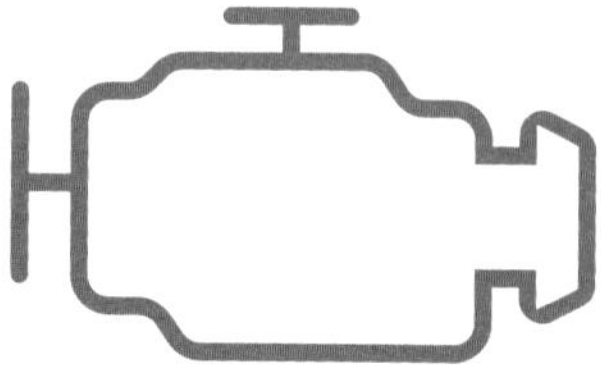

OTTOMOTOR

Der deutsche Ingenieur **Nikolaus Otto** (1832–1891) entwarf 1876 den ersten funktionierenden **Verbrennungsmotor**. Es war ein **Viertakt-Motor**, der mit **Gas** betrieben wurde.

VIERTAKTMOTOR

Die **Zylinder** im Otto-Motor liefen in einem viertaktigen Zyklus, wo **jede Phase von einer Bewegung des Kolbens begleitet wurde**. **Klappen** wurden verwendet, um in jeder Phase den **Gasfluss in und aus dem Kolben zu kontrollieren**.

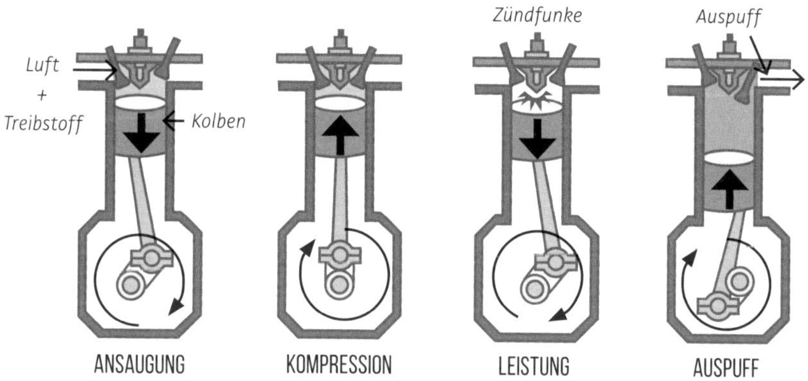

ZWEITAKTMOTOR

Bei einem **zweitaktigen Motor** fungiert der **Kolben selbst als Klappe**, um die **Ansaug- und Auspuffkanäle zu schließen**, was die Einheit einfacher macht.

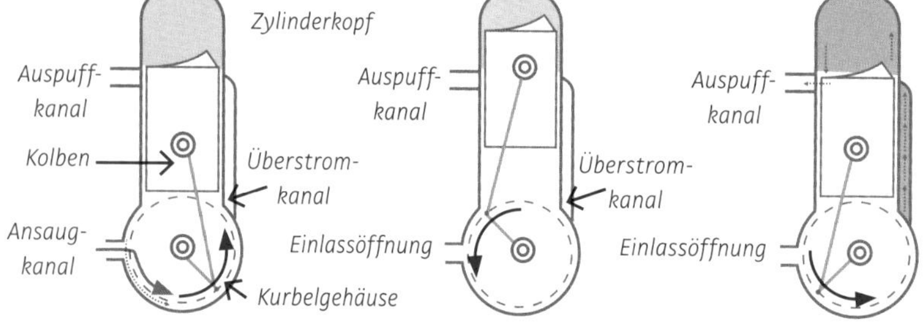

ÖLBOOM

Die Erfindung des **Vergasers** Ende des 19. Jahrhunderts **bedeutete, dass der Verbrennungsmotor auf Petroleum** laufen konnte, gerade rechtzeitig für die sich zu dieser Zeit entwickelnde **Ölindustrie**.

AUTOS

Als sich selbst bewegendes Straßenfahrzeug oder Gefährt ohne Pferd konnte das Automobil oder Kraftfahrzeug erst eine wirtschaftliche Realität werden, als die Motortechnologie ein gewisses Niveau erreichte.

ca. 1770 Erstes funktionierendes Auto – dampfbetrieben – vom französischen Erfinder Nicolas-Joseph Cugnot gebaut

1807 Erstes Fahrzeug mit Verbrennungsmotor, das vom Schweizer Erfinder François Isaac de Rivaz gebaut wurde

1832 Erstes elektrisches Fahrzeug

1876 Nikolaus Ottos dampfbetriebener Verbrennungsmotor

1879 Der deutsche Ingenieur Karl Benz erhält das Patent für den petroleumbetriebenen Verbrennungsmotor

1885 Benz' *Patent-Motorwagen* – ein Gefährt mit drei Rädern – wird das erste erfolgreiche Automobil

1886 Gottlieb Daimler baut das erste Auto mit vier Rädern

1896 Rudolf Diesel entwirft den Dieselmotor

BAUPLAN

Die **allgemeine Bauplan des Kraftfahrzeugs** hat sich **seit der Erfindung nicht verändert**. Es gibt eine **Karosserie**, mit der **Motor** oder das Kraftwerk, das System zur Übertragung der Kraft auf die **Räder**, **sowie Federung**, **Lenkung und Bremsen** verbunden waren.

BENZ PATENT-MOTORWAGEN

1879 fertigte Benz einen **stationären Verbrennungsmotor mit einem Zylinder und zwei Takten**, den wirtschaftlichen Erfolg, der den **Patent-Motorwagen finanzierte. Der Wagen hatte einen Hochgeschwindigkeits-Einzylinder, einen Viertaktmotor, der hinten horizontal verbaut war**, und war im zeitgenössischen Fahrraddesign gestaltet, mit einem **rohrförmigen Stahlrahmen** und **Rädern mit Speichen**.Die **Kraft des Motors** betrug nur 0,75 PS (0,55 kW).

TRANSPORT

FORD UND DAS FLIESSBAND

Henry Ford (1863–1947) war ein erfolgreicher KFZ-Designer, der 1903 sein eigenes Unternehmen gründete und 1908 sein Model T auf den Markt brachte. Es war allerdings das 1913 gefertigte Fließband, das die Automobilindustrie revolutionierte – und nicht nur sie.

MODELL T

Ford nutze all seine Erfahrung, um ein **Auto für jeden** zu bauen, was 1908 in seinem Model T gipfelte. Das Auto mit der **widerstandsfähigen Karosserie**, dem **großen Radfreiraum** und dem **einfachen Design** konnte auch **schlechte Straßen befahren** und war für **Besitzer einfach zu reparieren**. Aber es war **teuer**.

HIGHLAND PARK

Ford errichtete eine riesige Fabrik bei **Highland Park** in **Michigan** und verband mehrere Neuerungen. Von **Schlachthäusern** nahm er die **Förderbänder**, mit Dingen, die an **Ketten** hingen und sich zwischen **Arbeitsstationen** bewegten; von Getreidespeichern und Mühlen verwendete er die Förderbänder und Rutschen.

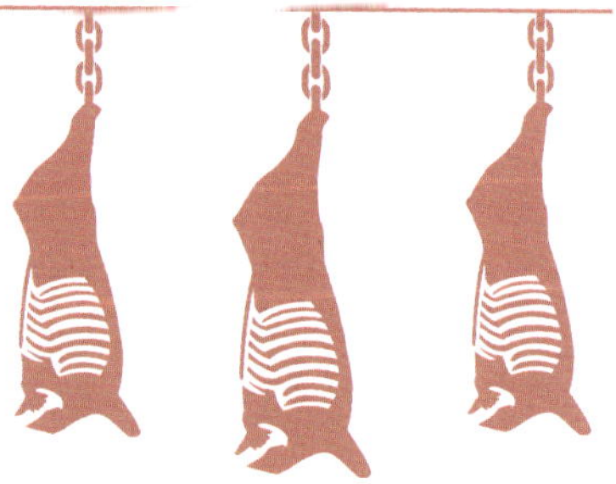

SCHRITTE UND TEILE

Gemäß den Prinzipien von **Taylors Wissenschaftsmanagement** teilte Ford die Produktion des Model T in **84 Schritte** und stellte sicher, **dass jeder Teil standardisiert** und **austauschbar** war. Die **Karosserie** bewegte sich entlang der Linie zwischen **Arbeitsstationen**, wo **Spezialisierungen** die **Effizienz** und **Qualität** verbesserten.

SCHNELLER UND GÜNSTIGER

Die **benötigte Zeit, um ein einziges Model T zu produzieren, fiel von zwölf Stunden auf 93 Minuten. 1914 produzierte Ford 308.162 Autos – mehr als alle anderen KFZ-Hersteller gemeinsam**. Der Preis eines Model T **fiel** von $850 1908 auf $316 1916, auf $260 1924 (heute: von $21.000 auf $3500).

LUFTKISSENFAHRZEUG

In den 1950ern entwarf der britische Ingenieur Christopher Cockerill eine neue Fahrzeugklasse, die einen Luftpolster verwendete, um Reibung zu reduzieren.

RUHIGERES SEGELN

Cockerill war während des Zweiten Weltkriegs an der Entwicklung des **Radars** beteiligt, bevor er sich zurückzog, um einen Hafen zu leiten. Dort grübelte er über Wege, **Wasserreisen effizienter zu machen**, indem man die Reibung reduzierte, die Kraft, die Bewegung bei jedem Fahrzeug auf jeder Oberfläche entgegenwirkt.

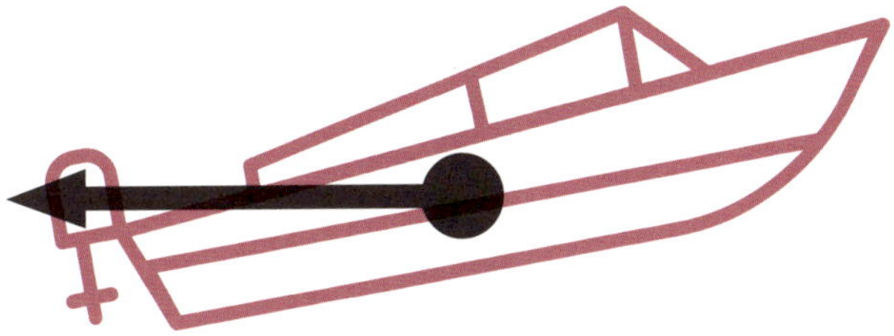

ZINNDOSEN-THEORIE

Cockerill entwickelte eine Idee, die zuerst 1870 vom viktorianischen Ingenieur **Sir Joseph Thornycroft** getestet wurde, nämlich die Reibung durch einen Luftpolster zu reduzieren. Er experimentierte mit einer **Katzenfutterdose in einer Kaffeekanne**; als er Luft durch die Kanne blies, schwebte die Dose darin.

FUNKTIONSWEISE

Ein Luftkissenfahrzeug verwendet einen **starken Ventilator**, um Luft unter das Gefährt zu blasen, das meist eine **Schicht aus Gummi oder Gewebe** besitzt, um die **unter Druck stehende Luft zu halten**. Dieser Luftpolster reduziert die Reibung und **hebt das Gefährt über Wellen oder eine unebene Oberfläche an Land** und macht es so viel einfacher, sich vorwärts zu bewegen (mit einem seitlichen Luftstrom).

KANAL-ÜBERQUERUNG

Mithilfe der britischen Behörde entwickelte Cockerill das erste **Hovercraft**, das 1959 auf den Markt kam. Ein paar Wochen später **überquerte es den Ärmelkanal** zwischen England und Frankreich.

AUF LAND UND AUF SEE

Hovercraft sind speziell für **wechselnde Anwendungen** gebaut, da sie – solange die Oberfläche relativ eben ist – sowohl über **Land**, **Sumpf**, **Schlamm** etc. **als auch über Wasser** fahren. Sie werden vor allem vom **Militär** verwendet und von denjenigen, die in einem **Land-Wasser-Übergangsgebiet leben**, wie beispielsweise den **Everglades in Kalifornien.**

SELBSTFAHRENDE AUTOS

Die Entwicklung des Autos der Zukunft erfordert die Kombination einer Reihe von Technologien.

HERAUSFORDERUNGEN

Die vier wichtigsten Herausforderungen für selbstfahrende Autos sind folgende:

Umgebungswahrnehmung – wissen, was herum existiert.

Wegplanung – eine Route durch die Umwelt finden.

Autosteuerung: Funktionen des Autos kontrollieren.

Navigation: eine Route von A nach B planen.

SENSOREN

Etliche **Sensoren** helfen dem Fahrzeug, die **Umwelt zu erfassen**, darunter **Infrarot** und **Ultraschall**, **Radar** und **Lidar (Laser Ranging)**. Manche Systeme nutzen **visuelle Erfassung** über **Kameras**. Eine aufkommende Technologie ist die **V2X**, also **Fahrzeug-zu-allem-Kommunikation**, bei der das Fahrzeug **Informationen von anderen Autos**, **intelligenten Straßeneinrichtungen** (wie **Straßenschildern**) etc. via **drahtloser Kommunikation** erhält.

INTELLIGENTE AUTOS

Um all die Daten bezüglich **Umweltwahrnehmung**, **Ort**, und **Navigation** zu verarbeiten und sie zu verwenden, um **Entscheidungen über die Wagensteuerung** zu treffen, brauchen Fahrzeuge **Datenverarbeitung**, sowohl **on-board** als auch **Cloud-basiert**, mit einer guten, **schnell lernenden KI**.

AUTO IQ

Selbstfahren wird in Stufen eingeteilt:

Stufe	**Beurteilungsregeln**
Keine Automatisierung (Level 0)	Der **Fahrer hat das Auto jederzeit voll unter Kontrolle**.
Funktionsspezifische Automatisierung (Level 1)	**Individuelle Autosteuerungen** sind **automatisiert**, wie beispielsweise **ESP** oder **selbsttätige Bremsen**.
Kombinierte Funktionsautomatisierung (Level 2)	**Mindestens zwei Steuerungen** können **gemeinsam automatisiert werden**, wie **der Abstandsregeltempomat** und die **Spurhaltung**.
Beschränkte selbstfahrende Automatisierung (Level 3)	Der Fahrer kann die Kontrolle über alle sicherheitskritischen Funktionen in bestimmten Situationen ausschalten. **Das Auto merkt, wenn sich Bedingungen so ändern, dass der Fahrer die Kontrolle wieder übernehmen muss**, und bietet eine **„genügend bequeme Umstellungszeit"**, um dies zu tun.
Volle selbstfahrende Automatisierung (Level 4)	Das **Fahrzeug führt die gesamte Fahrt alle sicherheitskritischen Funktionen aus** und **erwartet vom Fahrer nicht, selbst die Kontrolle zu übernehmen**. Da dieses **Fahrzeug alle Funktionen steuert**, von Start bis Stopp, darunter auch Parken, wäre es auch **als unbemanntes Fahrzeug geeignet**.

BRILLEN UND LINSEN

Sehschwäche muss Menschen seit Anbeginn der Zeit verfolgt haben, aber erst mit der Anwendung von optischem Ingenieurwesen im Mittelalter war es möglich, diese zu korrigieren.

- **ca. 1000 n. Chr.** Der Arabische Gelehrte und Astronom Ibn al-Heitam behauptet, dass geformte Linsen eine Sehbeeinträchtigung korrigieren könnten
- **ca. 1000 n. Chr.** Ein Linsenmacher der Baltischen Insel Gotland schleift leistungsstarke Linsen, möglicherweise als „Lesesteine“
- **1266** Der Englische Mönch Roger Bacon legt wissenschaftliche Prinzipien zu korrigierenden Linsen vor
- **ca. 1280** Venezianische Glashersteller steckten zwei Gläser in einen Rahmen und fertigten die ersten Brillen
- **ca. 1720** Erste Brillen mit Brillenbügeln in London hergestellt
- **1784** Benjamin Franklin entwirft bifokale Linsen

LICHTBRECHUNG

Linsen **brechen Lichtstrahlen**, was bedeutet, dass sie die **Richtung ändern**. Licht bricht, wenn es von **einem Medium in ein anderes** übergeht – zum Beispiel von Luft zu Glas –, weil es dabei **die Geschwindigkeit ändert**. Es ist vergleichbar mit Rädern auf einer Achse, die von glattem auf unebenen Untergrund wechseln: Das erste Rad, das wechselt, wird etwas gebremst und dreht die Achse deshalb leicht in eine Richtung.

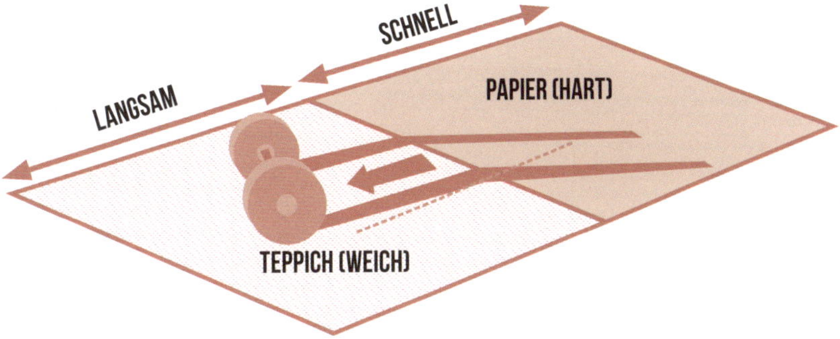

NAH UND FERN

Das menschliche Auge hat eine **natürliche Linse**, die das **Licht auf der Retina fokussieren soll**, allerdings können Schäden auftreten, die den Fokus vor (**kurzsichtig**) oder nach (**weitsichtig**) die Retina legen. Linsen korrigieren diese Beeinträchtigung, indem sie **den Fokus der Lichtstrahlen** verändern.

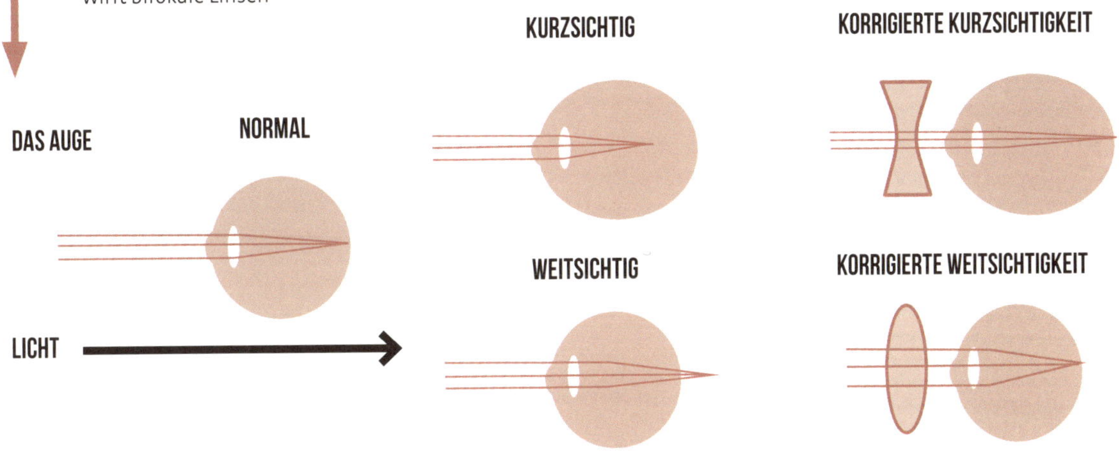

EKG

Das Elektrokardiogramm (EKG) war ein großer Fortschritt der Medizintechnik und ein Meilenstein der Anwendung der Elektrotechnik in der Medizin.

ANATOMIE

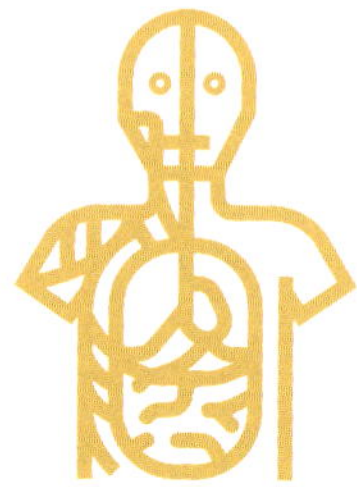

Ärzte im 19. Jahrhundert machten große Fortschritte beim Verstehen des Körpers, speziell durch das **Aufschneiden lebender Tiere und toter Menschen**.

EIN FENSTER ZUM HERZ

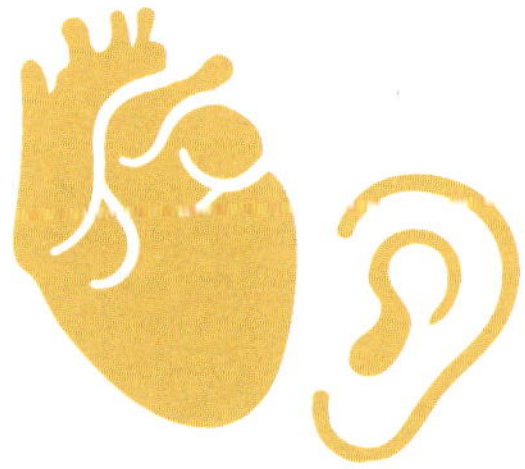

Was jedoch noch wichtiger war, war eine Technologie, die es ermöglichte, die Vorgänge in **lebenden Patienten** zu verstehen. Abhörgeräte (wie das **Monoskop**) boten eine Möglichkeit, **das Herz zu hören**, die Ärzte brauchten aber mehr.

HERUMKRATZEN

Ein 1860 entwickeltes Instrument, um das **Pulsieren des Herzens** aufzuzeichnen, indem es **Geräuschvibrationen nutzte, um Kratzer auf Rauchpapier zu machen**. 1887 war **August Waller** der **Erste, der die elektrische Aktivität des Herzens aufzeichnete**, aber sein Gerät dafür war ungenau und primitiv.

HERZSAITEN

1903 erfand der niederländische Arzt **Willem Einthoven** das **Saitengalvanometer**, ein sehr empfindliches Gerät zur **Messung elektrischer Aktivität**, das aus einem Metalldraht bestand, der zwischen zwei Elektromagneten gespannt war. Um die Arme und Beine einer Person gewickelt, konnte es **die elektrischen Signale des Herzens aufzeichnen**, sobald sie durch die Haut drangen.

Zwei angetriebene Elektromagneten

Nerv an einem goldbeschichteten Draht

ANATOMIE EINES HERZSCHLAGS

Einthovens Maschine konnte eine **standardisierte, konsistente**, und **beschreibbare Spur auf Papier** aufzeichnen: **ein Elektrokardiograph**. Er konnte es sogar in die Hauptbestandteile herunterbrechen, genannt P, Q, R, S, T und U. P ist die elektrische Welle, die der **Kontraktion des Vorhofs** zugehörig ist, während die anderen der **Kontraktion der Herzkammer** zugehören.

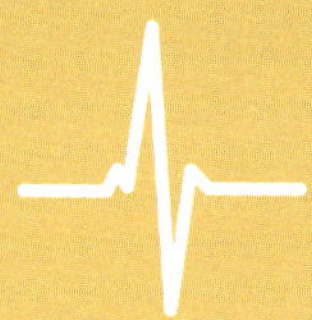

EISERNE LUNGE

Polio kann zu einem schrecklichen Tod durch Ersticken führen, aber das Ingenieurwesen eilte zu Hilfe, mit einem anfangs sehr einfachen Gerät, das grundlegende wissenschaftliche Prinzipien nutzte.

POLIO LÄHMUNG

In der westlichen Welt komplett ausgerottet, ist Polio eine Krankheit, die **Lähmung** verursachen kann, auch bei den Brustmuskeln, was das **Atmen verhindert** und zum Ersticken führen kann. In den 1920ern suchten Spitäler verzweifelt nach einem Weg, die Patienten lange genug für eine lebensrettende Behandlung am Leben zu erhalten.

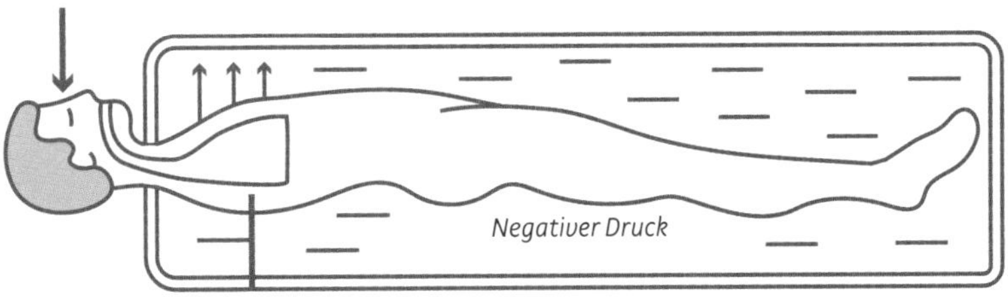

UNTERDRUCK-BEATMUNG

Das Beatmungsgerät funktionierte durch einen Mechanismus, **Unterdruck-Beatmung** genannt. Das Prinzip ist folgendes: Der Körper des Patienten wird unterhalb des Halses in eine geschlossene Box eingeschlossen, in der der Druck verringert ist (durch Blasebälge abgesaugt), und der **Luftdruck** außerhalb der Box drückt **Luft in die Lunge**. Wenn die Luft in die Box zurückgeblasen wird, steigt der Druck und die **Lunge des Patienten entleert sich**, sodass er **ausatmet**.

CURARE EXPERIMENT

1927 haben **Philip Drinker** und **Louis Agassiz Shaw** von der Harvard University einer Katze eine Injektion mit dem lähmenden Gift Curare gegeben und gezeigt, dass sie sie mit einem **künstlichen Beatmungsgerät** – einer verschlossenen Kiste und **Blasebälgen** – am Leben erhalten können. **Das war die Grundlage für die erste Eiserne Lunge**.

GROSSE KISTE

Die erste **Unterdruck-Beatmung**, die Eiserne Lunge, war eine große Metallkiste mit mechanischen Blasebälgen. Später modifizierten Ingenieure das Design, um den Patienten leichter zu erreichen, und machten die Kiste **leichter**, **günstiger** und entwarfen einfach herzustellende **Sperrholzvarianten**.

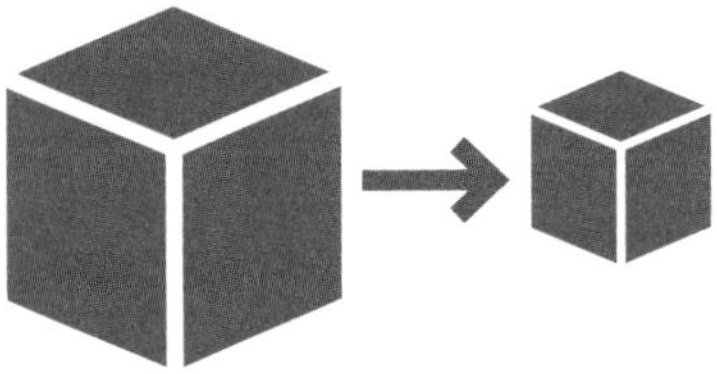

KIPPBARE BETTEN

Rehabilitation half den Patienten, ihre **Brustmuskulatur zu stärken und wieder selbst zu atmen**. Ein einfacher Trick dabei war ein **kippbares Bett**, das den Patienten aufsetzte, sodass **die inneren Organe nach unten rutschten.** Es half so dabei, Luft in die Lunge einzusaugen, und für den gegensätzlichen Effekt wurde es wieder gekippt.

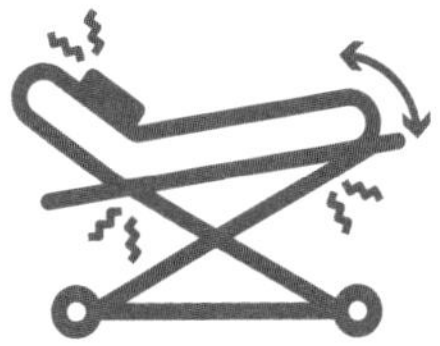

KÜNSTLICHE HERZKLAPPEN

Prothesen sind so alt wie die Gesellschaft selbst, aber die am härtesten arbeitende Komponente des am härtesten arbeitenden Organs des menschlichen Körpers zu ersetzen, wäre eine biotechnische Meisterleistung.

HERZKLAPPEN

Das Herz ist eine organische Pumpe mit **vier Kammern**, deren Aufgabe es ist, **sauerstoffreiches Blut** aus den Lungen durch den gesamten Körper **zu pumpen**, es **wieder aufzunehmen** und in die **Lungen zu pumpen,** um den Kreislauf wieder zu beginnen. Das Herz ist auf Klappen zwischen den vier Kammern angewiesen, sodass das Blut **in die richtige Richtung fließt**.

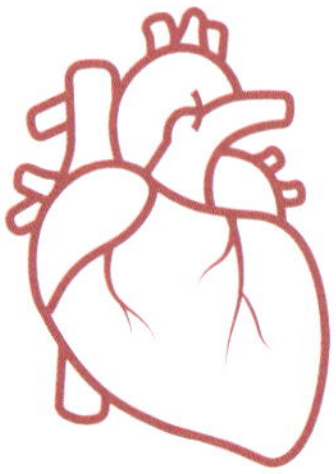

KLAPPENDEFEKTE

Fehler bei den Klappen kann dazu führen, dass sie undicht werden und sowohl die **Unversehrtheit des Herzens** und die **Blutversorgung** des Körpers bedrohen. Herzchirurgen träumten davon, diese Klappen zu ersetzen.

KUGEL UND KÄFIG

Nach einer Reihe an **Tierversuchen** implantierte **Dr. Charles Hufnagel, Professor der Experimentalchirurgie in Georgetown Medical Center in Washington DC** 1952 eine **Kugelprothese** in einen Patienten mit **Aortenklappenisuffizienz**.

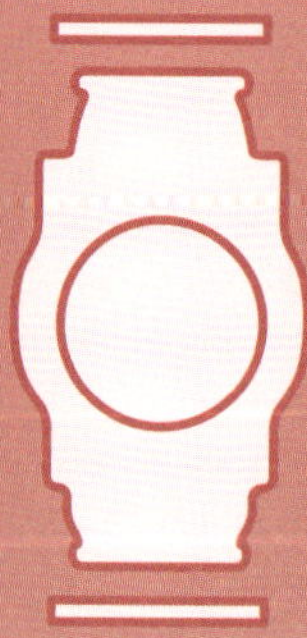

KIPPENDE SCHEIBEN

Nach dieser Operation wurde die **Kugelprothese verbessert**, während in den späten 1970ern **Varianten mit kippenden Scheiben und Segeln** vorgestellt wurden. Nun bestehen sie aus Pyrokohlenstoff (ursprünglich in der Nuklearindustrie verwendet).

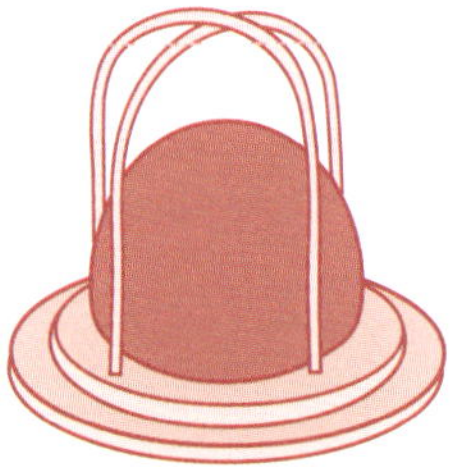

KUGEL UND KÄFIG

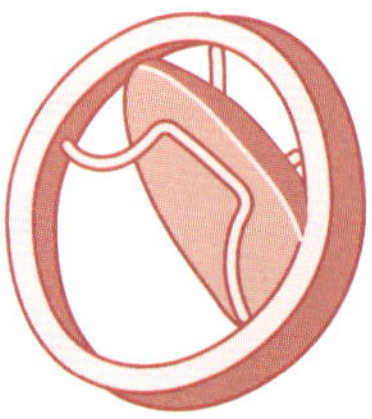

KIPPENDE SCHEIBEN

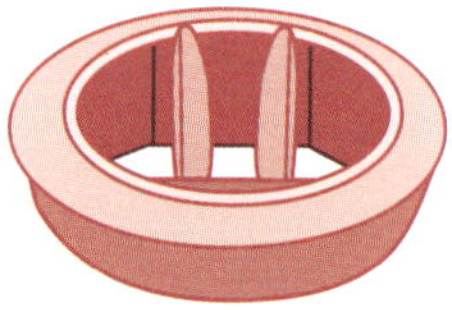

ZWEI SEGEL

ANHALTENDE KRAFT

Der große Vorteil **mechanischer Herzklappen** ist die erstaunliche **Haltbarkeit**. Einige der Kugelklappen waren 30 Jahre im Einsatz, ohne besondere Abnutzungserscheinungen, während über 2 Millionen **Scheibenklappen** eingesetzt wurden, und es gab **keinen einzigen Bericht über ein mechanisches Versagen**. Der Nachteil dieses Implantats ist, dass Patienten ihr restliches Leben **blutverdünnende Medikamente** einnehmen müssen, um zu verhindern, dass **Blutgerinnsel** die Klappe verstopfen.

HERZ-LUNGEN-MASCHINE

Komplizierte lebensrettende Operationen am Herz sind nur möglich, wenn der Körper während der Operation weiter funktionieren kann; in diesen lebenswichtigen Minuten hält den Patienten eine Herz-Lungen-Maschine am Leben.

VIELFACH EINSETZBAR

Die Herz-Lungen-Maschine (HLM) auch als **Kardiopulmonale Bypass-Pumpe** oder **extrakorporale Perfusion** hat mehr als nur eine Aufgabe. Sie muss als Ersatz für das Herz **den Blutkreislauf im Körper erhalten**, und auch die Lunge ersetzen, und das **Blut mit Sauerstoff anreichern und Kohlendioxid entfernen**, während sie **die Bluttemperatur erhält** und **sicherstellt, dass es keine Klumpen bildet**.

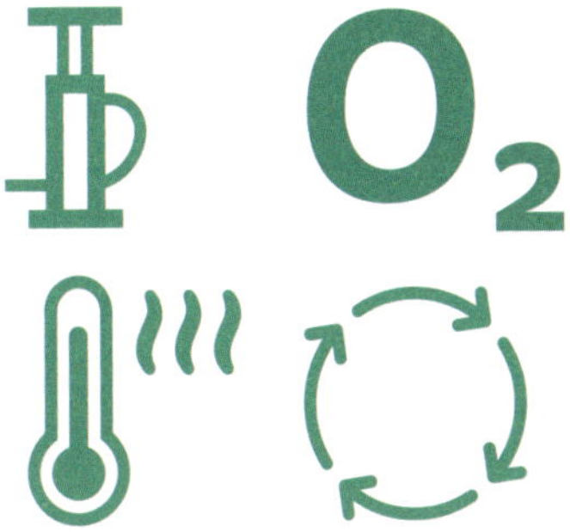

TIERFORSCHUNG

1931 war der Chirurg **John Gibbon** sehr entsetzt, als ein Patient auf seinem OP-Tisch starb, weil der **Kreislauf versagte**, während sie am Herz operierten. Er und seine **Frau Mary** starteten ein Forschungsprogramm, das 20 Jahre laufen sollte, um eine Maschine zu entwerfen, die den **Kreislauf künstlich erhalten sollte**, und **testeten sie an Hunden und Katzen**. 1953 verwendete Gibbon die Maschine zum ersten Mal und operierte erfolgreich einen Herzdefekt.

EIN STEINIGER WEG

Obwohl die Maschine ein wichtiger Durchbruch war, hatte sie viele Probleme; sie verarbeitete **kaputte Blutkörperchen** und stellte einen **gefährliche Verschmutzung des Blutes dar**. Die Maschine war erst mit der Entwicklung einer neuen **Membrantechnologie**, um das **Blut während der Sauerstoffanreicherung zu schützen**, perfekt.

ANGEHÄNGT

Bei der Herzchirurgie wird ein Patient an die HLM angehängt, die eigentlich eine Reihe an Pumpen und anderen Geräten **ist**, darunter **Sauerstofflieferanten** und **Filter**, um sicherzustellen, dass keine Blutklumpen durch den Patienten gepumpt werden.

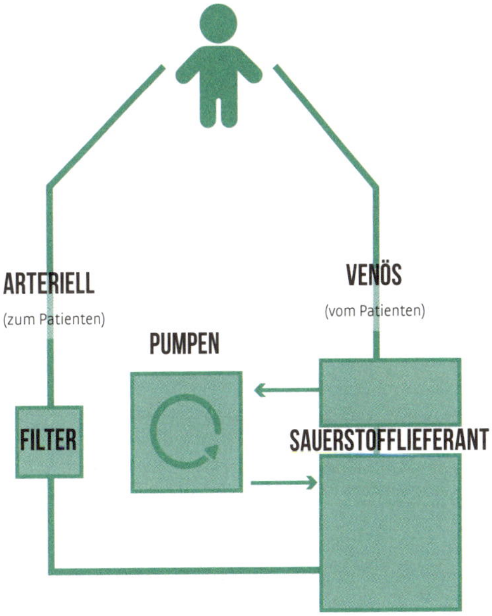

HERZSCHRITTMACHER

Wenn die evolutionäre Elektrotechnik Fehler entwickelt, muss menschliche Elektrotechnik eingreifen und es korrigieren. Nirgends ist das so klar ersichtlich wie beim Schrittmacher.

SCHLECHTE VERKABELUNG

Eine korrekte Operation am Herzen benötigt eine **Synchronisation der Muskeln** , sodass sie **die richtigen Kammern in der richtigen Reihenfolge drücken**. Das Herz hat einen eingebauten Schrittmacher, den man **Sinusknoten** nennt, der diesen Prozess leitet, aber wenn dieser falsch läuft, können daraus **gefährliche Arrhythmien entstehen**.

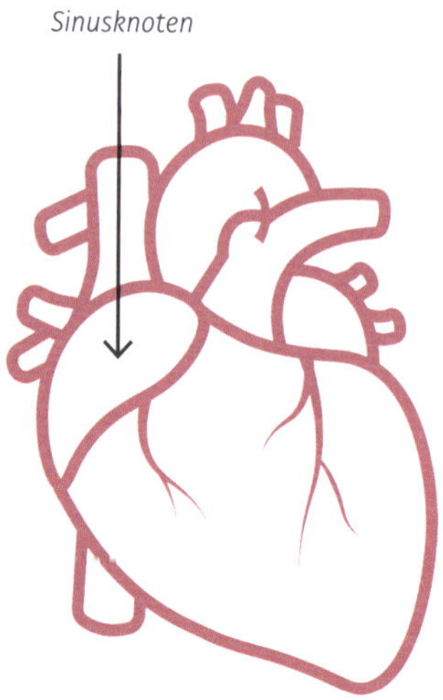

SCHOCKTHERAPIE

Schocks von außen können den **Herzrhythmus** wiederherstellen und sogar **neu starten**, wenn er aufgehört hat; das ist das Prinzip eines **Defibrillators** oder davon, jemandem auf die Brust zu schlagen. **Elektroschocks** direkt am Herzen sind effektiver, weswegen 1952 der **erste Herzschrittmacher** entwickelt wurde, aber es war eine **große Maschine**, die in einem Rollwagen geführt werden musste.

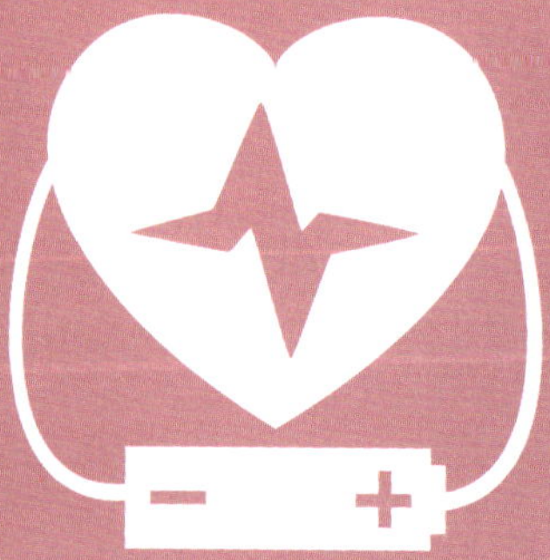

AUFBAU DES SCHRITTMACHERS

Ein moderner Schrittmacher hat ungefähr die Größe einer großen Münze und besteht aus **Akku**, einem **kleinen Computer**, einem **Generator** und **Drähten mit Sensoren**. Die Sensoren überwachen die Aktivität des Herzen und senden Information an den Computer, der entscheidet, wann er einen **Impuls aussenden soll**, den er wiederum zu den Drähten am Herzmuskel weiterleitet.

HERZNOTFALL

1958 suchte **Else-Marie Larsson** verzweifelt eine Behandlung für ihren Mann, der eine **Herzkrankheit hatte, bei der sein Herz bis zu 30 Mal am Tag** stehen blieb. Sie kontaktierte den schwedischen Erfinder **Rune Elmqvist**, der den weltweit **ersten einsetzbaren Schrittmacher** baute, der direkt an das Herz angeschlossen war und es wenn nötig wieder startete.

LEITUNGSFREIE SCHRITTMACHER

Die **neueste Generation** an Herzschrittmachern sind **winzige Zylinder**, die keine Leitungen mehr haben und **direkt im Herz sitzen**.

KNOCHENHEILUNG

Knochen sind das strukturelle Engineering des Körpers; wer wäre besser geeignet um sie zu reparieren, wenn sie gebrochen sind, als Ingenieure?

STÄBE, PLATTEN, SCHRAUBEN UND NADELN

Elemente, die dem Knochen helfen, sich selbst zu heilen, oder als strukturelle Elemente der Knochen fungieren sind unter anderem:

- **Stäbe**: um lange, große Knochen wie den Oberschenkelknochen **zu stärken**
- **Platten**: um **Knochenfragmente** zusammenzuhalten
- **Schrauben**: um **Platten und Stäbe** zu fixieren
- **Nadeln**: um **abgesplitterte Knochenteile zu fixieren**.

RISIKEN DER IMPLANTATION

Die Expertise im Ingenieurwesen ist auch dafür geeignet, vor **möglichen Gefahren der Metallimplantate zu warnen**. Beispielsweise können zu schwere Platten oder Schrauben eine **Knochenatrophie** durch das **Vermeiden von Belastung** verursachen. Beim Zusammentreffen **verschiedener Metalle** kann **galvanische Korrosion** auftreten und **giftige Metallionen freisetzen**.

INNEN ODER AUSSEN

Biomedizinische Ingenieure und Ärzte arbeiten zusammen, um festzustellen, ob es besser ist, **innen** mit Stäben und Schrauben oder **außen zu fixieren**, mit Stützen, die in den Knochen geschraubt werden, oder **Schlingen**, **Schienen**, **Gipsverbänden** etc.

IMPLANTAT-MATERIAL

Werkstoffingenieure raten zu den besten Materialien für **orthopädische Implantate**. Beispielsweise ergeben verschiedene **Mischungen aus Nickel, Chrom und Molybdän** Edelstahl *mit* unterschiedlichen Eigenschaften **– z.B. mehr oder weniger Beweglichkeit.**

BIOLOGISCH ABBAUBAR

Meist ist ein Implantat nur **für kurze Zeit** eingesetzt, bis der Knochen **nachgewachsen ist**, aber die Entfernung der Implantate birgt **Risiken**, wie beispielsweise **Infektionen**. **Biologisch abbaubare Polymere** könnten bald so geschaffen werden, dass sie sich **genau im richtigen Maß zersetzen** und so dem Knochen Stück für Stück seine Last wieder übertragen.

KÜNSTLICHE GELENKE

Künstliche Gelenke müssen leicht, strapazierfähig, haltbar und beweglich sein; während sie gleichzeitig Herausforderungen wie Befestigung und Biokompatibilität standhalten müssen.

SCHWEREINSATZ

Gelenke müssen neben der **Flexibilität** auch **große Lasten** tragen. Sie sind in **Kapseln** eingeschlossen, die **Schmierflüssigkeit** beinhalten, während die Gelenksoberflächen mit **Knorpel** zum **Schmieren**, **Dämpfen** und zum **Schutz der Knochen** überzogen sind. Wenn dieser Knorpel **schwindet** und/oder die Gelenksknochen selbst abgebaut werden, wird die **Beweglichkeit der Gelenke** beeinträchtigt und das kann sehr schmerzhaft sein.

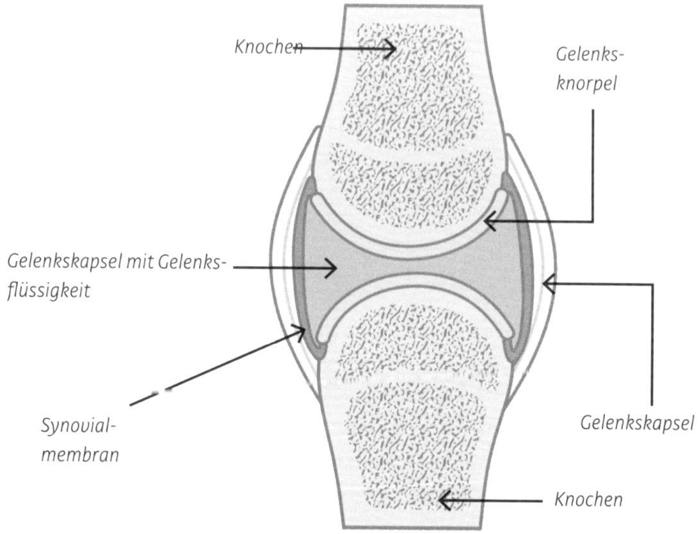

BIOTECHNIK

ELFENBEIN UND STAHL

Der **erste Versuch, ein künstliches Gelenk einzusetzen,** wurde vom deutschen Arzt **Themistocles Gluck** 1890 durchgeführt. Er fertigte ein **künstliches Kniegelenk** aus Elfenbein und **vernickeltem Stahl** an, bald gefolgt von einem **Hüftgelenk aus Elfenbein**, das mit **Nickelschrauben fixiert wurde**. Obwohl diese für kurze Zeit einen Erfolg darstellten, **stießen die Patienten die Implantatsmaterialien ab**, da sie nicht **biokompatibel** waren.

GELENKSMEISTER

Das **erste moderne künstliche Gelenk** wurde 1958 vom britischen Chirurg **John Charnley** eingesetzt. Er fertigte ein Gelenk mit einem **runden Metallkopf**, der in einer **Gelenkpfanne aus Teflon** lag, was später durch **Polyethylen** ersetzt wurde. Chamley verwendete **Acrylzement**, **Polymethylmethacrylat**, das bis heut verwendet wird, obwohl es für gewöhnlich **Antibiotika** zugesetzt hat.

ARTEN VON GELENKEN

Verschiedene Teile des Körpers brauchen verschiedene **Bewegungsmöglichkeiten**; daher hat der Körper **viele verschiedene Arten von Gelenken**, die bei Bedarf ersetzt werden müssen.

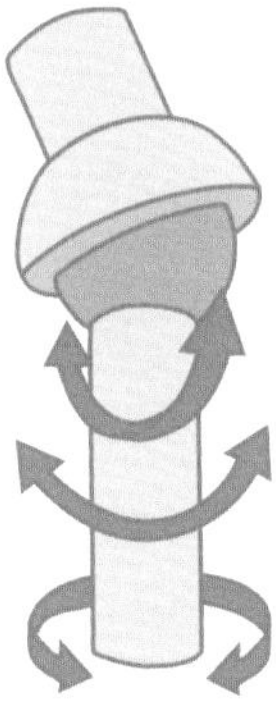

BIONIK

Biologische Elektronik, auch bekannt als Bionik ist sehr beliebt in der Science-Fiction, als Möglichkeit, menschliche Potenziale zu steigern. Im wirklichen Leben kämpfen Ingenieure immer noch damit, Bionik zu entwickeln, die der Natur gerecht wird.

KYBERNETIK

Bionik ist eine Kurzform von „biologischer Elektronik“ und ist verwandt mit dem Wort **„Cyborg“**, einer Kurzform von „**kybernetischem Organismus“**. Beide Wörter stammen aus der Wissenschaft der **Kybernetik**, der **Wissenschaft der Kontrolle und Kommunikation in Lebewesen und Maschinen**.

FEEDBACK

Die Kybernetik befasst sich damit, wie **Rückmeldungen der Umwelt mit Systemen interagieren, um sie zu steuern**. Ein klassisches Beispiel: die Art, wie Struktur und Position der **Beine** die **Weise beeinflussen, wie sich Lebewesen bewegen**.

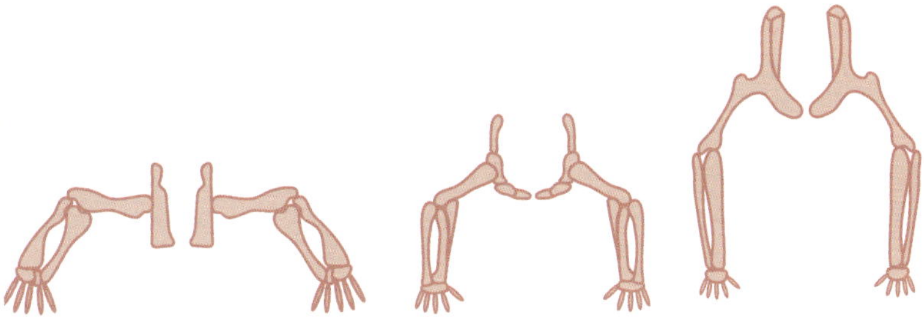

BIONISCHE PROTHESEN

Der Traum von bionischen Prothesen besteht darin, dass **Elektronik** und **Maschinenteile Knochen, Muskeln und Nerven ersetzen** können, um beispielsweise **roboterähnliche Hände zu bauen**, die **greifen** und **fühlen** können. Die Herausforderungen bestehen in der **Miniaturisierung der Bestandteile**, **Energieversorgung**, entsprechender **Computerverarbeitung**, **umsetzbarer Verbindung** der Prothese am Körper und der **Kommunikation zwischen dem Anwender und der Prothese**.

GEDANKENKONTROLLE

Das höchste Ziel ist es, dass der Anwender den **bionischen Körperteil natürlich kontrollieren kann**: über **Nervenimpulse** von und zum Gehirn.

COCHLEA- UND RETINAIMPLANTATE

Bionik kann dabei helfen, Prothesen für Sinnesorgane herzustellen. Implantate der Cochlea und Retina sind zwei erfolgreiche Beispiele von Prothesen für das Ohr und das Auge.

KLANGLICHER BYPASS

Die meisten **Hörgeräte** funktionieren durch **Verstärkung der Geräusche**, um es für die Geräuschverarbeitung im Ohr einfacher zu machen, die Schallwellen aufzunehmen. Ein **Cochleaimplantat führt an diesen Strukturen komplett vorbei**.

FUNKHAUS

Ein Cochleaimplantat hat innere und äußere Komponenten. Die äußeren Komponenten enthalten ein **Mikrophon**, das den **Ton aufnimmt**, einen **Prozessor**, der **den Ton in ein elektrisches Signal umwandelt,** und einen **Funktransmitter**, der **das Signal zu einem Empfänger schickt**, der unter der Haut eingesetzt ist.

DIREKTE STIMULIERUNG

Der Empfänger empfängt das Funksignal, wandelt es in elektrische Signale um und leitet sie an Elektroden weiter, die in die Cochlea implantiert sind**,** wo sie die **Hörnerven** direkt stimulieren**.**

SEHKRAFT

Retinaimplantate drehen sich um die direkte Stimulation des **Sehnervs**. **Lichtempfindliche Chips**, entweder in der Brille oder direkt im Auge, **wandeln Licht in elektrische Signale um**, die dann an den Sehnerv geschickt werden. Implantatempfänger können **sich trainieren**, um **diesen Input als grobes Schwarz-Weiß-Bild zu interpretieren**.

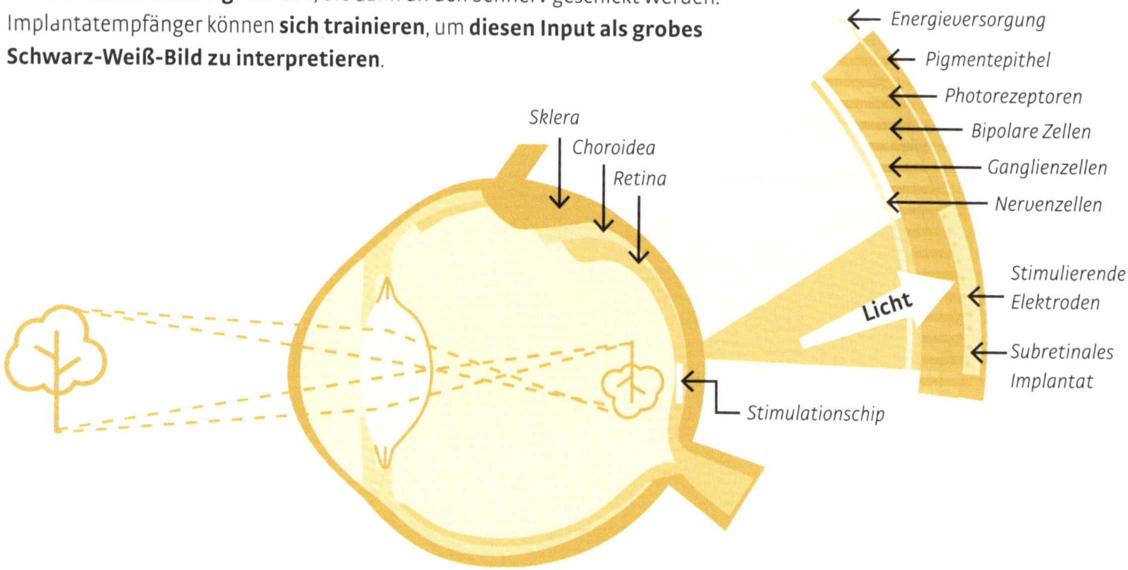

GENTECHNIK

Auch Genmodifikation oder Genmanipulation genannt, bedeutet Gentechnik, an dem Genom – dem eigentlichen biologischen Bauplan – eines Organismus durch Biotechnologie zu basteln.

DNA

Kurz für **Desoxyribonukleinsäure**, ist das Molekül, das den **genetischen Code** trägt. Menschen haben die DNA von Tieren seit jeher durch **Züchtung** verändert, aber die Gentechnik dreht sich um **direkte Veränderung** des Genoms, indem **Teile hinzugefügt oder weggenommen werden**.

DER CODE

Die Welt der Gentechnik eröffnete sich 1953, als **Francis Crick** und **James Watson** die Struktur der DNA verstanden hatten und zeigten, wie die **Abfolge der Elemente**, **Basen** genannt, die **genetische Information** verschlüsselt. Biologen realisierten dass, wenn sie die **Code überschreiben** könnten, es möglich wäre, den **Bauplan eines Lebewesens nachzustellen** und so einen genetisch modifizierten Organismus herzustellen.

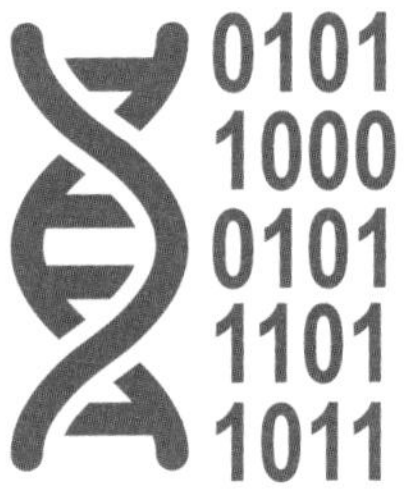

SCHNEIDEN UND EINFÜGEN

Die grundlegenden Schritte der Geotechnik sind folgende:

neue DNA-Sequenz erstellen, die in den Wirtsgenom eingesetzt werden kann

↓

Gen in Empfänger-DNA finden

↓

DNA schneiden

↓

neue Sequenz am Platz einfügen

↓

geschnittene Enden der DNA verbinden

↓

Empfängerorganismus liest neue DNA als eigenen Teil

WERKZEUGE

Um das Genom bearbeiten zu können, brauchen Biologen die **richtigen Werkzeuge**, um es **lesen, herstellen, ausschneiden und einfügen** zu können. Viele dieser Werkzeuge finden sich **in der Natur** selbst, indem **natürlich vorkommende Enzyme** verwendet werden (biologische Maschinen im Nanobereich). Beispielsweise schneidet **Restriktions-Endonuklease** die DNA an bestimmten Stellen und so können **DNA-Fragmente** eingesetzt werden.

GENE SIND WEG!

Eine große Herausforderung der Gentechnik ist es, die neuen Gene an ihre Stelle zu befördern. Menschliche DNA befindet sich **in einem Kern in der Zelle**, umgeben von **vielen Abwehrschichten**. Methoden, die Gene an ihren Platz zu bringen, sind unter anderem: **Gene auf kleinen Metallpartikeln in einen Zielkern zu schleudern** oder **Viren als Transport zu nutzen**, da viele sich so entwickelt haben, dass sie **das eigene Genom in das Wirtsgenom schleusen**.

CRISPR-CAS9

Die größte Entwicklung seit Jahrzehnten in der Gentechnik ist ein neuer genverändernder Baukasten: CISPR-Cas9, das es einfacher denn je macht, DNA zu schneiden und neue Teile einzufügen.

BAKTREIELLER BAUKASTEN

CRISPR steht für „**Clustered *R*egularly *I*nterspaced *S*hort *P*alindromic *R*epeats**" und Cas für „**CRISPR-*as*sociated** enzyme". CRISPR ist eine **Technologie, die von Bakterien zum Schutz vor Viren entwickelt wurde**.

ZWECKENTFREMDET

Gentechniker verwendet CRIRSPR-Cas9 für ihre eigenen Zwecke. Sie bauen **kurze RNA-Stücke** (ein der DNA sehr ähnliches Molekül, das denselben Code beinhaltet), die **zu spezifischen Stellen der DNA des Zielorganismus passen**. Das scherenähnliche Cas9-Enzym nimmt diese RNA-Stücke und verwendet sie, um **die Ziel-DNA an der richtigen Stelle zu schneiden**.

NATÜRLICHE REPARATUR

CRIRSPR-Cas9 **macht allerdings nur die halbe Arbeit**. Sobald das Zielgenom aufgeschnitten wurde, muss sich die Gentechnik auf den **natürlichen DNA-Reparaturmechanismus der Zelle verlassen**, der die geschnittenen Enden wieder zusammensetzt. An diesem Punkt werden **Modifikationen** gemacht, entweder durch **homologous directed repair** (HDR) oder **Gen-Knockout**.

HDR

Gentechniker bauen ein Stück DNA, das aus einem **neuen „eingefügten" Bereich** besteht, der rechts und links eine **homologe DNA-Sequenz** hat, die zu den geschnittenen Enden der Ziel-DNA passen. Diese homologen Sequenzen **richten die Reparaturmechanismen so aus, dass sie das eingefügte Stück in die Ziel-DNA einfügen**.

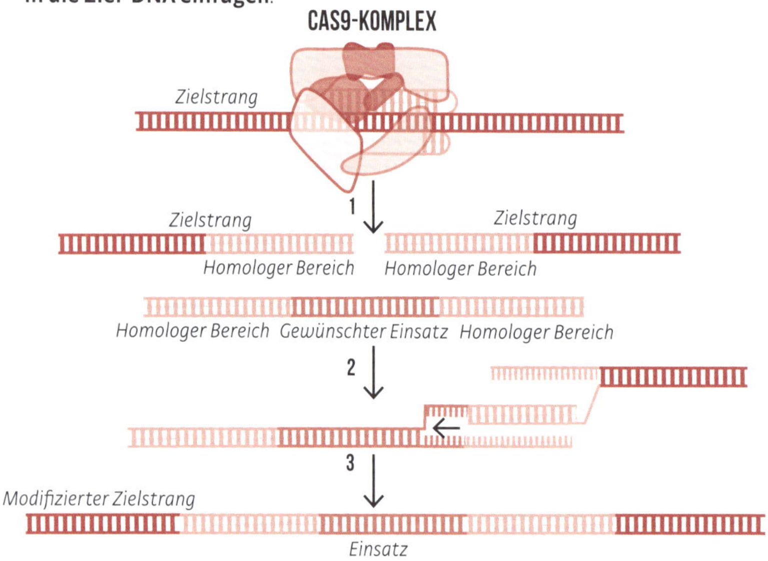

KNOCKOUTS

Wenn ein Gen repariert wird, nachdem es von Cas9 geschnitten wurde, können **Fehler passieren – schon ein** Fehler ist **genug, um das Ziel-Gen auszuschalten oder zu deaktivieren**.

MEDIZINISCHE BILDGEBUNG

Im 19. Jahrhundert träumten Ärzte davon, in den lebenden Körper sehen zu können, sodass sie Diagnosen bestätigen oder verwerfen konnten, ohne darauf warten zu müssen, dass der Patient stirbt. Heute bietet die Medizintechnik einige dieser Möglichkeiten.

RÖNTGENSTRAHLEN

Als hoch-energetische, **kurzwellige elektromagnetische Strahlen** können Röntgenstrahlen durch viele Materialien dringen, darunter **Weichgewebe, und das kann verwendet werden, um ein Röntgen-Foto (Röntgenaufnahme**) von **Knochen** und anderem Gewebe zu machen. Röntgenstrahlen helfen nicht bei der Bildgebung von Weichgewebe und ihr größter Nachteil ist, dass sie **ionisierende Strahlungsschäden** verursachen, sodass die **Bestrahlung begrenzt sein** muss.

ULTRASCHALL

Der **sicherste Typ der medizinischen Bildgebung** ist der Ultraschall, eine Art von **Echoortung**, bei der **Hochfrequenz-Schallwellen** in den Körper gestrahlt werden und dann die Echos dieser Wellen verwendet werden, um ein Bild zu generieren. Der **Doppler-Ultraschall** misst die Veränderung in der **Tonhöhe der Schallwellen**, wenn sie von beweglichen Teilen, wie Blutkörperchen im Kreislauf, reflektiert werden, und kann dazu verwendet werden, **den Blutfluss darzustellen**.

CT- ODER CAT-SCANS

Computertomographie (CT) oder **computed axial tomography** (CAT) kombiniert **verschiedene Röntgenstrahlen** aus verschiedenen Winkeln um eine einzelne Ebene, um einen **detaillierten Querschnitt** darzustellen. Da Röntgenstrahlen verwendet werden, wird der Körper **ionisierender Strahlung** ausgesetzt**.**

MRI-SCANS

Magnetresonanztomographie verwendet kräftige Magnetfelder**, um den Kern der** Wasserstoffatome im Körper (der sich im Wasser liegt) als kleine Funksender einzusetzen. Die Signale dieser Wasserstoffkerne können dann verwendet werden, detaillierte Bilder von allen Gewebearten zu liefern. MRI-Scanner sind groß, sehr teuer und laut und können nicht bei Patienten mit **Metallimplantaten**, **Gelenksersätzen** oder **Schrittmachern** verwendet werden.

PET-SCANS

Positronen-Emissions-Tomographie sucht nach Strahlung von einem **radioaktiven Marker-Farbstoff** , der dem Patienten zuvor zugeführt wurde. Verschiedene Farbstoffe können verschiedene Funktionen markieren; so zeigt ein **Glukose-basierter Marker Zellen und Gewebe, das mehr Energie verbraucht**. PET-Scans werden **oft mit CT-Scans kombiniert**. **PET-Scans sind** teuer und der Körper wird dabei **ionisierender Strahlung** ausgesetzt**.**

BIOTECHNIK

TISSUE ENGINEERING

Tissue Engineering ist die Wissenschaft der Entwicklung biologischer Ersatzstoffe, die die Funktionen der Gewebe im Körper erhalten, wiederherstellen oder verbessern können.

REGENERATIVE MEDIZIN

Tissue Engineering ist ein wesentlicher Bereich der **Regenerativen Medizin** – diese beiden Begriffe werden oft synonym verwendet. Regenerative Medizin zielt darauf ab, Patienten zu helfen, sich **selbst zu heilen**, manchmal mit der Hilfe von **hergestelltem Gewebe**.

GEWEBE

Der menschliche Körper besteht aus **Zellen**, die als Gewebe in Gruppen oder Ansammlungen organisiert sind (z.B. **Muskelgewebe**, **Knorpel**,**Fettgewebe**). Organe sind funktionelle Einheiten, die aus **verschiedensten Gewebearten bestehen die zusammenarbeiten**.

STÜTZE

Zellen produzieren ihre **tragende Struktur** meist selbst, indem sie **ein Netz aus Biochemikalien und Strukturen absondern**, aus dem eine **extrazelluläre Matrix entsteht**. Beim Tissue Engineering nennt man diese Matrix **Gerüst**, die viele Funktionen erfüllt, darunter **Zellen zu stützen und zu versorgen**, **Entwicklung und Wachstum zu steuern** und **biochemische Signale weiterzugeben**.

GERÜSTE BAUEN

Gewebezüchter (Tissue Engineers) versuchen, **Ersatzgewebe** herzustellen, indem sie **Gerüste** bereitstellen, entweder **künstliche** (z.B. aus Plastik) oder aus **natürlichen Materialien abgeleitete**, (wie **Zellulose** oder **Kollagen**). Mit dem richtigen **Nährboden** und **Cocktail aus biochemischen Signalen** kann das Gerüst das Wachstum eines **gezüchteten Gewebes** führen.

ERSATZTEILE

Das Ziel des Tissue Engineering ist es, **neue Organe aus körpereigenen Zellen zu generieren**, die **versagende Organe wie Nieren oder Leber** ersetzen. Die klinische Anwendung beschränkt sich derzeit auf kleine Gewebe, wie **kleine Arterien**, **Hauttransplantate** und **Knorpel**.

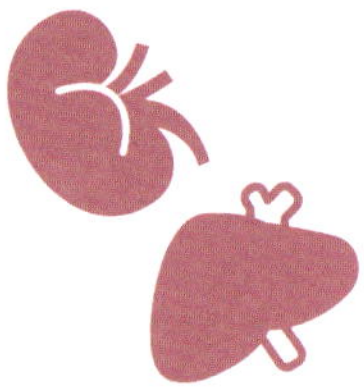

GEWEBESENSOREN

Ein weiteres Ziel ist es, Gewebe zu züchten, das als **biologischer Sensor** genutzt oder integriert werden kann, beispielsweise als Bestandteil eines Labors auf einem Chip. Solche Sensoren, oder **Wirkstoffe**, können **Arzneimittelprüfungen** verbessern oder in der **personalisierten Medizin** eingesetzt werden.

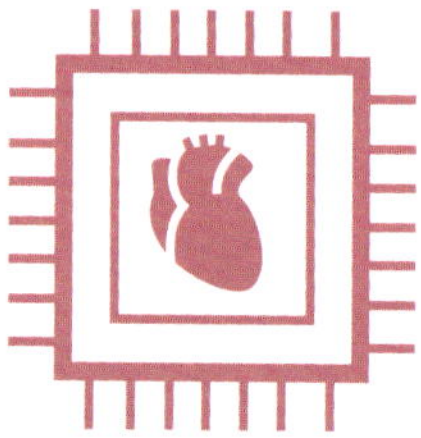

KÜNSTLICHES LEBEN

Künstliches Leben, oft KL im Vergleich zur KI genannt, ist die Aufgabe, ein gänzlich künstliches Lebewesen zu erschaffen.

BAU DEIN EIGENES

Die Entschlüsselung der DNA und der damit einhergehende Versuch, ihre eigene DNA im Labor zusammenzusetzen, führte Forscher dazu, über **das Schreiben eines eigenen Genoms** nachzudenken.

BASEN UND CHROMOSOMEN

Die DNA besteht aus Sequenzen, den **Basen**; diese entsprechen den Buchstaben des DNA-Codes**. In jedem Organismus werden lange DNA-Stränge** zusammengefasst, die hunderte, tausende oder Millionen von **Genen** verschlüsseln und **mit Proteinen gekoppelt sind, um Chromosomen zu bilden**. Ingenieure versuchen, Basensequenzen zu entwerfen, um **synthetische Chromosomen** zu bilden.

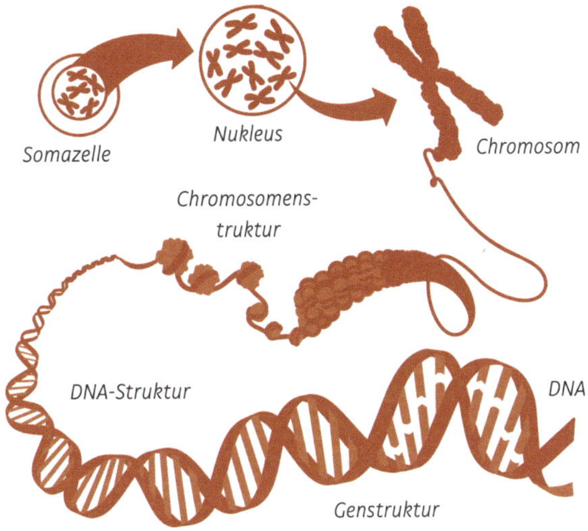

BIOTECHNIK

MINIMALGENOM

Selbst die einfachsten Organismen haben **tausende Gene**, die in Summe sehr lange DNA-Stränge ergeben. Synthetische Versionen herzustellen ist demnach extrem schwierig, weshalb Forscher versuchten, die **geringste notwendige Anzahl an Genomen zu finden, die einen** lebensfähigen, sich reproduzierenden Organismus bilden: das Minimalgenom.

SYNTHIA

2010 haben der Gentechniker **Craig Venter** und seine Kollegen ihre eigene Version eines **Bakteriengenoms** gedruckt, das nur aus ein paar wenigen hundert Genen bestand. Zusätzlich haben sie **extra Codes hinzugefügt** (darunter ihre Namen). Sie setzten diese synthetische DNA einem Bakterium ein, dessen eigene DNA entfernt wurde, und kreierten das „**JCVI-syn 1.0**", das in den Medien „**Synthia**" genannt wurde.

PFEIL UND BOGEN

Die frühesten Kraftverstärker, die von der Menschheit gebaut wurden, waren Pfeil und Bogen. Sie zeigen die technischen Fähigkeiten der prähistorischen Völker.

GRUNDLAGEN DES BOGENS

In seiner einfachsten Form ist der Bogen ein einfaches, langes Stück, aus einem **elastischen**, **widerstandsfähigen** Material, mit einem **Griff** in der Mitte und **Wurfarmen** oben und unten. Er hat einen Rücken und einen Bauch sowie Kerben an den Enden, um die Bogensehne zu fixieren. Den Abstand zwischen Bogen und Sehne in einem gespannten Bogen ist die **Standhöhe**.

LEISTUNGSVERSTÄRKER

Ein Bogen ist eine Art **Feder**, die die **Arbeit** des Schützen in **mechanische oder elastische potenzielle Energie umwandelt oder als solche** im gespannten Bogen speichert, die dann in **kinetische Energie** des Pfeils umgewandelt wird, wenn die Sehne losgelassen wird. **Energie** wird langsam **an den** Bogen **übergeben** und dann **sehr schnell** in den Bogen übermittelt. Ein solches Gerät ist ein Leistungsverstärker.

LANGBOGEN

Die frühesten Bogen, Langbogen, wurden aus einem einzigen Holzstück gefertigt. Bogenmacher verwendeten starke, elastische Hölzer wie **Eibe**, **Ulme**, **Eiche** und **Esche**, und schnitten sie dann so, dass der **flexiblere Splint** auf der Vorderseite des Bogens lag, während das härtere, **stauchbare Holz** am Bauch des Bogens lag.

KOMPOSITBOGEN

Die **kinetische Energie** des Pfeils ist abhängig von seiner Geschwindigkeit, die wiederum von der Kraft **abhängig ist, die durch das Spannen des Bogens erzeugt werden kann** (in Gewichtseinheiten auch **Zuggewicht** genannt). Das alles ist abhängig von der **Materialtechnik**. Langbogen sind dadurch eingeschränkt, dass sie aus einem einzigen Material bestehen, aber im **Westasien der Bronzezeit** entwickelten Bogenmacher **Kompositbogen**: **verschiedene Materialien** mit unterschiedlichen Eigenschaften übereinandergelegt, um Stärke mit Elastizität zu kombinieren.

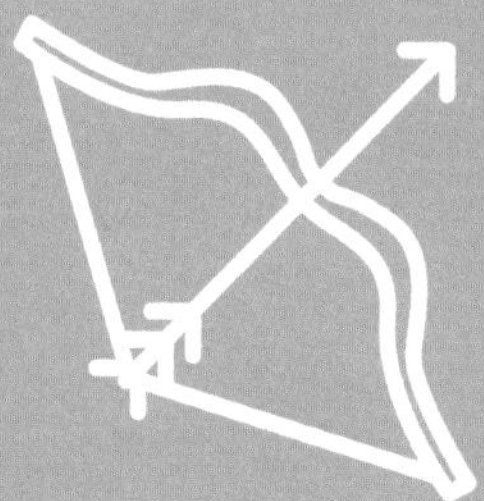

ARMBRUST

Es braucht viele Jahre, den Langbogen zu meistern. Ingenieure des Mittelalters versuchten, eine Waffe mit ähnlicher Wirkung herzustellen, die man in nur einem Tag beherrschte.

- **ca. 6. Jh. v. Chr.** Die alten Griechen verwenden riesige Bassisten mit Armbrüsten
- **ca. 5. Jh. v. Chr.** Chinesen erfinden die Armbrust
- **ca. 10. Jh. n.Chr.** Die Armbrust wird nach Westeuropa gebracht
- **ca. 14. Jahrhundert** Erfindung der Armbrust aus Stahl
- **ca. 1470** Handwaffen machen die Armbrust obsolet
- **16. Jahrhundert** Entstehung der ausgefeilten Jagdarmbrust
- **1894** Chinesische Streitkräfte verwenden immer noch die Repetierarmbrust im Japanisch-Chinesischen Krieg

TEILE EINER ARMBRUST

Eine Armbrust hat einen Schaft mit einem senkrechten Bogen oder Leiste. Wenn die Sehne gespannt wird, wird sie von einer Nuss festgehalten, die mit einem **Abzug** niedergedrückt wird. Die verwendeten Materialien waren unter anderem **Holz** oder **Metall** für den **Schaft**, **Knochen** oder **Elfenbein** für die **Nuss**, **Hanfschnur** für die **Bogensehne** und für den **Bogen** selbst **Holz**, **Stahl** oder eine **Mischung aus Horn/Walfischknochen**, **Leisten** aus **Eibe** und **Bändern**.

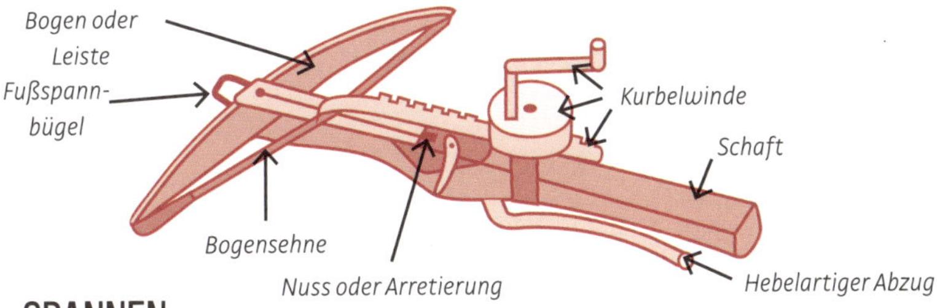

SPANNEN

Die Armbrust war dazu gedacht, ein extrem hohes **Zuggewicht** zu haben, womit sie **sehr stark** wurde. Das bedeutete aber auch, dass der Bogen **nicht mehr mit der Kraft des Armes alleine gespannt** werden konnte. Spanntechniken entwickelten sich von **Befestigungen am Bauch**, über die Verwendung von **Steigbügeln**, sodass die **Kraft der Beine** verwendet werden konnte, bis zum **Spanngürtelhaken**, einer Kombination eines Steigbügels mit der Sehne, die durch einen Ring am Gürtel gezogen wird, sodass der Bogen beim Aufstehen gespannt wird. Größere und stärkere Armbrüste mussten mit **mechanischer Hilfe** gespannt werden, bei denen **Zahnstangengewinde** und **Winde** zum Einsatz kamen.

RÜSTUNGEN

Die Armbrust war so stark, dass ein einfacher Soldat eine aufwändige Rüstung eines reichen Ritters durchstoßen konnte. Ritter wechselten deshalb vom **Kettenhemd zu Stahlplatten**, aber auch das konnte **einem Schuss einer Armbrust nicht standhalten**. Gefangene Armbrustschützen wurden von Rittern grausam behandelt.

BALLISTE

Die antike Kriegsmaschine, die Balliste, war ein außergewöhnliches Beispiel römischer Ingenieurskunst. Sie ähnelt einer riesigen Armbrust, nur dass sie Drehung verwendet, um Bolzen oder Steine zu schleudern.

VON SPANNUNG ZUR DREHUNG

Die Römer kopierten ihre Balliste von den **Griechen**, die große Armbrust-ähnliche Waffen verwendeten, die Steine oder Pfeile durch die Kraft von Holzarmen unter **Zug** schleuderten. Römische Ballisten funktionierten jedoch mit Drehung, bei der die Energie durch die Drehung eines **widerstandsfähigen**, **elastischen Materials** gespeichert und **freigesetzt wird, wenn es entspannt wird**. Die Römer verwendeten **Tiersehnen**, die in dicken Kordeln gedreht waren.

AM BESTEN MIT ZWEI ARMEN

Der Entwurf der römischen Balliste hatte zwei **Bogenarme**, jeder in einen Strang aus Sehnenfasern eingesetzt. Zwischen den beiden Armen verlief eine Bogensehne, die, wie bei der Armbrust, von einem **Hebel** gespannt, und von einer **Klinke** festgehalten wurde. Darum befand sich ein Rahmen mit Geräten, die die **Stränge drehten**, um die **Drehung** zu verstärken, und anderen, wie **Seilwinden**, **Ankerwinden** oder **Flaschenzügen**, um den Hebel **leichter zurückziehen zu können**.

EIN- ODER AUSSCHWENKEN

Experten sind nicht einer Meinung, ob die Arme der Balliste von den Strängen nach außen ragten, sodass sie einer Armbrust ähnelten, oder nach innen.

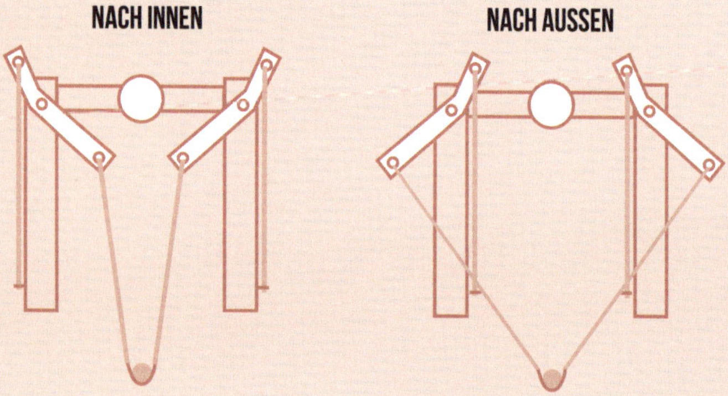

ARTEN VON BALLISTEN

Die römische Armee setzte **verschieden große** Ballisten ein. Das meistverwendete war das **Scorpio** (Skorpion), eine kleine Balliste, die von zwei Männern bedient werden konnte, die Bolzen wie große Pfeile und Steine, die 4 römische Pfund (1,3 kg) wogen. Andere Typen waren unter anderem der **mobile Scorpio**, auch als **Carroballiste** bekannt, und eine **handgehaltene** (obwohl man vermutlich trotzdem eine Art von Ständer brauchte) **Cheiroballiste** oder **Manuballiste**.

POLYBOLOS

Schreiber der Antike beschrieben auch eine **kettenbetriebene**, **selbstladende Balliste mit einem Magazin, Polybolos** („viele Schüsse“) genannt, doch es ist nicht sicher, ob es dieses Gerät wirklich gab.

BELAGERUNGSGERÄTE

Die großen Städte der Bronzezeit hatten gewaltige Befestigungsmauern; Belagerungsmächte mussten all ihre Ingenieurskunst anwenden, um sie zu überwinden.

DIE MAUER BAUEN

Da antike Städte materiellen Wert anhäuften, wollten sie diese durch noch größere **Befestigungsmauern** schützen. **Nineveh** (2. Jahrtausend v. Chr. hatte angeblich eine 80 km lange, 36 m hohe und 9 m dicke **Steinmauer**, während **Babylon** (um 600 v. Chr. von einer 19 km langen, 100,5 m hohen Mauer umgeben war, die breit genug war, dass ein Streitwagen mit vier Pferden darauf fahren konnte.

HELEPOLIS

Im 3. Jahrhundert v. Chr. erbaute der Hellenische Kriegsfürst **Demetrius Poliocretes** eine riesige Belagerungsmaschine, die er **Helepolis** („Stadteinnehmer") nannte, die von 3400 Männern bewegt werden musste. Laut Beschreibungen war sie 41 m hoch, 18 m breit und wog 163293,253 kg. Sie hatte **zwei Stiegen im Inneren**, eine um hinauf-, eine um hinunterzugehen.

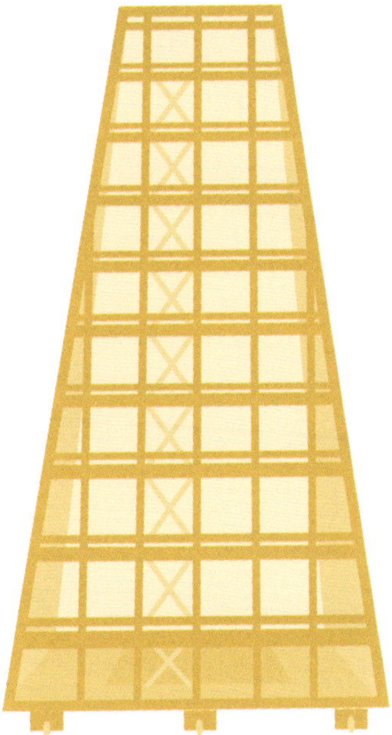

KNAPPE ANNÄHERUNG

Belagerer konnten versuchen, diese Mauern zu **untergraben**, zu **überragen** oder **zu durchbrechen**, aber sie mussten immer sehr nahe an die Mauern, wo sie sehr angreifbar für **Pfeile**, **Speere**, **Steine** oder **kochend heiße Flüssigkeiten** waren. Man brauchte Schutz. Ein Relief aus dem 9. Jahrhundert v. Chr. vom **Palast Nimrod** zeigt eine Lösung: einen **Belagerungsturm** mit sechs Rädern, mit einem Turm in der Mitte, in dem Bogenschützen saßen, und einem **Rammbock**.

ZUSÄTZE

Die römischen Armeen wurden zu Experten der **schnellen Konstruktion von Belagerungsmaschinen auf dem Feld**. Die **oberen Geschosse** hatten eine **Zugbrücke** (***pons*** oder ***sambuca*** genannt), die oben auf der Mauer aufgelegt werden konnte, sodass die eindringenden Soldaten aus dem Turm stürmen konnten. Die Basis könnte einen **Rammbock** beinhalten, einen riesigen Stamm, um **Verteidigungen zu durchbrechen**, mit einigen zusätzlichen Apparaten, um **Durchbrüche zu verbreitern**, wie beispielsweise den ***terebus***, eine Eisenspitze auf einem Stab.

FEUERSCHUTZ

Der häufigste **Gegenangriff** gegen Belagerungsgeräte war, sie **in Brand zu setzen**. Dementsprechend wurden sie mit **Rohleder** und **Lappen,** die mit **feuerfester Farbe bemalt** wurden, geschützt, manchmal sogar mit **Eisenplatten** verkleidet. Sie könnten auch mit **Feuerschutzmaßnahmen** ausgestattet gewesen sein, wie großen **wassergefüllten Beuteln, die zu Schläuchen verbunden waren**.

TRIBOCK

Ein Tribock, oder Bilde, ist ein Katapult mit einem Hebel, der knapp an einem Ende schwenkbar war und dadurch bewegt wird, dass Kraft am kurzen Hebel ausgeübt wird.

- **4. Jahrhundert v. Chr.** Chinesen verwenden Zugbilden
- **6. Jahrhundert n.Chr.** Byzantiner verwenden Zugbilden von Petropolos
- **1097** Der byzantinische Kaiser Alexios I Komnenos erfindet den Tribock mit Gegengewicht
- **1199** Tribock mit Gegengewicht von Trabuchus wird bei der Belagerung von Castelnuovo Bocca d'Adda in Norditalien verwendet
- **ca. 1300** Edward I von England bestellt den großen Warwolf-Tribock für seine Kampagne gegen die Schotten
- **1410** Christine de Pizans Strategiebuch rät zur Verwendung von Bilden gemeinsam mit schweren Kanonen
- **ca. 1500** Ende der Ära des Tribocks

SCHLEUDERKRAFT

Ein **Gegengewicht** mit ca. 18 Kubikmetern konnte bis zu **30 Tonnen Ballast** halten. Ein Gerät wie dieses würde einen 100 kg schweren Stein 400 Meter und einen 250 kg Stein über 160 Meter weit schleudern. Der größte konnte Steine von **bis zu 1500 kg** schleudern.

ZUGKRAFT, HYBRID UND GEGENGEWICHT

Bilden sind durch die Kraftquelle charakterisiert, die auf den **Hebel** einwirkt. Die frühesten Versionen waren **Zugbilden**, bei denen das kurze Ende des Hebels durch Muskelkraft nach unten gezogen wurde, entweder von Menschen oder Tieren. **Triböcke mit Gegengewicht** verwenden eine Gegengewicht (z.B. ein mit Steinen gefüllter Korb) am kurzen Arm, der den Heben durch die **Schwerkraft** nach unten zieht. **Hybride** verwenden ein **Gegengewicht, das das Ziehen unterstützt**.

TIMING IST ALLES

Bei kleineren Bilden stellt der **Lader** am Ende des langen Arms **zusätzliche Kraft zur Verfügung**, indem er **den Arm bis zum letzten Moment festhält**. Wenn er sich **verschätzte**, konnte es passieren, dass er **gemeinsam mit dem Projektil geschleudert wurde**.

SCHIESSPULVER

Schießpulver wird schon tausende Jahre verwendet und stellt immer noch eine der effektivsten Möglichkeiten dar, viel Energie in einen kleinen Raum zu packen.

GESCHICHTE

Schießpulver wurde von den **Chinesen** noch vor **1000 v. Chr.** erfunden

Es wurde für **Feuerwerke** und **Raketen** verwendet, dann für **Schusswaffen** und **Bomben**.

Es wurde **1267** in England vom Mönch **Roger Bacon** in verschlüsseltem Latein beschrieben.

CHEMIE

Schwarzes Schießpulver ist eine Mischung aus **Salpeter** (75 %), **Schwefel** (10 %) und **Kohle** (15 %).

Salpeter (**Kaliumnitrat** KNO_3) stellt den **Sauerstoff** zur Verfügung. Schwefel und Kohle verbrennen schnell und produzieren die Gase **Schwefeldioxid** (SO_2) und **Kohlendioxid** (CO_2).

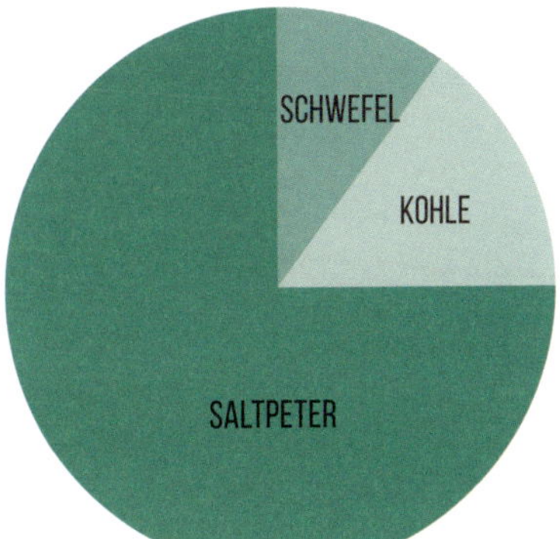

VERWENDUNG

Feuerwerke verwenden Schießpulver; der charakteristische **Geruch** wird teilweise durch das **Schwefeldioxid** verursacht. Die **Farben** der Feuerwerke entstehen durch kleine Mengen an Metallen, die mit dem Pulver gemischt werden – **Natrium für Gelb**, **Barium für Grün**, **Kupfer für Blau**.

Moderne Waffen verwenden **rauchschwache Pulver**.

Schießpulver hat eine **geringe Sprengwirkung**. Moderne Sprengstoffe bestehen aus Chemikalien, wie beispielsweise **Dynamit** und **Schießwolle**.

VORBEREITUNG UND AUSFÜHRUNG

Für **hohe Effektivität** müssen die **Bestandteile zusammengemischt werden**, um einen **homogene Mischung** zu bekommen.

Eine **Teelöffelmenge** Schießpulver auf einem Teller brennt mit einer **Stichflamme**, aber keiner **Explosion**. Eine Teelöffelmenge Schießpulver in einer **Streichholzschachtel** oder in einen Klebstreifen eingewickelt **explodiert,** wenn es **gezündet** wird, da die **heißen Gase entweichen** müssen.

Schießpulver wurde hunderte Jahre für **Schusswaffen** und von Minenarbeitern verwendet, um **Felsen zu sprengen**.

RAKETEN

Raketen sind Fahrzeuge, die von einem Motor angetrieben werden, der das Newtonsche Prinzip anwendet, das besagt, dass jede Aktion eine Reaktion bewirkt.

REAKTIONSPRINZIP

Die **einfachste Form** einer Rakete ist ein Rohr mit einem offenen Ende, aus dem Material ausgestoßen wird. Nach Newtons Bewegungsgesetz muss eine gleich große Kraft in die Gegenrichtung wirken, wenn Material das Rohr in eine Richtung verlässt, womit die Rakete angetrieben wird. **Je schneller der Treibstoff in eine Richtung ausgestoßen wird, desto schneller bewegt sich die Rakete in die andere**.

ARTEN VON TREIBSTOFF

Raketen funktionieren mit einer **Reihe an Treibstoffen**, von **Druckluft und Wasser** über **Chemikalien** bis hin zu **atomarem Sprengstoff**. Die meisten Raketen verwenden Treibstoff, der verbrennt, um **heiße**, **sich ausdehnende Gase** zu produzieren, und diese **Expansion treibt die Rakete an**. Pioniere des Raketenbaus experimentierten, bis sie Treibstoffe fanden, die **auf ihr Gewicht den größten Schub verursachen**, während sie gleichzeitig **gleichmäßig verbrennen**.

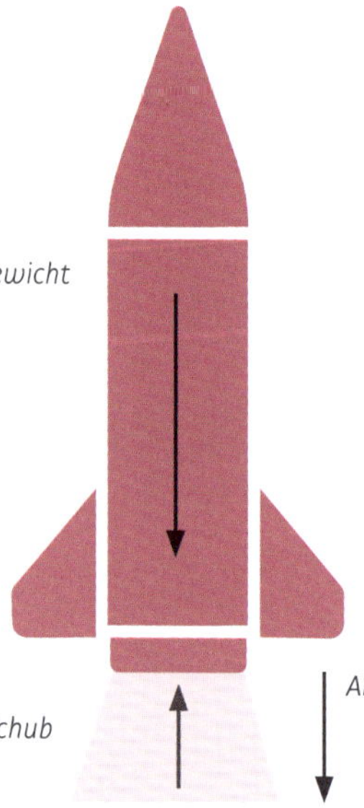

JET VS. RAKETE

Ein **Düsenantrieb** ist eine Art von Raketenmotor, der **Materie ausstößt, die vollständig oder teilweise aus der Umgebung genommen wird**.

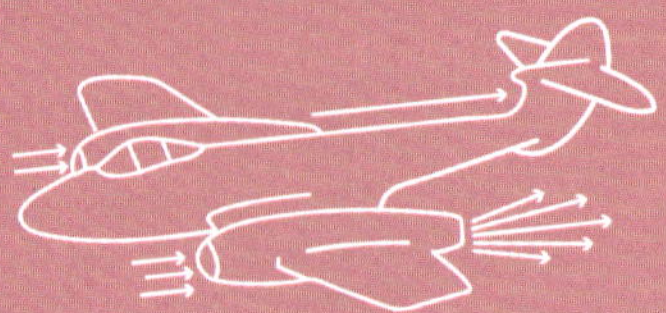

SPIELZEUG ODER WAFFE?

Die **frühesten Waffen mit Schießpulver** waren vermutlich **einfache Raketen**, bei denen **Schießpulver** in das offene Ende eines Stücks **Bambus** gesteckt wurde. Diese konnten als **Feuerwerk** verwendet werden oder als Vorrichtung, um **Lärm**, **Verwirrung**, **Feuer** und möglicherweise **Schrapnell** zu verursachen.

CONGREVE-RAKETEN

In der Kaiserzeit traf das **britische Militär** auf **chinesische und indische Streitkräfte mit Raketen**, was den Engländer **Sir William Congreve** dazu veranlasste, die **Congreve-Raketen** zu entwickeln. Diese wurden von den Briten und Amerikanern im frühen 19. Jahrhundert verwendet, **konnten aber weder mit der Kraft**, **Reichweite** oder Genauigkeit **der Artillerie** mithalten.

V-WAFFEN

Nach dem Ersten Weltkrieg war es den **Deutschen verboten, normale Artillerie zu entwickeln**, aber die Vertragsvereinbarungen **sprachen nicht von Raketenwissenschaft**. Bis zum Ende des Zweiten Weltkriegs hatte ein **Team rund um Wernher von Braun** die **V2-Rakete** entwickelt, einen **ballistische Artillerie-Rakete mit großer Reichweite**.

FRÜHE KANONEN

Eine Kanone ist eine Feuerwaffe mit Schießpulver, um ein Projektil anzutreiben, während sie an einer Stelle bleibt.

- **12. Jahrhundert n.Chr.** Europäer entdecken die arabische Schießpulverwaffe *madfaa*
- **1326** *Pot-de-fer* wird in einem illustrierten Manuskript dargestellt
- **1331** Erste Aufzeichnung über Kanonen im Krieg
- **ca. 1400** Kanone aus Bronze
- **ca. 1420** Erste Kanone mit Rädern
- **ca. 1450** Gusseiserne Kanonenkugeln
- **1453** Kanonen der Ottomanen minimieren die Mauern von Konstantinopel
- **1494** Charles VIII. von Frankreich erobert Italien mithilfe leichter, neuer Kanonen mit eingebauten Schildzapfen auf zweirädrigen Wagen

URSPRUNG DER KANONE

Obwohl es die **Chinesen** waren, die im Mittelalter **Schießpulver** für Waffen verwendeten, haben sie anscheinend keine **Feuerwaffen** entwickelt. Die Europäer entdeckten eine **arabische Waffe, *madfaa*** genannt, die ein **Flammenwerfer** sein könnte, oder eine Version des europäischen ***pot-de-fer***, eine Schale bzw. ein vasenförmiger Behälter, der einen **Eisenpfeil** eine kurze Distanz weit schleudern konnte.

BOMBARDEN

Um die **Explosionskraft des Schießpulvers ohne Zerstörung einzudämmen**, entwickelten Ingenieure frühe Kanonen, die die **Bombarden** genannt wurden, indem sie **Techniken der Lauffertigung** anwandten. **Eisenreifen** banden **Eisendauben** aneinander, um **robuste Zylinder** zu formen, die auf Holzstützen befestigt waren.

METALLMONSTER

Bombarden mit Eisenreifen waren oft gewaltig. Die Kanone **Mons Meg** aus dem Jahr 1457 ist 1 m lang, wiegt sechs Tonnen und konnte eine 47,6 kg schwere **Steinkugel** ca. 2621,6 m weit schleudern. Eine Bombarde mit Eisenreifen, die **Basilica** genannt wurde, wurde für den **Angriff auf Konstantinopel 1453** gebaut, musste von 200 Mann und 60 Ochsen bewegt werden, brauchte eine Stunde zu laden und schleuderte eine 725 kg schwere Kugel über 1,6 km weit. Sie fiel nach nur ein paar Schuss auseinander.

TÖDLICHE VERBESSERUNGEN

Faktoren, die die **Kraft und Effizienz der Kanonen** einschränken, sind unter anderem der Raum **zwischen der Kanonenkugel und dem Durchmesser der Kanone**; die **Stärke des Materials** der Kanone; die **Qualität des Schießpulvers**; und die Beweglichkeit der Kanone**. Meist sind diese voneinander abhängig. Stärkere Materialien** ermöglichten es, Kanonen **leichter zu machen, ohne die Vollständigkeit** zu beeinträchtigen, wodurch sie **mobiler** wurden, und **einfacher zu zielen**. **Verbessertes Ingenieurwesen** führte zu Kanonenkugeln, die **genau in den Kanonenschaft** passten, und **besseres Schießpulver** erhöhte die Kraft, mit der sie geschossen wurden. Ende des 15. Jahrhunderts waren Kanonen **kleiner**, **leichter**, **mobiler** und **leistungsfähiger**.

KANONEN

Frühe Kanonen wurden ausschließlich bei Belagerungen eingesetzt. Wenn sie als Teil der taktischen Kriegsführung auch auf dem Schlachtfeld eingesetzt werden sollten, mussten sie viel leichter und mobiler gemacht werden.

ROHRE AUSBOHREN

Die Fortschritte im Ingenieurwesen führten dazu, dass mit größerer Präzision **Kanonenrohre gebohrt** und **Geschosse hergestellt werden konnten**, was den **Gasaustritt um den Schuss reduzierte**, was wiederum bedeutete, dass **weniger Pulver für die gleiche Kraft gebraucht wurde**. Das bedeutete, dass Kanonen **dünnwandiger** gebaut werden konnten, da sie weniger Explosionskraft aushalten mussten. Dadurch konnten **leichtere und mobilere Kanonen gebaut werden**.

STANDARD-KANONEN

Die Ankunft der leichteren Kanonen bedeuteten eine Möglichkeit, die von den Franzosen genutzt wurde, genauer von **Jean Gribeauval**, der 1776 zum Inspektor der Artillerie berufen wurde und **leichte, neue Geschütze mit einem genormten, leichteren System aus Protzen und Waffenträgern kombinierte**. Er **reduzierte die Größe der typischen Waffenbeförderungsgruppen** von einem Dutzend Pferde auf nur sechs, einem Verhältnis, das bis zur Motorisierung das gleiche bleiben sollte.

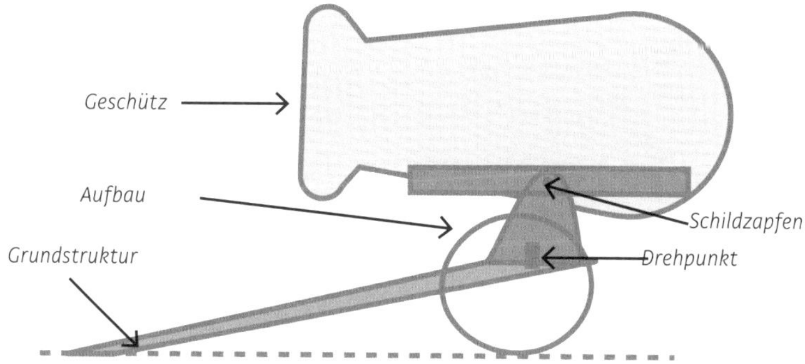

SCHUSSARTEN

Die Artillerie konnte **je nach Ziel** mit **verschiedenen Arten an Geschossen** beladen werden. **Schwere Kugeln** wurden zur Zerstörung von Befestigungen verwendet, gegen **Personen** waren **Schrotkugeln** (viele kleinere Kugeln) zerstörerischer. Eine **parabolische Wurfbahn** kann Projektile über Mauern oder Hügel werfen, aber die **Geschwindigkeit** wurde dabei reduziert, sodass in **Granatwerfern** oft Sprengstoff ist.

GLATTES ROHR VS. ZÜGE

Das **Versehen des Rohrs mit Zügen** (spiralförmige Rillen auf der Innenseite) verschaffte den Projektilen eine **Drehung**, die den **Flug stabiler und genauer** machte, funktionierte aber nur mit **längeren zylindrischen Geschossen oder Granaten**. Diese hatten typischerweise eine **geringere Mündungsgeschwindigkeit**, aber behielten die **Fluggeschwindigkeit** bei, besser als **Schrot aus einem Glattrohr**. Da die **kinetische Energie** die Formel ½ Masse × Geschwindigkeitsquadrat hat, ist die Geschwindigkeit des Projektils der wichtigste Faktor. Über **kurze Distanzen** waren glatte Kanonen demnach effektiver als gerillte.

HINTERLADER-ARTILLERIE

Moderne Artillerie ist das Ergebnis von über 400 Jahren an technischen Verbesserungen der Kanonen, weswegen es nun stählerne, gerillte Hinterlader-Kanonen gibt, die stark, aber leicht und mobil sind.

DICKE BERTA

Eine Haubitze ist eine Waffenart, die das direkte **Feuerpotenzial** einer **Kanone** mit dem **parabolischen Potenzial** eines **Granatenwerfers** kombiniert. Diese wurden dazu verwendet, die gegnerischen Kräfte und Strukturen **aus der Ferne** zu zerstören. Im **Ersten Weltkrieg** erreichten **Haubitzen auf Lokomotivenwaggons** riesige Ausmaße. Die Dicke Berta, die bekannteste Lokomotiven-Haubitze zu ihrer Zeit, war eine deutsche Waffe mit einer Mensur von 0,4 m, die 780 kg Granaten 14,5 km weit schießen konnte.

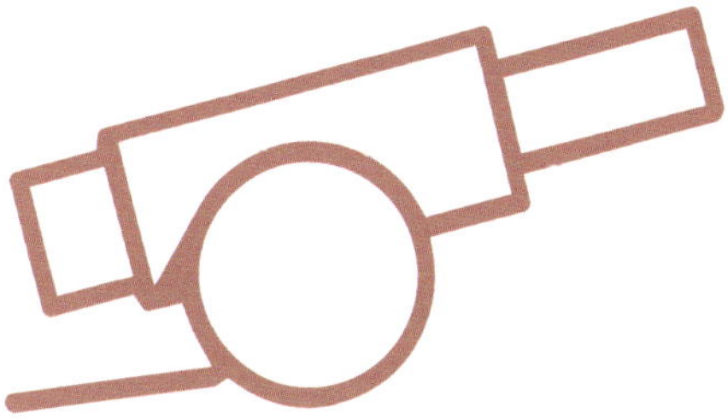

DIE HERAUSFORDERUNG DES VERSCHLUSSES

Das Vorderladen von Kanonen dauerte lang und war unhandlich und **funktionierte nicht mit gerillten Kanonen**. **Das Hinterladen** funktionierte auch mit gerillten Kanonen und **beschleunigte das Feuern**, allerdings brachte es das Problem der **Obturation** auf: die Notwendigkeit, die **Ränder des Verschlusses zu versiegeln, um das Entlüften des heißen Gases zu verhindern**. Die Lösungen traten um die Mitte des 19. Jahrhunderts auf, darunter **Ringe aus weicherem Metall**, **Pilzköpfe**, **Schraubverschlüsse** und **sich ausdehnende Patronenhülsen**.

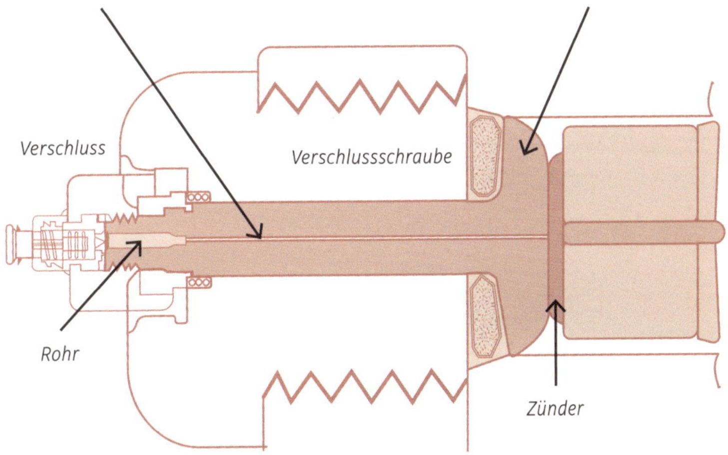

SCHRAUBVERSCHLUSS

Der **unterbrochene Schraubverschluss** ermöglichte das **schnelle Schließen der Verschlussklappe**. Das **hintere Ende des Rohres** war mit einem **Gewinde versehen** und war der **Teil, mit dem es verschlossen wurde**. Statt dass der Verschluss komplett hineingeschraubt werden muss, waren Teile der Gewindegänge unterbrochen, sodass der Verschluss, der an Scharnieren hing, ganz hineingeschoben und dann mit keiner ganzen Drehung fixiert werden konnte, da die Gewindegänge sich verzahnten.

SCHUSSWAFFEN UND ARTILLERIE

Eine Feuerwaffe ist eine Waffe, die Schaden anrichtet, indem sie ein Projektil abschießt, das durch Gas angetrieben wird, das sich schnell ausdehnt. Artillerie ist eine schwere Waffenklasse, wie eine Kanone.

AUFBAU

Eine Waffe hat ein Rohr, das man **Lauf** nennt, geschlossen an einem Ende, etwas **Schießpulver** und eine **Kugel** oder eine anderes Projektil, das aus dem Lauf geschossen wird, wenn das Schießpulver **gezündet** wird.

WAFFENTYPEN

Ein **Revolver** ist eine **Handwaffe** mit **fünf oder sechs Kugeln** in getrennten **Kammern** in einem **sich drehenden Zylinder**, sodass sie kurz nacheinander abgeschossen werden können. **Samuel Colts** Revolver waren Mitte der 1880er in Amerika weit verbreitet und sind auch heute in den USA noch sehr beliebt.

Pistolen sind **Handwaffen** mit einer **Kammer, die mit dem Lauf verbunden ist**.

Die frühesten Waffen wurden von den **Chinesen** gebaut, **ca. 1000 n.Chr.,** als sie das Schießpulver erfanden. Die Läufe waren **Bambusrohre**.

Eine **Kanone** ist eine **große, schwere** Waffe, normalerweise auf einem **Wagen** oder fester Stütze montiert; heute von **Artillerie** ersetzt.

Spätere Waffen feuerten Kugeln oder manchmal Schrot. Die **Donnerbüchse** war eine Handfeuerwaffe mit einem ausgestellten Lauf. Sie feuerte Schüsse und war nur auf **kurze Distanzen** wirkungsvoll, verursachte aber viel **Lärm und Zerstörung**.

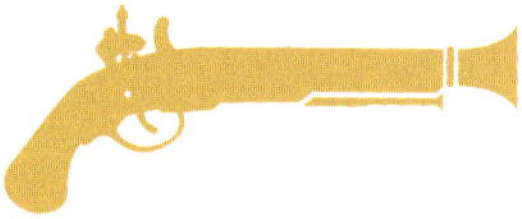

Artilleriewaffen haben **Läufe**, mit Durchmessern von ein paar Zentimetern bis einigen Metern. Sie sind auf **Dreifüßen**, **Wagen**, **Zügen** oder **Schiffen** montiert und feuern meist Granaten mit hoch explosivem oder **zündbarem** Material. Das Treibmittel ist für gewöhnlich eine Mischung aus **Nitrozellulose** und **Nitroglycerin**.

Gewehre sind lange Waffen, die von der **Schulter** aus gefeuert werden. Sie verwenden einzelne Kugeln in einer **Messinghülse**, die das Treibgas enthält, normalerweise Nitrozellulose. Der Lauf hat **helixförmige Rillen**, die die **Kugel drehen** und so die Genauigkeit der Waffe erhöhen. Manche Gewehre sind noch nach über **914 Metern** genau.

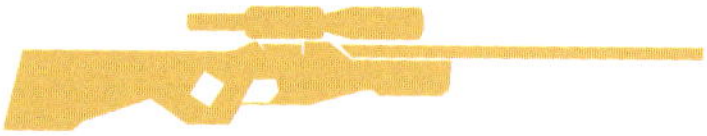

Die **moderne Flinte** hat lange Läufe und feuert für gewöhnlich **Bleikugeln**, die es in verschiedenen Größen gibt: Nr. 4 Schrot hat einen Durchmesser von **3,3 mm**; Nr. 6 Schrot hat **2,8 mm**. Der Schrot (bzw. die Schrotkugeln) wird mit dem Schießpulver in eine Kartonpatrone gepackt. Flinten sind auf ca. **45 Meter** genau.

LUFTSCHIFFE

Flugschiffe, oder Zeppeline, sind grundsätzlich große Gasballons, die mit einem Traggas gefüllt sind, das weniger dicht ist als die Luft in der Umgebung. Obwohl sie riesig und schwerfällig waren, fanden Ingenieure immer wieder neue Wege, sie einzusetzen.

1783 Die Brüder Montgolfier fliegen zwei Personen in einem Heißluftballon, und Jacques Charles fliegt mit einem Co-Piloten unter einem Ballon, der mit Wasserstoff, dem leichtesten aller Gase, gefüllt war.

1785 Jean-Pierre Blanchard überquert den Ärmelkanal in einem Ballon mit schlagenden Flügeln.

Juli 1900 Die große Luftschifffahrtsindustrie beginnt mit dem Luftschiff Zeppelin LZ1, das vom Graf von Zeppelin in Deutschland gebaut wurde

1914–18 Im Ersten Weltkrieg verwenden die Deutschen Luftschiffe für Aufklärung und Bombardierung, aber sie waren sehr anfällig für schlechtes Wetter und Angriffe anderer Luftschiffe.

1930er Deutsche Zeppeline befördern Passagiere mit erstaunlichem Komfort, mit privaten Kabinen, Aussichtsplattformen und Speisesälen. Sie waren schneller als Überseedampfer und konnten mehr Passagiere befördern als ein herkömmliches Flugzeug.

DIE HINDENBURG-KATASTROPHE

Bei einem **großen Unglück** am **6. Mai 1937** fing die **Hindenburg Feuer und stürzte beim Anflug auf Lakehurst in New Jersey ab**; **36 Personen starben**, doch erstaunlicherweise **überlebten 61**.

DAMALS UND HEUTE

Frühe Luftschiffe waren einfach große Ballons. Passagiere oder Fracht wurden in Gondeln befördert**, die darunter angebunden waren. Heliumgefüllte** Luftschiffe werden heutzutage für **Überwachung (Spionage)** und **Aufklärung** genutzt und um **schwere Ladungen an abgelegene Orte** wie z.B. Dämme in den Bergen, wo es keine Straßen gibt, zu transportieren.

WASSERSTOFF VS. HELIUM

Wasserstoff ist das leichteste (wenigste dichte) Gas und leicht erhältlich, aber es ist **sehr leicht brennbar**, was immer ein **Risiko für Luftschiffe mit Wasserstoff** darstellte.

Die **Hindenburgkatastrophe bedeutete das Ende der Passagiertransporte von Luftschiffen, die mit Wasserstoff flogen**. **Helium ist dichter als Wasserstoff** und **eine rare Ressource**, aber hat den Vorteil, dass es **nicht brennbar ist**.

MOTORFLUG

Motorflug war eine der größten Herausforderungen des Ingenieurwesens des Industriellen Zeitalters, denn es brauchte ein Vehikel, das mehr Hub aufbringen und halten konnte als das eigene Gewicht.

GENEIGTE FLÄCHEN

Einige der frühen Flugpioniere versuchten, **Vögel zu imitieren**, indem sie **schlagende Flügel** entwarfen. Es war der Engländer **George Cayley** (1773–1857), der das Konzept eines **fest angebrachten Flügels** entwickelte, bei dem die Oberfläche einer Ebene in einem Winkel gesetzt wird, bei dem die Luft darüber strömen konnte. Dadurch, dass die Luft vom Flügel **nach unten gelenkt** wird, **drückt eine gleich starke, gegensätzliche Kraft den Flügel nach oben**.

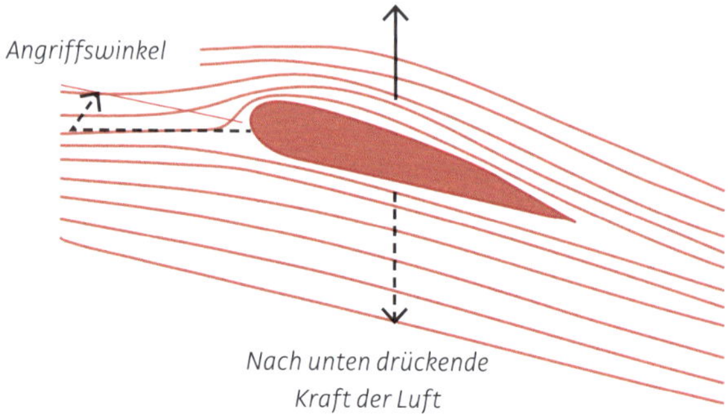

VEKTORKRÄFTE

George Cayley war ebenso unter den Ersten, die die **vier Vektorkräfte** identifizierten, die auf ein Flugzeug einwirken: **Schub**, **Auftrieb**, **Luftwiderstand** und **Schwerkraft**.

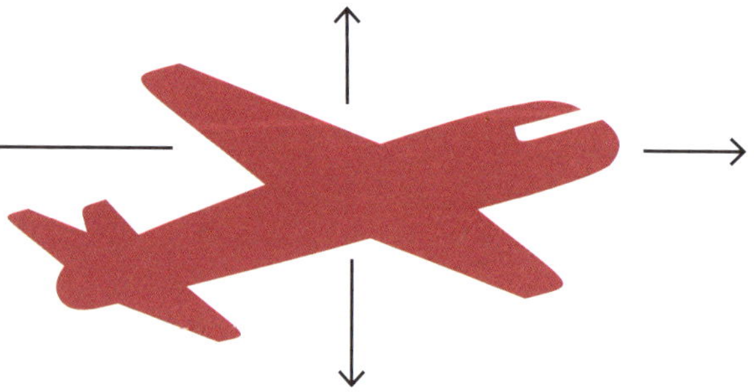

DIE AERIAL TRANSIT COMPANY

Cyleys Ideen wurden von den englischen Ingenieuren **William Henson** und **John Stringfellow** aufgenommen, die einen **Entwurf mit einem Flügel** zeichneten, bei dem ein **großer geneigter flacher Flügel** einen **Auftrieb** generieren sollte; ein **Seitensteuer** und **Ruder** würden **Höhe** und **Kursabweichung** kontrollieren; und eine **leichte Dampfmaschine** würde die **Propeller antreiben**, um **Schub zu generieren**. 1843 versuchten sie sogar, eine internationale Fluglinie zu gründen, die **Aerial Transit Company**.

STRINGFELLOWS DREIDECKER

Ihre Unternehmung scheiterte und Henson zog zurück nach Amerika, aber Stringfellow war hartnäckig. Obwohl seine Dampfmaschinen leicht waren, konnten sie noch immer nicht genug Leistung gerechnet auf das Gewicht generieren, sodass sie einen Menschen heben konnten. Aber eine **Dreideckerversion** seines Flugzeugs führte 1868 erfolgreich einen **angebundenen Motorflug** bei der **Luftfahrtausstellung** im **Crystal Palace** vor.

MASCHINENGEWEHRE

Ein Maschinengewehr ist eine vollautomatische Feuerwaffe, die darauf ausgelegt ist, Gewehrpatronen für durchgehendes Feuer in rascher Abfolge zu schießen; ein Ziel, das die Taktiken am Schlachtfeld schrecklich änderte.

VOLLAUTOMATISCH

Das grundlegende Prinzip von Maschinengewehren ist es, die folgenden Prozesse zu **automatisieren**: **eine Kugel abfeuern**, **die leere Hülle auswerfen**, **die nächste Runde in die Kammer holen** und **wieder feuern**. Dafür wird eine Art von **Antrieb oder Strom benötigt**. Laut Erzählungen wurde **Hiram Maxim**, der französisch-amerikanische Erfinder des ersten **vollautomatischen Maschinengewehrs** 1885 dazu inspiriert, als er ein Gewehr abfeuerte und der **Rückstoß** seine Schulter verletzte. Maxim erkannte, dass er den Rückstoß für den Antrieb des Maschinengewehrs verwenden konnte.

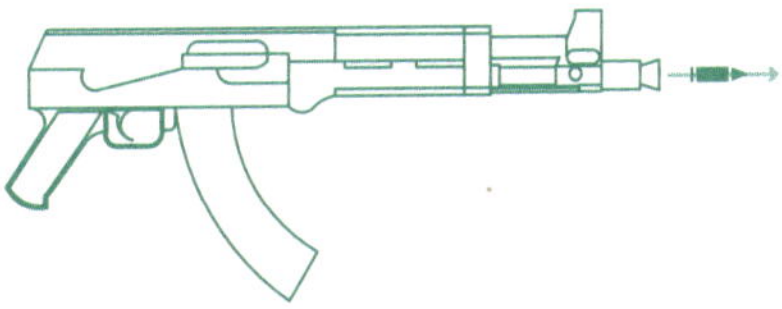

GASBETRIEB

Rückstoß – die gleich große und gegensätzliche Reaktion, ein Projektil abzufeuern, das von **Newtons Gesetz der Kraft** vorhergesagt wurde – ist nur eine der möglichen Quellen eines Antriebs für das Maschinengewehr. Eine weitere wäre der **Druck der heißen Gase**, der bei der **Explosion der Pulverladung** entsteht; beim **Lewis-Maschinengewehr** wird etwa Gas verwendet, um einen **Kolben** zu bewegen, der am **Bolzen** befestigt ist und ihn so zurückzieht, während er zur selben Zeit eine **Feder staucht**, die **wieder aufgeht und den Bolzen schließt**.

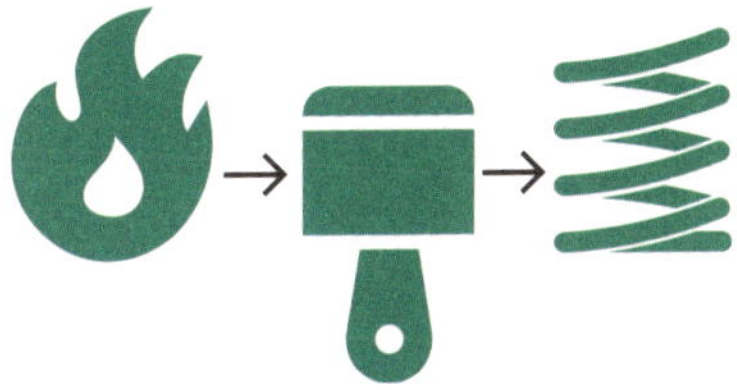

TÖDLICHE KRAFT

Während selbst der erfahrenste Gewehrschütze nicht mehr als 15 Schüsse pro Sekunde abfeuern kann, schafft der Maschinengewehrschütze 600 Schüsse pro Minute.

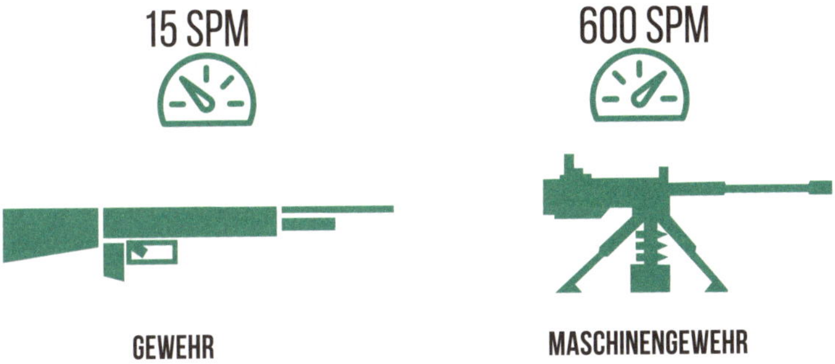

BROWNING-MASCHINENGEWEHR

Der amerikanische Waffenkonstrukteur **John Browning** entwarf ein **schweres Maschinengewehr, das auf Rückstoß basierte** und **leichter**, **einfacher**, **billiger** und **verlässlicher** war als das von Maxim. Als er es im Mai 1917 der US-Armee präsentierte, feuerte er 40.000 Schuss mit nur einem einzigen kleinen Bauteilversagen.

DIE GEBRÜDER WRIGHT

Die Brüder Wright waren in der Luftfahrt aufgrund ihrer Genialität und der methodischen Herangehensweise dort erfolgreich, wo andere scheiterten.

FAHRRAD-BRÜDER

Wilbur und Orville Wright waren **Radingenieure** die sich für die Luftfahrt begeisterten, seit ihnen ihr Vater 1878 einen Spielzeughubschrauber schenkte.

SCHRITT FÜR SCHRITT

Bei der Entwicklung des Schwerer-als-Luft-Fluggerätes gingen sie methodisch über **Prototypen** und das **Testen** von **Stadien** vor: von einem **Drachen** über ein **Segelflugzeug** bis zum Motorflugzeug.

FLÜGELWÖLBUNG

Inspiriert durch die Beobachtung von **Vögeln**, entwarfen die Brüder Wright **gewölbte Flügel**, die für **Balance und Steuerung angewinkelt werden konnten**.

LEICHTE GEWICHTE

Sie entwickelten eine **leichte, „schwebende" Holzstruktur**, mit **Rundhölzern in eingenähten Taschen des Stoffes**. Dadurch, dass der Stoff ein **wesentlicher Teil** des Designs war, wurde die Struktur **leichter** und **stabiler**.

ALUMOTOR

Die Brüder **entwickelten auch ihren eigenen Motor** mit einem **revolutionären Aluminiumgehäuse**. Aluminium sollte aufgrund seines **leichten** Gewichts zu einem wesentlichen Element der Luftfahrt werden.

LUFTGESTÜTZT

Am 17. Dezember 1903 machte **Wilbur** den **ersten freien, kontrollierten Flug eines motorisierten Flugzeugs, das schwerer als Luft war**. Es flog in 59 Sekunden 260 Meter.

PANZER

Als Lösung des Ingenieurwesens gegen die schrecklichen Herausforderungen des Schlachtfeldes des Ersten Weltkriegs sollte der Panzer die Kriegsführung verändern.

- **1485** Leonardo da Vinci entwirft gepanzerten Streitwagen
- **1801** Erfindung der Raupenkette
- **ca. 1900** Der deutsch-englische Ingenieur F.R. Simms entwirft ein gepanzertes Quad und ein Auto
- **1903** H.G. Wells spricht in seiner Geschichte „The Land Ironclads" von Panzern
- **1904** Das französische Unternehmen Charron, Girardot et Voight baut gepanzerte Autos
- **1914** Holt-Artilleriezugmaschinen werden von der britischen Armee eingesetzt
- **1915** Die britische Regierung ruft das Landship Committee ins Leben, um die Entwicklung der Panzer zu verfolgen
- **1916** Der Panzer Mk I wurde in Auftrag gegeben; erster Einsatz auf dem Schlachtfeld im September

HERAUSFORDERUNGEN AM SCHLACHTFELD

Die Schlachtfelder der Westfront des Ersten Weltkriegs waren furchtbare Herausforderungen für die **Infanterie**: vernichtendes **Feuer von Maschinengewehren**; aufgebrochenes, unglaublich schlammiges **Gelände**; **Antipersonenhindernisse** wie **Stacheldraht**; und **verschanzte Verteidigungspositionen**.Das Gleichgewicht zwischen Angriff und Verteidigung hat sich drastisch in Richtung des zweiten verschoben.

ARTILLERIEZUG-MASCHINEN

Einige dieser Neuerungen gab es bereits als Fahrzeug: den **Holt Tractor** – ein großes, schweres, leistungsfähiges Fahrzeug mit **Raupenketten**, um brüchigen Boden zu überqueren. Britische Ingenieure verwendeten dieses Modell als Inspiration für eine neue Art des Militärfahrzeugs: eine **mobile Geschützplattform** mit einem **niedrigen Schwerpunkt**, **starker Panzerung** und **Raupenketten**.

PANZER MARK I

Der Panzer Mark I hatte eine rhomboide Form mit einer Raupenkette, die um den Rumpf verlief. Die schräge Schubkraft des Rumpfes ermöglichte es, Hindernisse zu überwinden, und bedeutete, dass die Ketten nicht so leicht abfielen.

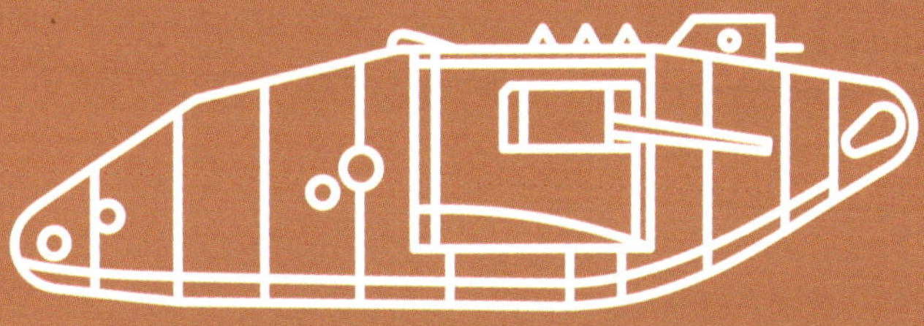

DROHNEN (UNBEMANNTE LUFTFAHRZEUGE)

Im allgemeinen Sprachgebrauch ist eine „Drohne“ ein ferngesteuertes Fahrzeug, für gewöhnlich ein unbemanntes Flugobjekt, das auch unbemanntes Luftfahrzeug genannt wird.

- **1849** Unbemannte, mit Bomben bestückte Ballons, wurden von den Österreichern beim Angriff auf Venedig abgeschossen
- **1898** Der serbische Erfinder Nikola Tesla führt funkgesteuerte unbemannte Boote vor
- **1915** Der amerikanische Erfinder Elmer Sperry entwirft den Lufttorpedo, ein leichtes, mit Sprengstoff gefülltes Flugwerk, das durch einen gyroskopischen (kreiselartigen) Steuermechanismus stabilisiert wurde
- **1939** Reginald Denny, ein Fan von funkferngesteuerten Spielzeugflugzeugen (und britischer Schauspieler), verkauft tausende der OQ 2 Radioplanes an das US-Militär
- **1940er** Funkgesteuerte Flugzeuge sind unter anderem der deutsche Argus As 292, die britische Queen Bee und die amerikanische TDR
- **1960er–70er** US-Militär verwendet die Drohne AQM-34 Ryan Firebee für Erkundungsflüge
- **1970er und 80er** Gleitflugzeugähnliche Drohnen werden von den Israelis entwickelt
- **1994** Erster Flug der Predator-Drohne

TELAUTOMATON

Der Schlüssel zur **Fernsteuerung** lag in **drahtloser Funkübertragung**. Einer der Pioniere der **Funktechnologie** war der Serbische Erfinder **Nikola Tesla**, der eine **ausgeklügelte verschlüsselte Funksteuerung** in einen **„Telautomaton“, ein elektrisches Motordrohnenbootsystem,** integrierte und 1898 bei der **Elektrizitätsausstellung** in den **Madison Square Gardens** präsentierte.

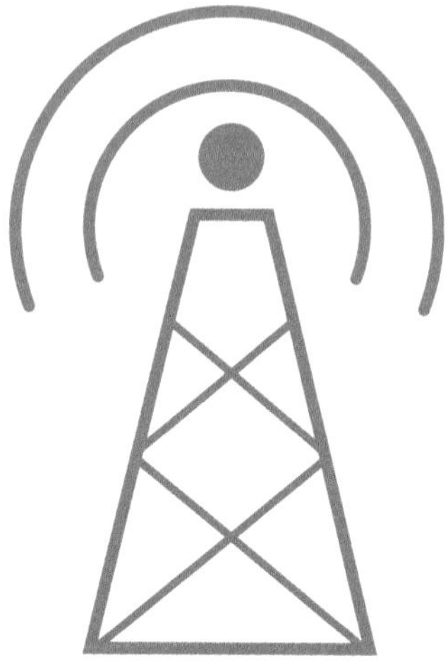

SICHTKONTAKT UNTERBRECHEN

Funk erlaubte eine Fernsteuerung, aber nur, solange die Anwender **Sichtkontakt** mit dem Gerät hatten. Erst als **Kameras mit Livebild** erhältlich waren, konnte man den Sichtkontakt zur Drohne auch unterbrechen.

DROHNENLOGIK

Verglichen mit einem herkömmlichen Luftfahrzeug sind Drohnen **günstiger**, leichter **zu ersetzen** und **einfacher zu transportieren und einzusetzen** und **brauchen weniger Treibstoff**. Vor allem **begeben sich die Anwender nicht in Gefahr**.

IN DER ÜBERZAHL

2005 waren nur 5% der Luftfahrzeuge des US-Militärs Drohnen, **heute sind sie gegenüber den bemannten Flugzeugen in der Überzahl**.

DÜSENANTRIEB

Die Verbrennungsmotoren setzten eine Geschwindigkeitsgrenze für Propeller. Eine neue Art von Motoren, angetrieben durch das Reaktionsprinzip, versprach einen großen Leistungsfortschritt, sofern die komplizierte Technik gelang.

REAKTIONSMASCHINEN

Ein Jet ist ein Reaktionsmotor, der **Schub in eine Richtung dadurch erzeugt, dass er ein flüssiges Medium in die andere Richtung ausstößt**. Jets der Luftfahrt **saugen vor dem Motor Luft an, verdichten sie und verbrennen sie mit Treibstoff, um sich ausdehnende heiße Gase zu generieren**, die auf der anderen Seite ausgestoßen werden.

TURBOJETS

Die ersten Jetantriebe waren **Turbojets**, die die **ausdehnenden Verbrennungsgase** dazu verwendeten, **eine Turbine anzutreiben**, bevor sie dann **durch die hintere Düse ausgestoßen wurden**. Die Turbine treibt einen **Kompressor** vor dem Antrieb an, der die **angesaugte Luft verdichtet**.

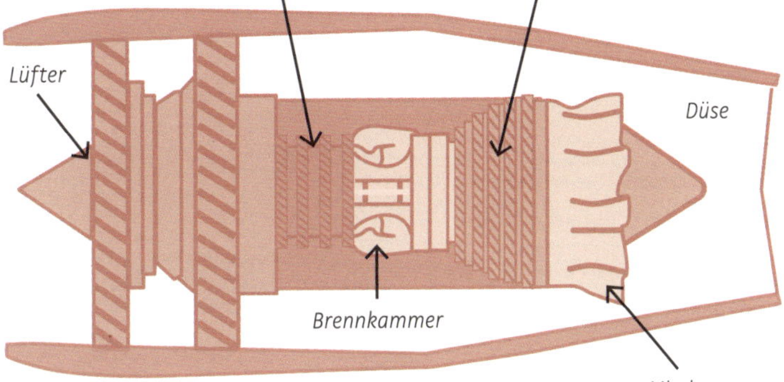

JETS IM ZWEITEN WELTKRIEG

Der britische Pilot **Frank Whittle** patentierte 1930 den ersten **Entwurf eines Turbojets**, es dauerte aber noch elf Jahre, bis sie fliegen konnten. 1939 war der deutsche Ingenieur **Hans von Ohain** bei der Entwicklung des **ersten funktionierenden Turbojets**, der eine **Heinkel He 178** antrieb, erfolgreich. 1942 baute **General Electrics** den **ersten amerikanischen Düsenantrieb**, das **XP-59A Experimentalflugzeug**.

TURBOFANS (MANTELSTROMTRIEBWERK)

Die meisten Düsenantriebe sind heute **Mantelstromtriebwerke**, die die **Turbine verwenden, um den Lüfter vor dem Motor, vor dem Kompressor, anzutreiben**. Der Lüfter **zieht zusätzliche Luft an** und **teilt den Luftstrom**, sodass die **zusätzliche Luft um das Äußere des Antriebs fließt, bevor sie sich mit den heißen Abgasen dahinter mischt**. Das steigert den Schub, ohne **den Treibstoffverbrauch zu erhöhen**, und **macht den Antrieb auch leiser**.

HUBSCHRAUBER

Ein Flugzeug mit fest verankerten Flügeln hebt sich dadurch, dass sich das gesamte Gerät vorwärts durch die Luft bewegt. Ein Hubschrauber funktioniert durch das Prinzip, dass sich die Flügel durch die Luft bewegen und das Luftfahrzeug so senkrecht nach oben bewegen werden kann.

DA VINCIS HELIKOPTER

Viele **Bäume** haben **sich drehende Samen**, die langsamer fallen und dadurch vom Wind weiter verteilt werden können. Möglicherweise war das die Inspiration, sowohl für die **alten Chinesen** als auch für **Leonardo da Vinci**, die **Geräte entwarfen, die sich durch rotierende Ebenen hoben**. Bei da Vinci war das eine **spiralförmige Schraube**.

BLÄTTER MIT AUFTRIEB

Die **Hubschrauberrotorblätter** sind wie **Flugzeugflügel**, mit einem **Querschnitt, der Auftrieb erzeugt, wenn sich Luft darüber bewegt** – oder wenn sie sich durch die Luft bewegen.

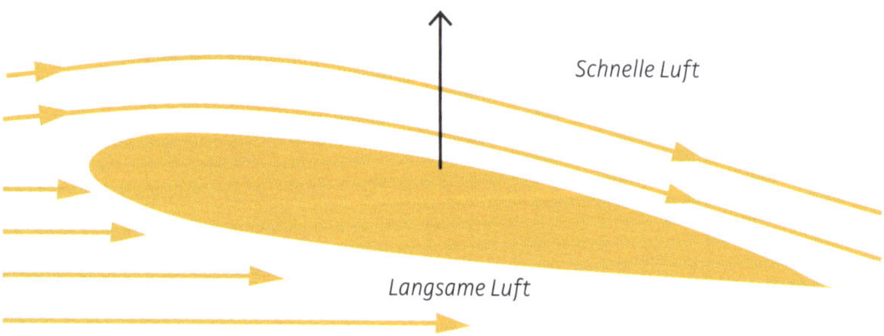

DREHMOMENT

Ein **einzelner Rotor** übt eine **Rotationskraft (Drehmoment)** auf den **Helikopter** aus, auch wenn er sich dreht. **Um zu verhindern, dass sich der Korpus in die entgegengesetzte Richtung des Rotors dreht,** nutzten Hubschrauberentwickler zwei verschiedene Methoden:

Gegeneinander rotierende Blätter: **Zwei Rotoren** bewegen sich **in entgegengesetzte Richtungen** und heben ihr Drehmoment gegenseitig auf.

Heckrotoren: Dadurch, dass sich der Rotor vertikal dreht, wirkt er **dem Drehmoment des Korpus entgegen** und kann auch zur Steuerung verwendet werden.

SIKORSKY

Obwohl er weder der erste Pilot noch Erfinder der Helikopter war, ist der russisch-amerikanische Flugtechniker **Igor Sikorsky** bekannt als der **Vater der Helikopter**, da sein **VS-300**, der 1939 abhob, die **erste erfolgreiche Konstruktion** war.

ROLLBOMBE

Der britische Flugzeugkonstrukteur Barnes Wallis war überzeugt, dass die Technik eine entscheidende Rolle beim Ausgang des Zweiten Weltkriegs spielen würde. Mit seiner „Rollbombe" konnte er zeigen, wie.

UNZERSTÖRBAR

Dämme im deutschen **Ruhrtal** versorgten die Industrie mit Wasser und Strom und waren deshalb offensichtliche Ziele für **Bombenangriffe der Alliierten**, aber sie waren zu groß, um von Bomben zerstört zu werden, **sofern die Ladungen nicht direkt am Damm selbst explodierten**. Netze schützten sie vor Torpedos. Wie könnte eine **Mine** an die **Basis eines solchen Damms gebracht werden?**

UPKEEP UND HIGHBALL

Barnes Wallis hatte eine Idee für eine Art Rakete, die **direkt über der Wasseroberfläche fliegen und über die Antitorpedonetze springen würde**, bevor sie in den Damm einschlagen und dann hinunterfallen und an der Wasseroberfläche explodieren würde. Er entwickelte eine kleine Version, Codename **Highball,** für den **Einsatz gegen Kriegsschiffe** und eine große, **Upkeep**, die gegen Dämme eingesetzt würde.

RÜCKWÄRTSDRALL

Die Bomben (eigentliche hüpfende Minen) brauchten genau den richtigen **Rückwärtsdrall** (500rpm), um **sicherzustellen, dass sie den Damm nicht hinunterrollen würden**. Der Rückwärtsdrall stellte außerdem sicher, dass die Bombe hinter dem Flugweg einschlagen würde, **damit die Bomber mehr Zeit hatten, sich in Sicherheit zu bringen**.

DAMBUSTERS

Die Dämme mussten zerstört werden, nachdem der Regen im Frühling die Reservoirs dahinter aufgefüllt hatte, daher wurde im Zeitraum von nur zwei Monaten ein Schwadron an speziell gefertigten **Lancaster-Bombern** darin trainiert, den **schwierigen und gefährlichen Niedrigflug zu meistern, um die Upkeep-Bomben abzuwerfen**. Am 16.–17. Mai 1943 **zerstörte Schwadron 617 erfolgreich zwei massive Dämme, aber schadete sich selbst**. Von den 19 Flugzeugen waren 8 verloren und **53 Männer starben**.

19 FLUGZEUGE | 8 VERMISSTE | 53 TOTE

HÜPFENDE ROHRE

Das ursprüngliche Design war für **runde Bomben**, basierend auf Wallis' **ursprünglichen Experimenten** mit **Murmeln in der Badewanne**, aber später entschied man sich für die Form **eines Kanonenrohrs**.

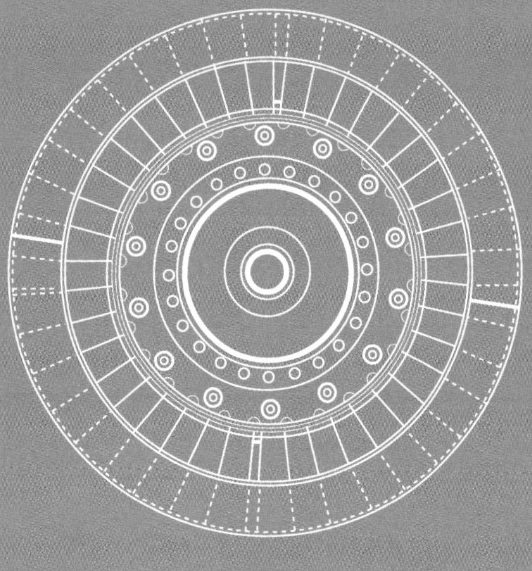

ATOMBOMBE

Die Atombombe wird meist als großartige wissenschaftliche Errungenschaft betrachtet, aber eigentlich war die Wissenschaft dahinter schon vor dem Krieg bekannt – die wahre – große – Herausforderung lag in der Technik.

KETTENREAKTION

Die wissenschaftlichen Schlüsselerkenntnisse für die Atombombe waren **Einsteins berühmte Gleichung $E=mc^2$**, die bedeutet, dass eine winzige Menge an Masse in eine wahnsinnig große Menge an Energie verwandelt werden kann, und die Theorie des ungarischen Physikers **Leo Szilard,** dass eine Kettenreaktion in einem Element mit der richtigen Art an instabilem radioaktivem Kern ausgelöst werden kann – das sogenannte **„Spaltmaterial“**.

SPALTBARE ISOTOPE

1940 begann die US Regierung das **Projekt Uran**, um die Möglichkeiten einer Atombombe zu erforschen. Es schloss mit der Feststellung, dass ein spezielles **Uranisotop** gebraucht wird, **U-235**, aber U-235 **bildet nur 0,7 % des natürlich vorkommenden Urans**. Genug für eine Atombombe zu gewinnen, wäre eine enorme technische Herausforderung.

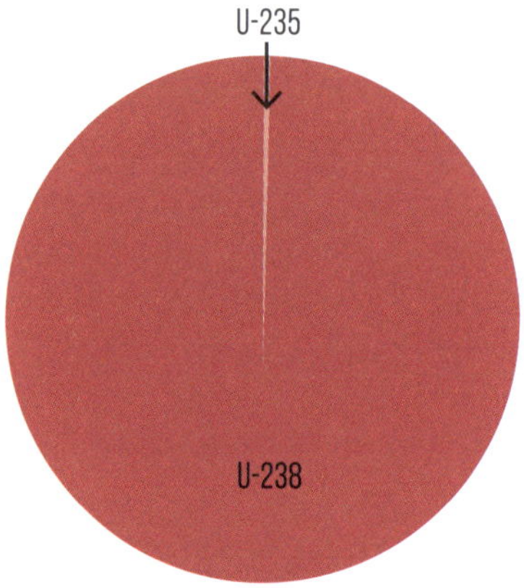

NATÜRLICH VORKOMMENDES URAN

URANANREICHERUNG

Der Versuch, Uranisotope industriell zu trennen und genug U-235 für eine Atombombe zu gewinnen. führte zum Bau riesiger Anlagen in **Oak Ridge** in **Tennessee** und **Hanford** in **Washington**. Angewandte Techniken waren unter anderem **thermale Diffusion**, **elektromagnetische Trennung** und **Gasdiffusion**.

HIROSHIMA

Am 6. August 1945 explodierte Little Boy 580 Meter über Hiroshima. Obwohl sie nur 3 mal 0,7 Meter maß und nur 63 kg Uraniumtreibstoff beinhaltete, hatte sie eine Kraft, die**15.000 Tonnen TNT entspricht**. Die **Druckwelle** am Detonationspunkt verursachte **Wind mit 1577 km/h** und einem **Druckäquivalent von 593 Bar**. Sogar einen halben Kilometer entfernt betrug die Windgeschwindigkeit noch 1000 km/h. **Ca. 13 Quadratkilometer der Stadt wurden dem Erdboden gleich gemacht**.

BOMBENKONZEPT

Bei **Los Alamos** in **New Mexico** arbeitete eine Gruppe an Wissenschaftlern am Aussehen der Bombe. Die Bombe würde über **Hiroshima** abgesetzt werden – sie trug den Spitznamen **Little Boy**, und war eine **„gewehrartige“ Bombe** in der ein **Kügelchen aus U-235 in subkritischer Masse** in einen Empfänger von U-235 geschossen wurde, auch in subkritischer Masse; wenn **diese kombiniert werden, erreichen sie die kritische Masse** und lösen eine **unkontrollierte Kettenreaktion der Kernspaltung aus.**

SPUTNIK

Der Start des ersten künstlichen Satelliten am 4. Oktober 1957 begann das Raumzeitalter und setzte das Wettrennen um das Weltall zwischen der UdSSR und der USA in Gang.

NEWTONS KANONE

Das Konzept eines Satelliten geht bis auf die Arbeit von **Isaac Newton** im 17. Jahrhundert zurück. Er baute auf die **Raumflugmechanik** von **Johannes Kepler** auf und zeigte, wie **Schwerkraft eine horizontal abgefeuerte Kanonenkugel dazu bringt, in einer parabelförmigen Flugbahn einzuschlagen**. Er fragte sich, was wäre, wenn die Kanonenkugel mit solch einer **Geschwindigkeit** angefeuert würde, dass die **parabelförmige Flugbahn sie um die Krümmung der Erde schleudern würde**. Sie würde ständig auf der Erde einschlagen, aber ständig weiterfliegen, in anderen Worten: Sie würde **um den Planeten kreisen**, so wie unser natürlicher Satellit, **der Mond**.

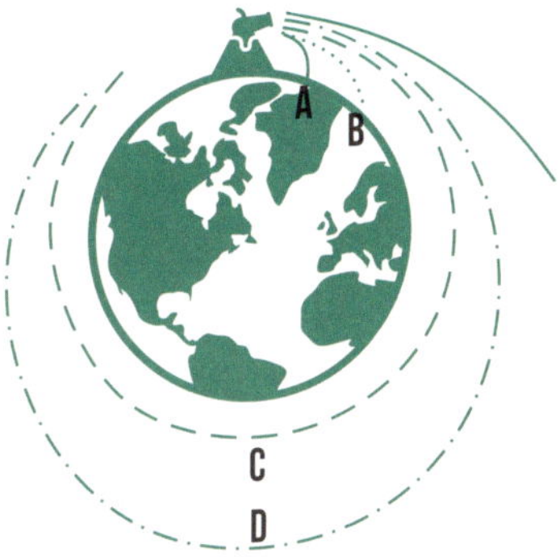

OBJEKT D

Der Erfolg des **deutschen V2- Projektes** zeigte, dass die **Technologie für ballistische Langstreckenraketen bereits existierte**. Raketenvisionäre wie der russische Wissenschaftler **Konstantin Tsiolkovsky** sagten seit den frühen 1900ern voraus, dass Raketen – vielleicht in einem **„Zug" mehrerer Stadien – Reisende in das Weltall schicken könnten**. Russische Raketenwissenschaftler schlugen vor, dass ein **unbemanntes Objekt als Zwischenschritt in die Umlaufbahn geschickt werden könnte**, und so begann die Entwicklung eines **ambitionierten Satelliten voll mit wissenschaftlichen Instrumenten, bekannt als Objekt D**.

EINFACHSTER SATELLIT

Die **Russen waren erpicht darauf, die Amerikaner in der Raumfahrt zu schlagen**, und als es klar wurde, dass ihre **R7-Rakete nicht stark genug ist, Objekt D zu heben**, gingen sie zu Plan B über: ein **„einfachster Satellit"** oder ***prosteishy sputnik***. Mit dem Codenamen PS würde die Welt diese Rakete als **Sputnik 1** kennen.

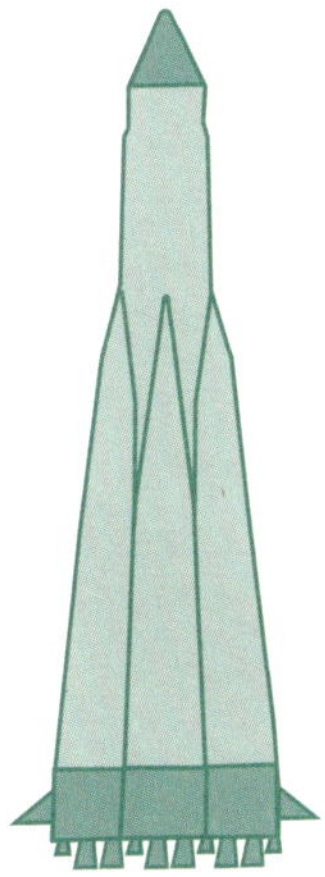

KONZEPT DER SPUTNIK

Sputnik besteht aus **zwei isolierten, polierten halbkugelförmigen Schalen**, mit einem **Funksender**, **Batterien**, **einem Lüfter, um die Innentemperatur zu regeln**, und **Schaltern, die die Funkfrequenz in Reaktion auf Wärme- und Druckänderungen steuerten**.

DAS APOLLO-PROGRAMM

Die entscheidenden technischen Errungenschaften des Raumzeitalters waren die Mondlandungen, der Höhepunkt des Apollo-Raketenprogramms.

GRUPPENERFOLG

Das Apollo-Raumprogramm involvierte die Arbeit von **400.000 Ingenieuren, Wissenschaftlern und Technikern**. **Über 20.000 Unternehmen und Universitäten** arbeiteten am Schuss zum Mond. Unzählige technische Herausforderungen wurden überwunden, darunter auch das Design des **grundlegenden Missionsaufbaus**; die Entwicklung der **leistungsstärksten Rakete der Geschichte; das Vorhersehen der Bedingungen im Vakuum im Weltall**; und **das Entwerfen einer leichten, aber steuerbaren Mondlandekapsel**.

MISSIONSAUFBAU

Eine der wichtigsten Entscheidungen war die **Art und Weise, wie Astronauten auf dem Mond landen sollten**. Dank der Beharrlichkeit und dem Ausblick des **NASA-Ingenieurs John Houbolt** wurde das **Modell Lunar Orbit Rendezvous** angepasst. Es war ein komplexer und technisch anspruchsvoller Plan, ein **einziges Startvehikel** zu verwenden, um ein **Mutterschiff und eine Landekapsel direkt zum Mond zu schießen**, aber eigentliche bedeutete es, **dass das Raumschiff kleiner sein konnte**.

GROSSER BOOSTER

Die **Rakete Saturn V**, die entwickelt wurde, um den Mondflug zu starten, war viel größer als jede Rakete vor ihr. Sie hatte **drei Teile aus über 3 Millionen Teilen**, **war 110 Meter hoch und produzierte 3,4 Millionen Kilogramm Schubkraft**.

VAKUUMVERPACKT

Die Ingenieure mussten einberechnen, wie die Bestandteile auf die **rauen Bedingungen im Weltall reagieren würden**. Beispielsweise bemerkten sie, dass **unterkühlte Treibstoffkanäle**, die auf der Erde von einer Schicht gefrorenem Wasserdampf umgeben waren, **in einem Vakuum anfällig wären,** und **fügten eine einfache Verstärkung aus Stahlgeflecht hinzu, um eine Katastrophe zu verhindern**.

PLATZ ZUM STEHEN

Ein weiteres klassisches Thema war die **Gewichtsreduktion des Lunar Module**. Sitzende Astronauten benötigten **große**, **schwere Fenster, um ein passendes Sichtfeld zu garantieren**; die Ingenieure merkten, dass **stehende Astronauten nur kleinere, leichtere Fenster benötigten**.

GPS

Eines von vielen globalen Satelliten-Navigationssystemen ist das GPS, das zum Synonym für diese außergewöhnliche Technologie wurde.

GNSS

Das Globale Navigationssatellitensystem (GNSS) ist eigentlich **eine Vielzahl verschiedener Systeme**, die jeweils mit ihrer eigenen Konstellation an Satelliten arbeiten. So wie das **US NAVSTAR GPS** sind das **russische GLONASS** und das **EU Galileo Satellitensystem**, mit einer **chinesischen Version, BeiDou-2**, im Weltall unterwegs.

SATELLITENHIMMEL

Das GPS-System baut auf **mindestens 24 Satelliten hoch in der Umlaufbahn der Erde** (ca. 20.117 km hoch), wovon jeder mit einer Geschwindigkeit von ca. 14.000 km/h reist und die Erde alle 12 Stunden einmal umkreist. Die Satelliten sind so angeordnet, dass **jeweils mindestens vier immer einen gemeinsamen Punkt auf der Erde sehen**. Jeder Satellit trägt eine **extrem genaue Atomuhr**.

TRILATERATION

GPS-Empfänger berechnen ihre Position auf der Erde durch **das Signal der Satelliten** (normalerweise von 6-12 von ihnen) und **verwenden diese, um die Position der Satelliten zu berechnen**, was wiederum die Position des Empfängers durch **Trilateration** zeigt, einer Methode, bei der **Positionen anhand der Schnittpunkte dreier überschneidender Kreise oder Kugeln ermittelt werden**.

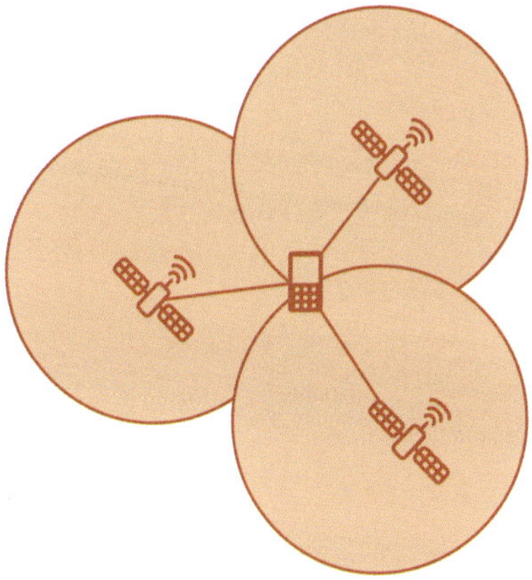

RELATIVISTISCHE UHREN

Die **Höhe** und **Geschwindigkeit** der Satelliten bedeutet, dass von den erdgebundenen Empfängern **relativistische Aspekte in Betracht gezogen werden müssen, um mit den Uhren der Satelliten synchron zu bleiben. Würde das nicht funktionieren, würde das System über einen Tag Positionsfehler von über 9 km ansammeln**. Eine intelligente Lösung ist, dass die **Uhren der Satelliten langsamer laufen als die Uhren auf der Erde**.

HUBBLE-WELTRAUMTELESKOP

1990 ins All geschickt, war das Hubble-Weltraumteleskop (HST) eine gewagte Lösung zum größten Problem erdgebundener Teleskope, doch bevor es wirklich funktionierte, braucht es noch eine technische Rettungsmission.

ATMOSPHÄRISCHE STÖRUNG

Bodengestützte Teleskope müssen die Sterne durch die **Atmosphäre beobachten. Gas und Staub absorbieren Licht und verursachen optische Beeinträchtigungen, die die Auflösung beeinträchtigen**. **Atmosphärische Störung** durch **Luft, die sich bewegt**, ist der Grund, warum **Sterne zu funkeln scheinen**. Eine Lösung ist es, die **Teleskope auf Berggipfeln in trockenen Gegenden aufzustellen**, aber eine noch bessere Lösung ist es, das Teleskop ins Weltall zu schicken.

LICHTERFASSUNG

Hubble befindet sich 570 km über der Erdoberfläche und verwendet einen 2,4 m breiten ersten Spiegel, um **viel mehr Licht einzufangen, als auf der Erde möglich wäre**.

CASSEGRAIN REFLEKTOR

Das HST ist eine Art von Teleskop, das man **Cassegrain Reflektor** nennt, bei dem ein **erster Spiegel Licht einfängt und auf einen zweiten Spiegel reflektiert, der es fokussiert und es zu den Detektoren zurückwirft**. Dadurch, dass diese Detektoren hinter dem ersten Spiegel liegen, reflektiert der zweite Spiegel **das Licht durch ein kleines Loch in der Mitte des ersten**.

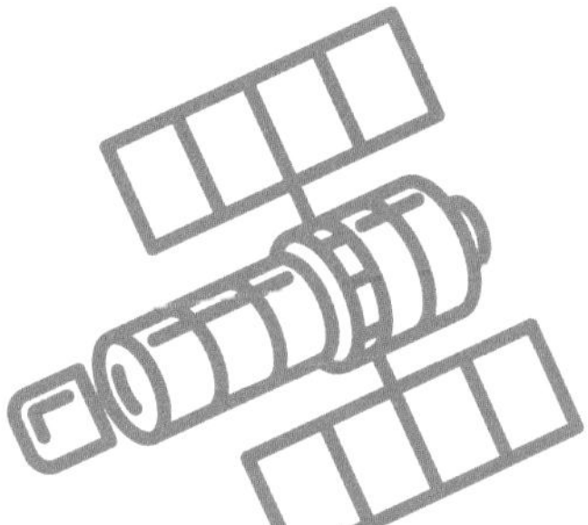

AUS DEM FOKUS

Kurz nachdem das HST stationiert war, erkannte man, dass es ein **schwerwiegendes Problem** hatte. Es war ein **unbemerkter Fehler im Spiegel**, eine **sphärische Abweichung**, was bedeutete, dass er **Licht nicht richtig fokussierte**. Glücklicherweise wurde das HST speziell dafür entworfen, **repariert und verbessert werden zu können**. 1993 **reparierten es Astronauten** des **Space Shuttles** und seitdem gab es viele Missionen, bei denen die **Detektoren verbessert und ersetzt wurden**, ebenso wie **andere Instandhaltungsarbeiten, die die Lebensspanne des Teleskops erheblich verlängert haben**.

INTERNATIONALE RAUMSTATION

Die größte gebaute Raumstation, die Internationale Raumstation (ISS), ist das Ergebnis einer internationalen Zusammenarbeit von Ingenieuren.

VIELE ZWECKE

Die ISS sollte **Raum zum Leben**, **Lebenserhaltung**, **Arbeitsplatz** und **wissenschaftliche Ausrüstung** bieten; **Solarpanels für die Energiegewinnung**; und **Andockstutzen**, damit die Crew und Frachtraumschiffe andocken konnten und die Raumstation durch weitere Module erweitert werden könnte.

BESTE IMMOBILIE

Die ISS ist groß. Sie ist **so groß wie ein American Footballfeld** und hat **mehr Raum zum Leben und Arbeiten als ein Haus mit sechs Schlafzimmern**. Die Ausstattung bietet unter anderem **sechs Schlafzimmer**, **zwei Badezimmer**, ein Fitnesscenter und ein 360°-Erkerfenster**. Sie hat fünfzehn unter Druck gesetzte Einheiten**, darunter **Labore**, **Wohnzimmer**, **Dockingkabinen**, **Luftschleusen** und Knotenpunkte und bietet Platz für sieben Astronauten**.**

STROM UND WASSER

Große **Solaranlagen**, die **mehr als einen halben Hektar** abdecken, liefern **84 Kilowatt Strom**. Ein **Wasseraufbereitungssystem** hilft der Besatzung, **Wasser wiederzuverwenden**, aber die Station braucht trotzdem **täglich über einen Liter Wasser**, der **von der Erde nach oben geschickt werden muss**.

MOBILES ZUHAUSE

Die **ISS umkreist die Erde alle 90 Minuten** und reist mit 8 km/Sekunde. **Jeden Tag umkreist sie die Erde 16 Mal** und erlebt dabei **16 Sonnenauf- und untergänge**.

UNBEKANNTE HELDEN

Obwohl die Besatzung und wissenschaftliche Module all den Ruhm bekommen, sind die wichtigsten Elemente der ISS die am wenigsten glamourösen. Eines davon ist der **16,7 Meter lange Roboterarm/-kran**, der **Canadarm2**, der **sieben Gelenke**, **zwei Hände** („Endeffektoren") und eine **Nutzlastkapazität von 125 Tonnen** hat, und dafür verwendet wird, **Module**, **Experimente** und sogar **Astronauten** zu bewegen. Ein weiteres ist das **integrierte Fachwerk**, das **Rückgrat der ISS**, auf dem der Großteil der **Solarpanels** montiert ist.

Daten der ISS	
Masse	390907,719 kg
Länge	73 m
Breite (entlang des Fachwerks, Arrays breiter)	108 m
Höhe (Nadir–Zenith, Felder vorwärts–heckwärts)	20 m
Bewohnbares Volumen	388 m³

ZUKÜNFTIGE WAFFEN

Seit die ersten Menschen Steinwaffen verwendeten, war das technische Können der entscheidende Faktor der militärischen Macht. Die Waffen von morgen werden heute gebaut.

ZIELGERICHTETE ENERGIEWAFFEN

Seit den ersten Tagen der frühen Science-Fiction, waren Energiewaffen wie **Laser** und **Strahlenpistolen** der Traum der Militäringenieure. Aber die damit verbundenen Herausforderungen bleiben entmutigend. **Das größte Problem ist die Leistung**: Ein **effektiver Laser braucht ein Kraftwerk der Größe eines Lastwagens**. Auch wenn zukünftige Technologie die Kraftwerke auf eine tragbare Größe reduziert, wären sie **aufgrund ihrer extremen Energie als Handgranaten effektiver als getragene Aggregate**.

ÜBERSCHALLPROJEKTILE

Sie bewegen sich zu schnell, um wahrgenommen zu werden, weswegen **Überschallprojektile** einen ausschlaggebenden Vorteil des Angriffs bieten. Eine der Herausforderungen ist **die extreme Erhitzung und das Vorhersagen der Strömungscharakteristiken der Luft bei Überschallgeschwindigkeit**. Eine der Lösung ist es, **Projektile mit schützenden Kapseln zu überziehen**, **Holzschuhen**, die **nach dem Abfeuern wegfallen**.

NEUE WAFFEN, ALTE PROBLEME

Spitzentechnologie wie **Laser** und **Schienengeschütze** (die **Magnetschwebetechnik verwenden, um Projektile bis zu sehr hohen Niveaus an kinetischer Energie zu beschleunigen**) müssen gegen altbekannte Herausforderungen wie **Überhitzung** und **Abnützung der Gewehrläufe** ankommen. **Heutige Schienengeschütze** können beispielsweise nur **wenige Projektile abfeuern, bevor sie versagen**.

INTELLIGENTE BOMBEN

Präzisionsgelenkte Munition**, d.h. intelligente Bomben, machten** Artillerie und Bombardements viel genauer **und dadurch politisch verträglich, aber sie haben auch die Kosten nach oben getrieben**. Militäringenieure versuchen nun, **Geld zu sparen**, indem sie **einfache**, **widerstandsfähige**, **übertragbare Führungsmechanismen** entwickeln, die **an existierende Mündungen angepasst werden**.

ELON MUSK

Der interessanteste und weitsichtigste Ingenieur der heutigen Zeit, Elon Musk, der in Südafrika geboren wurde, ist furchtlos in seinem Streben, digitale Industrien mit weltverändernden Folgen zu durchbrechen.

KEINE ANGST

Musk nimmt außerordentliche industrielle und wirtschaftliche Herausforderungen auf sich, immer sicher, dass eine geschickte Anwendung von Engineering **radikal verschiedene Ansätze funktionsfähig und günstig macht**. Dank dieser Philosophie konnte er Industrien wie **Autobau**, **Weltraumflug** und **Tunnelbohrung** aufbrechen.

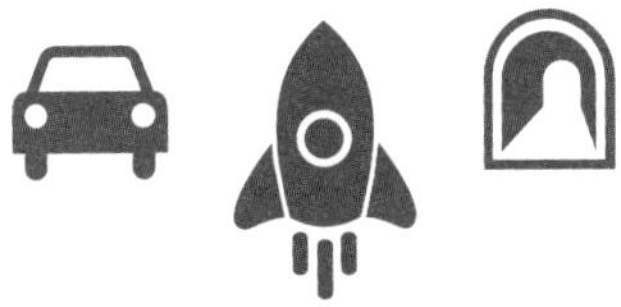

ELEKTRISCHE TRÄUME

Musk glaubt daran, dass wesentliche Technologien, den **Klimawandel zu stoppen**, eine **schnelle Elektrifizierung der Transportindustrie** und ein **massiver Anstieg der Speicherkapazität von Akkus und der Erzeugung erneuerbarer Energie** seien. Um **Elektroautos** zu verwirklichen, war er entschlossen, ein **ansprechendes Elektroauto** mit **langer Akkulaufzeit** zu bauen. Mit einem **ursprünglichen High-End-Modell, um seine Ausgaben zu decken**, machte er **Tesla Motors** zu einem **Autohersteller für den Massenmarkt**, den viele **traditionelle Autoriesen imitieren wollen**.

GIGAFABRIKEN

Leistbarkeit ist einer von Musks Träumen der Verwirklichung **revolutionierender, bahnbrechender Technologien** wie **Elektroautos**. Das wiederum ist abhängig von der **Dimensionierung seiner Unternehmungen**, um **Einsparungen** zu erreichen. Deshalb trieb er die **Entwicklung riesiger Anlagen** voran, die er **Gigafabriken** nennt, um den **Stückpreis der Akkus und Autos zu senken**.

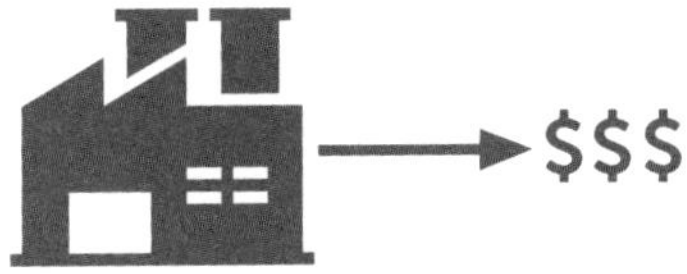

WIEDERVERWENDBAR

Um den hohen Preis der **Weltraumfahrt** zu reduzieren, strebt Musk danach, sein **Raumschiff wiederverwendbar** zu machen, und ist Pionier einer ambitionierten **Technologie für weiche Landungen**. Seine Firmen verwenden auch Technologien wie **schneller Prototypenbau** und **aggressive Tests**, um im Ingenieurwesen schnell voranzukommen.

MISSION TO MARS

Um seinen Traum der **Bevölkerung des Mars** zu verwirklichen, hat Elon Musk einen **Missionsaufbau** entwickelt, der einen **schnellen, günstigen Start einer Reihe von wiederverwendbaren Raumschiffen** beinhaltet, um eine Menge Masse von der Erde zum Mars zu bringen und so die **Konstruktion von marsfähigen Raumschiffen oder Schiffsflotte** zu ermöglichen.

WELTRAUMLIFT

Die ultimative Lösung des Ingenieurwesens zu dem Problem des Aufwands, der Schwerkraft der Erde zu entkommen, ist der Weltraumlift, der einfache Prinzipien mit Elementen der Science-Fiction kombinieren möchte.

TETHERBALL

Die Idee des **Weltraumlifts** ist es, eine **dauerhafte Brücke zwischen Erde und All** zu bilden, die nach denselben Prinzipien funktioniert wie das Tetherball-Spiel, bei dem ein **Ball, der an einer Schnur befestigt ist, um die Spitze eines Pfosten schwingt**. Wenn der Ball im All und das andere Ende der Schnur auf der Erde wäre, würde die **Umlaufbahn des Balls die Schnur gespannt halten**. Das Konzept des Weltraumliftes ist es, **entlang dieser gespannten „Schnur" mit einer Plattform auf und ab zu fahren**.

GEGENGEWICHT UND KABEL

Der Lift hätte ein **Gegengewicht** im Weltall, das sich wahrscheinlich in einer **geostationären Umlaufbahn über dem Äquator** befinden würde, ca. 96.560 km hoch; mit einem **Kabel**, das bis zu einem **Ankerpunkt** am Äquator reichen würde – vermutlich **mitten im Ozean**. Eine Art **Plattform** würde das Kabel auf und ab fahren, ausgerichtet auf eine **Raumstation** im Orbit.

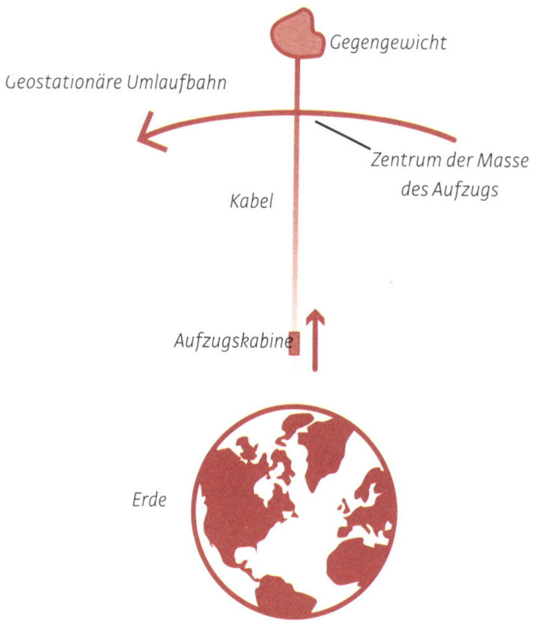

HERAUSFORDERUNGEN

Die größten Herausforderungen der Idee des Weltraumliftes sind unter anderem das **notwendige Material für das Hauptkabel** und das Problem der **Trümmer im All, die das dünne Kabel beschädigen würden**.

SCHLEIFE AUS NANORÖHREN

Das Material, das für das Hauptkabel gebraucht würde, müsste **unglaublich stark** sein, aber gleichzeitig **leicht**, sonst würde alleine das **Gewicht des Kabels zu groß werden**. Ein solches Material existiert im Moment nicht, aber die Hoffnung besteht, dass es in Zukunft möglich wäre, eine Schleife aus **Kohlenstoff-Nanoröhren** zu bauen – oder vielleicht einen **Zopf aus einzelnen Nanoröhren, die sich über die gesamte Länge erstreckt**.

DYSON-SPHÄRE

Was sind die Grenzen des Ingenieurwesens? Wie weit können Ingenieure gehen? Welche Wunder können durch eine fortgeschrittene Zivilisation erreicht werden? Könnten sie das gesamte Sonnensystem reeingineeren?

VERSCHWENDETE ENERGIE

Die Sonne **strahlt** riesige Mengen **Energie in den Weltraum**, nur ein Bruchteil dieser Strahlung erreicht die Erdoberfläche. 1960 schlug der zukunftsweisende Ingenieur **Freeman Dyson** vor, dass eine fortschrittliche Zivilisation, die die gesamte Energie, die von ihrer Sonne produziert wird, nutzen wollte, die **Sonnenenergie** als logische Energiequelle verwenden und deshalb einen **Stern komplett mit solarenergiegewinnendem oder solarreflektierendem Material einkreisen sollte**, eine Megastruktur, die **Dyson-Sphäre oder -Schale**.

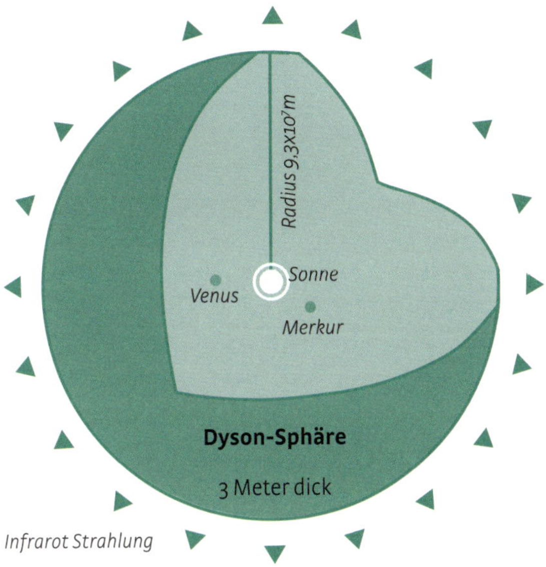

PLANTEARER KANNIBALISMUS

Ein Vorschlag, ist, dass Baumaterial einer Dyson-Sphäre vom **Abbau eines Mondes oder Planeten** stammen könnte. Menschen der Zukunft könnten etwa **Merkur für Eisen und Sauerstoff zerstören**, um eine **Schicht aus reflektierendem Hämatit zu bilden**.

DYSON RINGE

Dyson selbst erkannte, dass eine **wirkliche feste Materialschale** vermutlich **physikalisch unmöglich zu lösen wäre** aufgrund der **Belastungen der Gezeiten**. Er schlug eine **virtuelle Schale** aus **unabhängig voneinander kreisenden Solarzellen** vor, vermutlich mit **einigen wenigen Ringen um den Stern**, die **stetig mehr werden würden, bis sie den Stern komplett abschirmen**.

ET-MARKER

Dyson dachte das Sphärenkonzept als eine Art, **Lichtsignaturen einer fortgeschrittenen außerirdischen Zivilisation** entdecken zu können. Er argumentierte, dass jede Zivilisation, die lange genug überleben möchte, früher oder später so eine **Megastruktur bauen würden, um ihren Energiebedarf zu decken**, und dass Teleskope so eine **verräterische infrarote Signatur einer Dyson-Sphäre** suchen und die Anwesenheit von **Superengineering von Aliens** entdecken könnten.

ELEKTROSTATISCHE GENERATOREN

Das Ingenieurwesen war der Schlüssel zu frühesten wissenschaftlichen Untersuchungen der Existenz und Natur der Elektrizität, mit barocken Maschinen, die dafür entwickelt wurden, immer stärkere elektrostatische Ladungen zu generieren.

BERNSTEIN REIBEN

Elektrische Phänomene in der **Antike** wurden mit **elektrostatischen Effekten** in Zusammenhang gebracht, die durch das **Reiben von Bernstein** (fossiles Kiefernharz) – griechisch ***electrum*** – entstand, von dem Philosophen des 17. Jahrhunderts den Begriff **Elektrik** abwandelten. Bernstein, der auf diese Weise aufgeladen wurde, **leuchtete** und **sprühte Funken**.

KLEINE KUGELN

Der deutsche Erfinder **Otto von Guericke** entwarf den **ersten maßgeschneiderten elektrostatischen Generator**, indem er eine **Schwefelkugel** baute, die **er in einer Holzschale platzierte** und **die gedreht werden konnte**. **Sie mit der Hand zu reiben** verursachte **statische Ladung**, die dafür verwendet werden konnte, **Funken zu sprühen** oder **Elektroschocks abzugeben**.

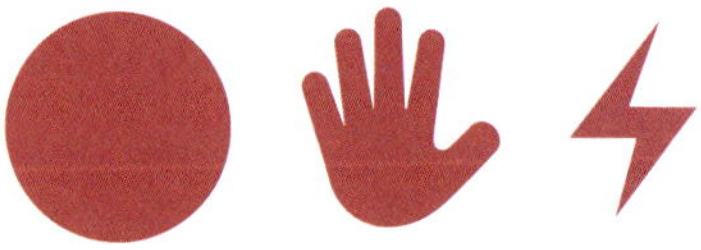

BIERGLAS-GENERATOREN

Später entdeckte man, dass **Glaskugeln** wie Schwefel funktionierten, und **Johann Heinrich Winckler** gestaltete eine **pedalbetriebene Spinnmaschine**, die **ein Glasobjekt an einer Reibungsfläche rieb**, um **statische Elektrizität** zu generieren. Winckler meinte, dass **Biergläser** die optimalen Objekte waren.

ELEKTRISCHE KÜSSE

Die statische Ladung, die von diesen Maschinen generiert wurde, wurde sowohl für den Zweck der **Unterhaltung als auch der Forschung** verwendet. Ein **beliebter Zeitvertreib im 18. Jahrhundert in Frankreich war der „Elektrische Kuss“**, bei dem eine junge Dame **durch einen Generator mit Statik aufgeladen wurde**, die dann mit einem begleitenden Kitzeln bei einem Kuss entladen wurde**.**

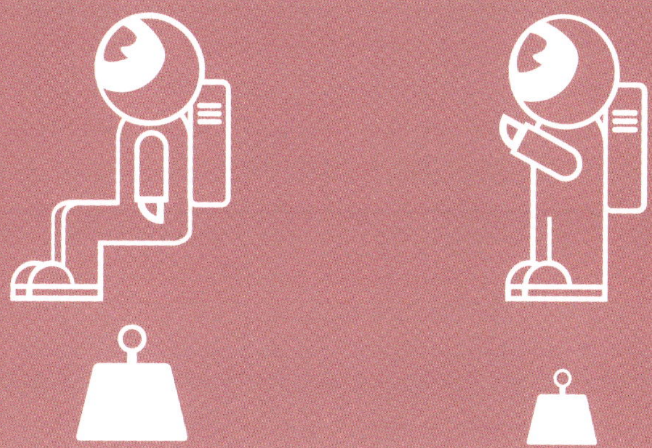

LEIDENER FLASCHE

Eines der frühesten Produkte der Elektrotechnik war eine frühe Form eines Kondensators, Leidener Flasche genannt.

ELEKTRISCHE FLÜSSIGKEITEN

Im 18. Jh. suchten Wissenschaftler noch immer nach dem Verständnis der **Elektrizität**. Man dachte, es sei eine **Art unsichtbare Flüssigkeit** oder **Dampf**, den sie **Effluvium** nannten.

FLÜSSIGKEITSSPEICHER

Mindestens zwei Wissenschaftler in Europa kamen zu dem Schluss, dass der richtige Ort, diese „elektrische Flüssigkeit“ zu speichern, eine Flasche sei. **Ladung eines elektrostatischen Generators wurde durch einen Draht in eine Flasche geleitet, die zum Teil mit Wasser gefüllt war**. Als **Petrus von Musschenbroek** der Universität Leyden in den Niederlanden **eine Flasche auf diese Art füllte** und dann den **Ladedraht entfernte**, **erhielt** er einen derartigen **Schock**, dass er einem Kollegen erklärte, dass er dieses Experiment nicht für das Königreich von Frankreich wiederholen würde.

BESSERE BEHÄLTER

Weitere Experimente zeigten, dass die Behälter **besser ohne Wasser funktionierten** und sogar noch besser, wenn sie **mit einer Metallfolie auf beiden Seiten des Behälters ausgekleidet** waren.

FRANKLIN RECHTECK

Benjamin Franklin vereinfachte den Behälter zu einer **Glasscheibe mit Folie auf beiden Seiten**, die man als **Franklin-Rechteck** kennt. Später **fiel sogar das Glas weg**.

KONDENSATOREN HEUTE

Moderne Kondensatoren – Geräte, um **elektrische Ladung zu speichern** – bestehen aus **zwei geladenen Platten, die durch ein isolierendes Material getrennt sind**. Grundsätzlich sind sie deswegen nichts anderes als die Leidener Flasche oder das Franklin Rechteck, mit leitender Metallfolie, die durch isolierendes Glas getrennt ist.

GEFAHR! STARKSTROM!

Leidener Flaschen können **tödlich** sein; eine Flasche mit der Kapazität von ca. 0,5 Litern kann einen **tödlichen Schock** abgeben.

VOLTA'SCHE SÄULE

Ein Meilenstein der Elektrotechnik verwandelte ein seltsames Phänomen in die Versorgung mit elektrischem Gleichstrom und eröffnete der Wissenschaft neue Türen.

GALVANIS FRÖSCHE

In seinen berühmten Experimenten mit toten **Froschschenkeln** hatte **Luigi Galvani** die Möglichkeit, zu zeigen, dass sie zuckten, wenn man sie **elektrisch** stimulierte. In seinen Experimenten verwendete Galvani **Bögen aus mehr als einem Metall**.

AKADEMISCHER STREIT

Galvani und **Alessandro Volta stritten über den Ursprung der elektrischen Stimulation**, die die Froschschenkel zucken ließen. Galvani dachte, dass das Zucken aus dem Tiergewebe kam, Volta dachte, dass es von außen kam und die Frösche als Detektoren fungierten. Volta wollte ein anorganisches Modell dieses Systems ohne tierisches Gewebe bauen, um zu beweisen, dass er Recht hatte.

BIMETALLISCHES KONTAKTPOTENTIAL

Volta wusste von früheren Experimenten, die er an sich selbst durchgeführt hatte, dass **zwei verschiedene Metalle auf der Zunge kitzeln und einen seltsamen Geschmack hinterlassen**. Das liegt daran, dass der **Speichel** auf der Zunge **als Leiter für die Elektrizität fungiert, die durch den Kontakt unterschiedlicher Metalle entsteht**, das Phänomen des **Kontaktpotenzials**.

TURMBAU

Um ein Modell dieses Prozesses zu bauen, stapelte Volta **abwechselnd Silber- und Zinkscheiben übereinander**, **zwischen die er eine mit Salzwasser getränkte Kartonscheibe legte**. Jede dieser **Silber-Karton-Zink-„Zellen“** produzierte nur **wenig Strom**, aber indem sie **übereinandergestellt wurden**, konnte Volta eine **beträchtliche Menge Strom produzieren**. Er erfand die **erste Batterie**.

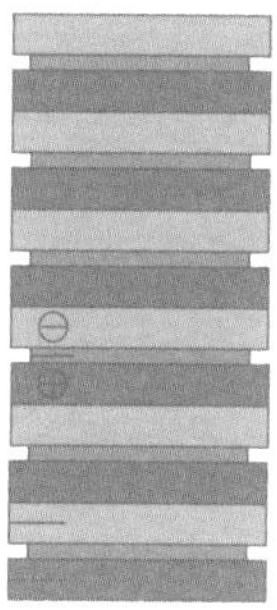

METALL HIERACHIE

Wie jeder gute Ingenieur versuchte Volta, seine Erfindung zu verbessern. Untersuchungen zeigten, dass **andere Metallkombinationen mehr Strom generierten**, und so **wechselte Volta bald zu Kupfer** anstatt des **teureren und weniger effizienten Silbers**.

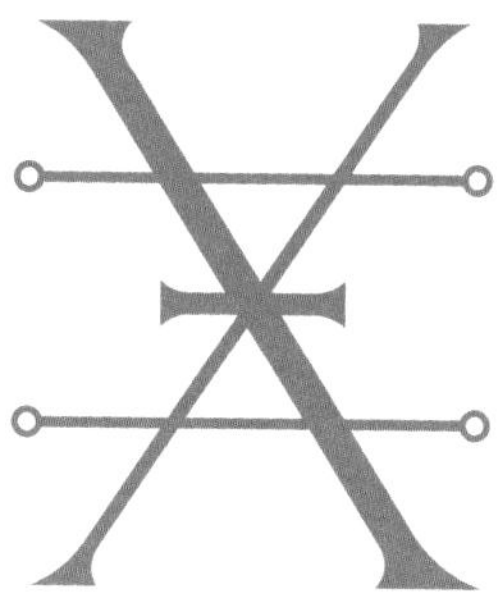

FRÜHES ELEKTRISCHES LICHT

Die Lichttechnologie hat sich bis zum 18. Jahrhundert wenig verändert, bis Ingenieure begannen, die Leuchtmittel zu verbessern – zuerst mit Verbrennung, dann mit Elektrik.

LICHT UND WÄRME

Ingenieure, die versuchen, die Beleuchtung zu verbessern, mussten auf zwei wichtige Dinge aufpassen: **die Temperatur, die das Material der Lichtquelle abgibt** (höhere Temperaturen bedeuten für gewöhnlich mehr Licht); und die **Effizienz, mit der Brennstoff in Licht umgewandelt wird**. **Elektrizität** würde diese beiden Dinge **grundlegend verändern**.

HOHLER DOCHT

1784 half ein klassisches Ingenieursbeispiel, das **prä-elektrische Licht** zu verbessern, als der Schweizer **Aimé Argand** eine **Öllampe mit rundem Docht** patentierte, die **Luft in das Innere des Dochtes** ließ. **Größere Flammen** verursachten **helleres Licht**.

WÄRMESPREIZER

Versuche, **Gasbrenner** auf ähnliche Weise zu entwickeln, nämlich mit **Streuern, die das brennende Gas verteilten**, stießen auf **Probleme**, als das **Metall in den Streuern die Hitze verteilte und die Flammen kühlte**. Dies wurde durch **isolierenden Speckstein** gelöst.

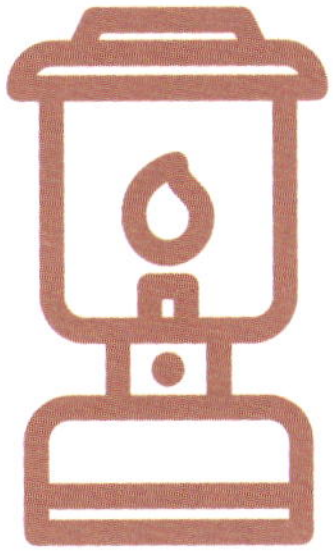

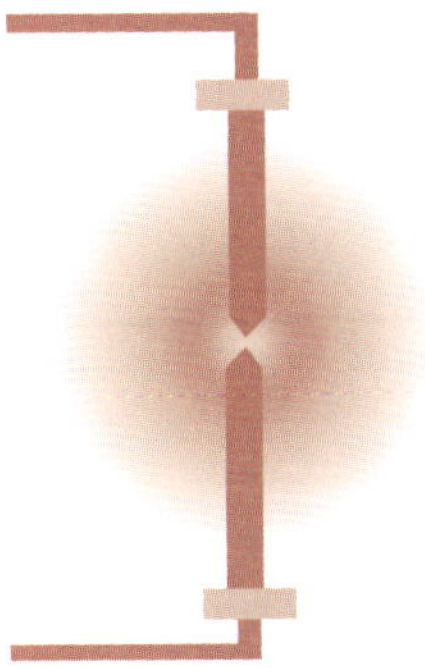

ELEKTRISCHE BÖGEN

Das **Aufkommen der Batterie** sorgte für **Energieversorgung**. Der englische Wissenschaftler **Humphrey Davy** zeigte, dass ein **Funke zu einer Brücke zwischen zwei Kohlenstoffspitzen gemacht werden konnte**. Dieser Funke, auch **Bogen** genannt, gab **helleres Licht ab, als je zuvor gesehen wurde**.

KOHLENSTOFF VERBRENNEN

Ein **Problem der Bogenlampe** war das **Verbrennen der Kohlenstoffspitzen während des Betriebes**, die so **immer näher aneinander gerückt werden mussten**. Die **ersten automatischen Elektrosteuerungsgeräte** waren **elektromechanische Regulatoren**, die **den Abstand in Reaktion auf Veränderungen in Strom oder Spannung schlossen**.

WIDERSTÄNDE

Ein essenzieller Teil heutiger Schaltkreise ist der Widerstand, dessen Ursprünge in der Arbeit des deutschen Wissenschaftlers Georg Ohm in den 1820ern lagen.

AUF WIDERSTÄNDE TREFFEN

Forscher der Elektrik im 18. Jahrhundert bemerkten, dass **manche Materialien sehr leitfähig** waren, während **andere jemanden vor Elektroschocks bewahrten**. Sie stellten auch fest, dass der Fluss der elektrischen Materie (die man heute **Strom** nennen würde) manchmal auf **Widerstand trifft**.

WAS IST WIDERSTAND?

Widerstand ist die **Eigenschaft eines Materials, dem Durchfluss von elektrischem Strom zu widerstehen** und **elektrische Energie in Wärmeenergie umzuwandeln**.

OHM'SCHES GESETZ

Ohm führte eigene Experimente zur **Leitfähigkeit** durch, die er elektrische **„Ketten“** nannte (**„Schaltkreise“**), und suchte **mathematische Beschreibungen für die Eigenschaften von Leitmaterialien**. Er konnte zeigen, dass **Widerstand proportional zu Spannung und Strom in einem Schaltkreis steht**; das ist das Ohm'sche Gesetz, und daher wird **Widerstand in Ohm gemessen**.

WIDERSTAND IST NÜTZLICH

Widerstände sind einige der häufigsten Komponenten in Schaltkreisen. Sie **reduzieren Schwelle und Teilspannungen**, **schützen so Komponenten** und geben Elektrowellen ihre Form, um sie ihrem **Zweck anzupassen.**

ARTEN VON WIDERSTÄNDEN

Der meistverwendete Widerstand ist der **Kohlewiderstand**, der aus **einer Mischung von Kohlepartikeln mit keramischem Mörtel** hergestellt wird. Weitere Typen sind unter anderem **Drahtspulen und Schichtwiderstände**. Widerstände können entweder einen **fix definierten** oder **variablen** Widerstandswert haben.

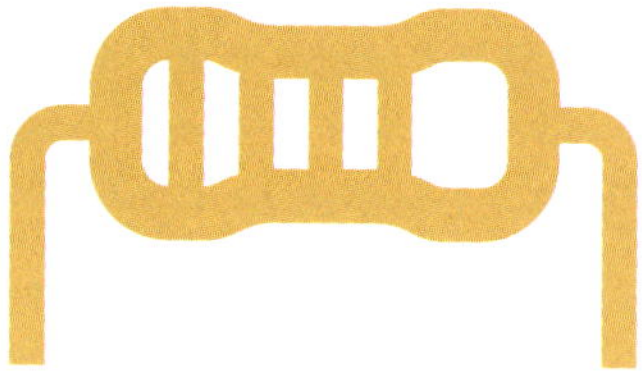

DYNAMOS

Obwohl Voltas Batterie einen konstanten Stromfluss liefern konnte, blieb Elektrizität eine Rarität mit wenigen praktischen Anwendungen. Die Entdeckung der Verbindung zwischen Elektrizität und Magnetismus würde dies verändern.

ZUCKENDE NADELN

1820 zeigte der dänische Wissenschaftler **Hans Christian Ørsted**, dass **elektrischer Strom, der durch einen Draht fließt, die magnetische Nadel eines Kompasses ablenkt**.

INDUKTION

1831 führte der britische Wissenschaftler **Michael Faraday** vor, dass ein **Draht, der an einem Magneten vorbei bewegt wird, elektrischen Strom aufnehmen kann**. Elektrizität und Magnetismus waren offensichtlich zwei Seiten derselben Medaille: des **Elektromagnetismus**.

GALVANOMETER

Eine der **ersten praktischen Anwendungen** der Entdeckung der **elektromagnetischen Induktion** war die Entwicklung eines **einfachen Gerätes, um die Kraft des elektrischen Stroms in dem Grad zu messen, in dem sie eine Nadel ablenkt**: ein **Galvanometer**. Die **Möglichkeit, Elektrizität genau messen zu können,** revolutionierte die Branche.

FARADAY'SCHE SCHEIBE

Faraday baute bald den **ersten elektrischen Generator**, in Form einer **Kupferscheibe, die zwischen den Armen eines Hufeisenmagneten schwebte**. Bald folgten weitere Generatoren, aber ihre Erfinder waren der Meinung, dass sie **Wechselstrom erzeugten**, da die **gegensätzlichen Pole der Magneten Ströme in gegensätzliche Richtungen generieren**.

SPANNUNGSWANDLER

Um **den Wechselstrom in Gleichstrom umzuwandeln**, erfand der französische Ingenieur **Hippolyte Pixii** den **Gleichrichter**, ein Gerät, das **eine der Stromrichtungen umkehrt**, um Gleichstrom zu generieren. Einen Generator mit einem Gleichrichter nennt man **Dynamo**.

GALVANISIERUNG

Dynamos konnten nun **nützlichen Strom** liefern; eine der **ersten industriellen Anwendungen** war für die **Galvanisierung**, die Strom anwendete, um eine **dünne Schicht wertvoller Metalle wie Gold oder Silber auf weniger wertvolle Materialien aufzutragen.**

TELEGRAPH

Die Elektrizität fand ihren Höhepunkt in der Form eines Telegraphen und generierte so eine neue Industrie, die eine Revolution der Elektrotechnik bedeutete.

AMPEL

Die **ersten Kommunikationssysteme** verwendeten optische Signale, wie das **Ampelflaggensystem**, das von Napoleon verwendet wurde, oder das Rollladen-basierte System, das von der Navy verwendet wurde. Sie hatten allerdings einen **sehr großen Nachteil** – sie **konnten nur bei Tag und gutem Wetter verwendet werden**.

AKTUELLE ÜBERLEGUNGEN

Die Erfindung der **Batterie** sicherte die **Versorgung mit elektrischer Energie** und **Ørsteds Entdeckung, dass elektrischer Strom eine magnetische Nadel ablenken kann,** bedeutete, dass alle Stücke des Puzzles beisammen waren, ein **Signalsystem auf Elektrizität aufzubauen**.

DOPPELGLEISIG

1837 patentierten die britischen Erfinder **William Cooke** und **Charles Wheatstone** einen **elektrischen alphabetischen Telegraph mit fünf Nadeln**. 1839 war er in eine 19 Kilometer lange Strecke der **Great Western Railway** eingebaut. **Ab diesem Zeitpunkt waren die Eisenbahn und der Telegraph unzertrennlich miteinander verbunden**.

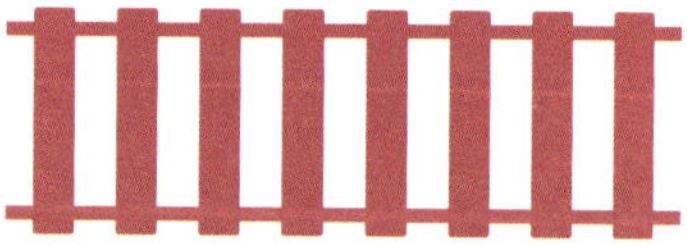

MORSECODE

Samuel Morse war ein amerikanischer Künstler und Erfinder, der von den elektrischen **Entwicklungen in Europa** hörte und sich ein **System für elektrische Telegraphie** ausdachte. Er arbeitete einen **Binärcode** aus und erfand mit seinen Partner den **Morsecode**, um ihn zu **übermitteln**. 1844 hat er die **erste Nachricht übermittelt**: „What hath God wrought!"

UNTERWASSERKABEL

Kabel verbreiteten sich schnell um die Erde, darunter auch **Transatlantikkabel**. Die ersten Versuche scheiterten aufgrund schlechter Kabel und des Missverständnisses von Elektrizität. Als der schottische Wissenschaftler und Elektrotechniker **William Thompson** übernahm, hatten die Transatlantikkabel Erfolg.

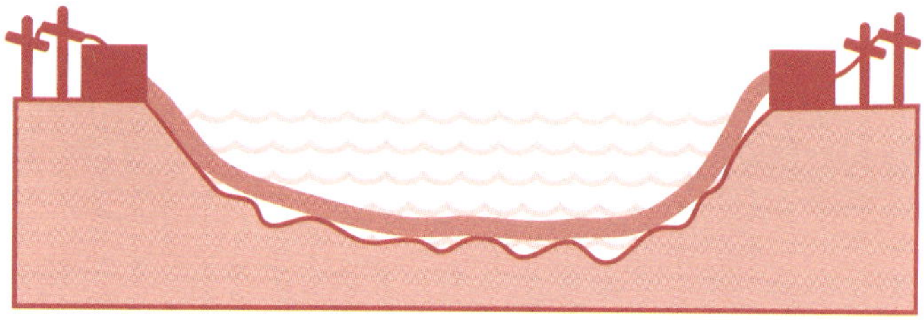

DYNAMOMASCHINE VON SIEMENS

Diese Schlüsseltechnologie bei der Generierung leistungsstarker Elektrizität aus mechanischer Energie wurde 1866 vom deutschen Technikgenie Werner Siemens (1816–92) entwickelt.

ZU WENIG LEISTUNG

Mehr als dreißig Jahre nach **Faradays Entdeckung der elektromagnetischen Induktion**, waren **Dynamos** (Generatoren, die Gleichstrom produzieren) immer noch **schwach und leistungsschwach**. Um das **Magnetfeld** für die **Induktion** zu generieren, verwendeten diese Dynamos **Dauermagneten**, die **schwer** sein mussten, um auch nur **schwachen Strom** zu generieren (ein Magnet mit 1995 kg produziert nur 700 Watt Leistung) und konnten durch die Vibration des Dynamos leicht **entmagnetisiert** werden.

SELBSTBETRIEBEN

Der deutsche Ingenieur Werner Siemens, der bereits **elektromagnetische Geräte** für den **Telegraphen** verbessert hatte, setzte sich in den Kopf, den Dynamo zu verbessern. Er wusste, dass **Elektromagneten** (Magneten, dir dadurch geladen werden, dass **elektrischer Strom** durch **Drahtspulen** läuft) **sehr kräftig** sein konnten, und entwarf einen **Dynamo, der sein eigenes Magnetfeld aus dem eigenen elektrischen Output generierte**.

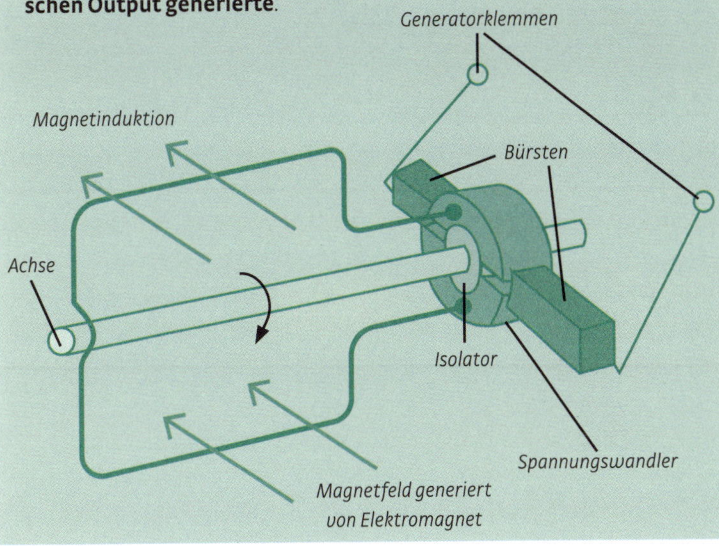

SELBSTERREGUNG

Aber wie konnte der **Effekt der Dynamoelektrik** überhaupt erst gestartet werden, wenn der Elektromagnet des Geräts von seinem eigenen elektrischen Output abhängt, der wiederum von seinem Magnetismus abhängt? Siemens zeigte, dass der natürliche Magnetismus im Eisen stark genug war, den Ball zum Rollen zu bringen, durch eine Art Ladebalken-Strategie, die er „Selbsterregung" nannte, oder das „dynamoelektrische Prinzip".

ELEKTROMAGNETEN

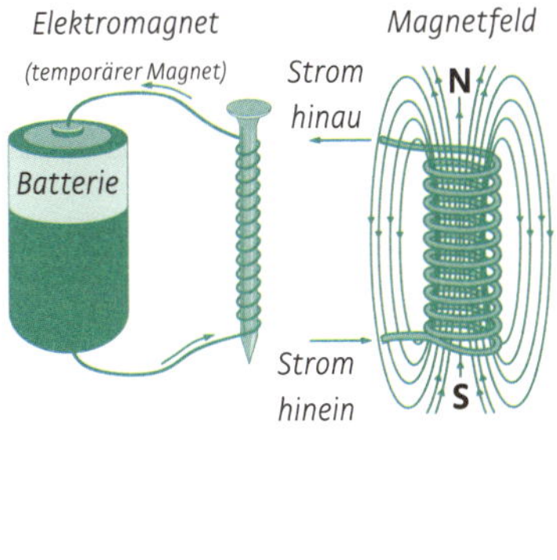

GLEICHSTROM VS. WECHSELSTROM

Den Krieg der Ströme zwischen Thomas Edison, der Gleichstrom förderte, und George Westinghouse, einem Verfechter von Wechselstrom, gewann der Wechselstrom, der heute Elektrizität in nahezu jedes Gebäude der Welt bringt.

- **Vor 1800** Statische Elektrizität die einzige Form von Elektrizität, die generiert oder untersucht werden konnte
- **1799** Alessandro Volta erfindet die Batterie, die Gleichstrom (DC) generiert, d.h. der Strom fließt nur in eine Richtung
- **1805** Humphry Davy erfindet die Bogenlampe
- **1879** Joseph Wilson Swan führt die erste weiß-strahlende Glühbirne vor
- **1883** Der amerikanische Erfinder Thomas Alva Edison geht eine Partnerschaft ein, die Edison and Swan United Electric Light Company
- **1889** Edison treibt den ersten elektrischen Stuhl mit Wechselstrom an und will damit zeigen, dass dieser gefährlich ist und für Hinrichtungen verwendet werden könnte

KRIEG DER STRÖME

Für **Straßenbeleuchtung** in New York City **verwendete Edison Gleichstrom (DC), während George Westinghouse Wechselstrom (AC) verwendete**, bei dem der Strom schnell abwechselnd zuerst in eine Richtung, dann in die andere fließt. Dadurch, dass die beiden seit 1886 im Disput waren, entwickelte sich der Konflikt 1888 zu einem **riesigen Medienkrieg**, dem **Krieg der Ströme**.

TURBINENGENERATOR

Turbinen generieren Wechselstrom. Ein **Transformator** kann **Strom in hohe Spannung umwandeln**, was **für die Übertragung über weite Strecken viel effizienter ist**.

GRÖSSERE STROMLEITUNGEN

Die **Spannung** wird dann von einem weiteren Transformator reduziert, aber einige Personen meinen, dass die **hohe Spannung eine Gefahr für die Öffentlichkeit darstellt**.

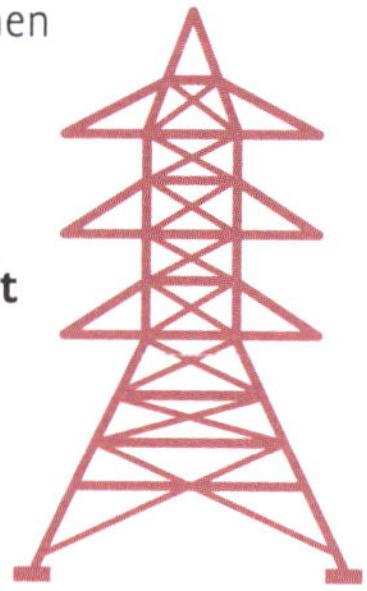

WECHSELSTROM HERRSCHT

Heute wird der Großteil des Stroms als Wechselstrom verteilt. Die Spannung der **Haushaltsversorgung unterscheidet** sich von Land zu Land: in **GB** sind es **230 Volt**; in den **USA**, **120**; in **Japan**, **100**.

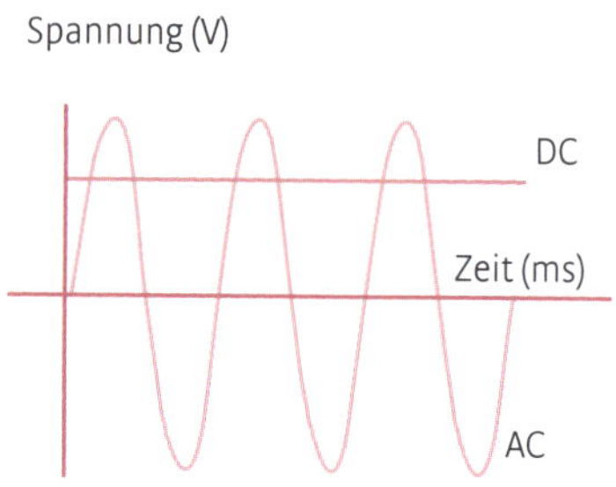

DIE GLÜHBIRNE

Eine bahnbrechende Technologie, die das Energiezeitalter einläutete, war die Glühbirne – genauer eine weißglühende Filamentlampe.

UNSANFTES LICHT

Bogenlampen waren schon in den 1870ern weit verbreitet, aber das **Licht war zu stark für den Innenbereich und zu Hause**. Der amerikanische Erfinder **Thomas Edison** war fest entschlossen, ein **„weiches elektrisches Licht“** zu erfinden.

HEISSER DRAHT

Widerstand ist ein Phänomen, bei dem viele Materialien **elektrische Energie in Wärme umwandeln**. Ein **Draht** aus einem dieser Materialien würde sich **aufheizen, bis er glüht**, woraus sich ergab, dass dies die **Grundlage für ein neues Beleuchtungssystem** sein könnte, sofern man schafft, dass **das Material nicht verbrennt**.

DRAHT UND BIRNE

Die Erfindung der Glühbirne benötigte zwei Dinge: ein **Drahtmaterial, das man immer wieder soweit aufheizen kann, bis es weiß glüht**; und ein **Glas, in dem es eingeschlossen werden kann** (eine Birne) aus der die Luft gesagt wurde, um ein **Vakuum** zu erzeugen. Mitte der 1870er wurde die **Quecksilber-Vakuumpumpe** entwickelt, und so war das auch möglich.

BESSERE GLÜHBIRNEN

Später verwendeten Glühbirnen Metalle mit sehr hohen Schmelzpunkten **wie** Osmium, **Tantal**, und, ab 1911, **Wolfram**. **Halogengase** im Vakuum der Glühbirne **vermindern das Verdampfen von Wolfram** und **verlängern die Lebensdauer der Filamente**.

KOHLENSTOFFANWÄRTER

Unter den vielen Erfindern, die sich mit der Glühbirne befassten, waren die bekanntesten Amerikaner **Thomas Edison** und **Hiram Maxim** und die **Briten Joseph Swan** und **St George Lane Fox-Pitt**. Sie alle erkannten, dass Kohlenstoff das beste Material für das Filament sei, verwendeten aber unterschiedliche Quellen.

Edison:
Bambus

Lane Fox-Pitt:
Gras

Swan:
Baumwolle

Maxim:
Papier

DAS TELEFON

Das Aufkommen des Telegraphen beflügelte viele dazu, zu überlegen, wie tonwiedergebende Signale über den Draht gesendet werden könnten, es war aber schließlich Alexander Graham Bell, der damit Erfolg haben sollte.

HARMONISCHER TELEGRAPH

Alexander Graham Bell war **Professor der Physiologie der Stimme** und sein Fachwissen im Bereich der **Schallwellen** brachte ihn dazu, mit **Elektrowellen** zu arbeiten. Er wollte einen Weg finden, **mehrere elektrische Signale über dasselbe Kabel zu senden, mit unterschiedlichen Frequenzen**, um so einen **„harmonischen Telegraphen"** zu bauen.

CHECKLISTE DES TELEFONS

Ein funktionierendes Telefon verwandelt **Schall in elektrische Signale und wieder zurück** und ist eine Möglichkeit, **diese Signale über einen Draht zu senden,** während **andere Signale in die andere Richtung fließen konnten**.

GEMISCHTE SIGNALE

Während seiner Forschungen hörte Bell klar, dass **Schall über den Telegraphen übermittelt wurde**, und realisierte, dass **seine Technik**, die im Draht **sowohl die Frequenz als auch die Amplitude der Elektrowellen veränderte**, dazu verwendet werden könnte, **Schall, und somit Sprache, übertragen zu können**. Sie konnte auch dazu verwendet werden, **Signale in zwei Richtungen zu übertragen**.

GRUNDLAGEN DES TELEFONS

Die aufkommende Standard-Telefontechnologie wandelte **Sprache durch eine Membran, die über einen Becher voller Kohlenstoffkörner gespannt war, in elektrische Signale um**. Schallwellen **drückten die Membran zusammen**, was wiederum die **Dichte der Kohlenstoffkörner veränderte**, was **die Stärke des Stroms, der durch den Becher floss, veränderte**. Ein **Empfänger** am anderen Ende **kehrte den Prozess** um, und zwar durch eine **Membran, die von einem Elektromagneten in Schwingung versetzt wurde**, der **vom eingehenden Signal gesteuert wurde**.

PATENT-STREIT

1876 beantragte Bell ein Patent für ein Telefon beim Patentamt der USA – nur Stunden bevor ein gleicher Antrag von **Elisha Gray** gestellt wurde. Seitdem wird behauptet, dass das Patentamt **zweifelhafte Geschäfte trieb**, doch **irgendwann kaufte Bell Grays Betrieb auf**.

DER PHONOGRAPH

Die liebste der Erfindungen Thomas Edisons war der Phonograph, ein Gerät, um Töne aufzunehmen und wiederzugeben, was die Tonträgerindustrie beginnen sollte.

AUFNAHMEN MIT FLAMMENRUSS

Seit den frühen 1800ern nutzten viele Erfinder die **Vibration der Schallwellen**, um sie **aufzuzeichnen**. Ein beliebtes Medium war eine **dünne Kohlenstoffschicht** (bekannt als **Flammruß**), die auf **Papier oder anderem Trägermaterial aufgetragen wurde** und **für gewöhnlich um einen Zylinder gewickelt war**. Eine **Nadel, die durch den Schall in Schwingungen versetzt wurde**, zeichnete ein Muster in den Flammruß, wenn sich der Zylinder darunter bewegte.

TELEGRAPHENABLEGER

Wie viele Fortschritte in der Elektrotechnik zu dieser Zeit war die **Erfindung des Phonographen ein Ableger der Arbeit am Telegraphen**.

ELEKTRIK & COMPUTER

HINTERLASSEN SIE EINE NACHRICHT

1876 arbeitete **Edison** daran, **telegraphische Nachrichten aufzuzeichnen**. Eine Idee, die er verfolgte, war die **Umwandlung elektrischer Impulse zu Spuren, die auf Papier, Folie oder durch einen Stift in Wachs gekratzt wurden**. So zeichnete er sogar eine **telefonische Übertragung** auf und war erstaunt zu hören, dass, **als er das Papier unter dem Stift zurückzog**, eine **vage Reproduktion des ursprünglichen Geräusches** zu hören war.

EDISON'S PHONOGRAPH

Edison nutzte die Gelegenheit, sein Team zur Entwicklung des Phonographen zu bewegen, sodass es 1877 ein **funktionierendes Modell** gab. Der Phonograph **kratzte Einkerbungen in eine Folie** (die später durch **Wachs** getauscht werden sollte), die **um einen Zylinder gewickelt war**, und verwendete eine **Trompete, um die Wiedergabe zu verstärken**. Edison **startete eine Industrie um seine Erfindung**.

GRAMOPHON

1888 patentierte der deutsche Erfinder **Emile Berliner** ein ähnliches Gerät, das **Schall auf Platten statt Zylindern aufzeichnete**. Diese waren **einfacher zu reproduzieren und zu bedienen**. Dadurch, dass **Edison auch den Namen Phonograph patentieren ließ**, nannte Berliner sein Gerät **Grammophon**.

NIKOLA TESLA

Möglicherweise der großartigste Elektrotechniker aller Zeiten, war Tesla ein Visionär, aber auch ein Exzentriker und Spinner.

AUF NACH AMERIKA

Nikola Tesla war ein Serbe, der 1856 im heutigen **Kroatien geboren wurde**, nach **Amerika auswanderte** und **den Großteil seines Lebens dort verbrachte**.

BERÜHMTE ERFINDUNGEN

Tesla wird für viele **Erfindungen und Errungenschaften** gefeiert, darunter auch das Design der **Drehstrom-Asynchronmaschine**, das **Wasserkraftwerk an den Niagarafällen** die **Teslaspule**, die **schaufellose Turbine** und **Funkfernsteuerung**.

WILDE ZEICHNUNGEN

Tesla dachte sich viele Projekte und Ideen aus, die nie realisiert wurden – oder realisierbar waren. Darunter ein **Plan für einen riesigen Reifen um die Erde**, ein **Resonanzgerät, das entfernte Ziele zerstören konnte**, einen **Teilchen-Todesstrahl**, **kabellose Stromübertragung** und **Kommunikation mit anderen Welten**.

EXZENTRITÄTEN

Tesla hatte **seltsame Ängste und Zwänge**. Er **fürchtete sich schrecklich vor Schmutz** und verlangte **sterilisiertes Besteck**; **Perlohrringe** und **Haare anderer Leute widerten ihn an**; er **führte Tätigkeiten dreifach aus**; und er **verliebte sich sogar in eine Taube**.

DREHSTROM-ASYNCHRONMASCHINE

Die Drehstrommaschine, ein wunderschönes, elegantes Beispiel der Elektrotechnik von Nikola Tesla, bildete die Grundlage für den Aufbau der heutigen Elektroindustrie.

DREHSTROM ERKLÄRT

Eine Drehstrom-Asynchronmaschine verwendet **zwei oder mehr Wechselströme**, gegeneinander phasenverschoben, um einen **Motor durch elektromagnetische Induktion anzutreiben**.

DESASTERBÜRSTEN

Tesla hatte die Idee für den Asynchronmotor, nachdem er eine Demonstration des **Dynamos von Gramme** gesehen hatte. Um **Wechselstrom in Gleichstrom umzuwandeln**, verwendete der Dynamo **Kollektorkohlen** (Metallbürstchen, die eine Verbindung erhalten, ohne fixiert zu sein, weswegen sich der Rotor frei bewegen kann. Diese Bürsten hatten viele **Nachteile**, darunter **Funkensprühen**, **Staub**, **Lichtbogenüberschlag, die Notwendigkeit, ersetzt und angepasst zu werden**, und **allgemeine Ineffizienz**.

WECHSELSTROM VERWENDEN

Der Kollektor war notwendig, da **noch niemand herausgefunden hatte, wie man Wechselstrom verwenden kann, um den Motor in eine Richtung bewegen zu können**. Der Wechselstrom wechselt **nicht nur die Richtung mehrmals in der Sekunde**, er hat auch **Spitzen und Tiefpunkte** und **liefert keine durchgehende Stromversorgung**.

DEM EIGENEN SCHWANZ HINTERHERJAGEN

Sein Asynchronmotor verwendete **Elektromagneten, die in Abständen auf einem Gehäusering um eine Armatur oder einen Rotor verteilt waren**. Die **Phasenlage von Wechselstrom** bedeutet, dass das **Magnetfeld, das sie generieren, immer um den Gehäusering** kreisen würde und so **den Rotor hinter sich herziehen würde**. Das generiert die **Drehleistung des Motors**.

AUS DER PHASE

Tesla hatte verstanden, dass **mehrere Stromphasen** bedeuten, dass beim **Ausfall einer Phase die andere verstärkt würde** und so eine **durchgehende Stromversorgung** lieferte.

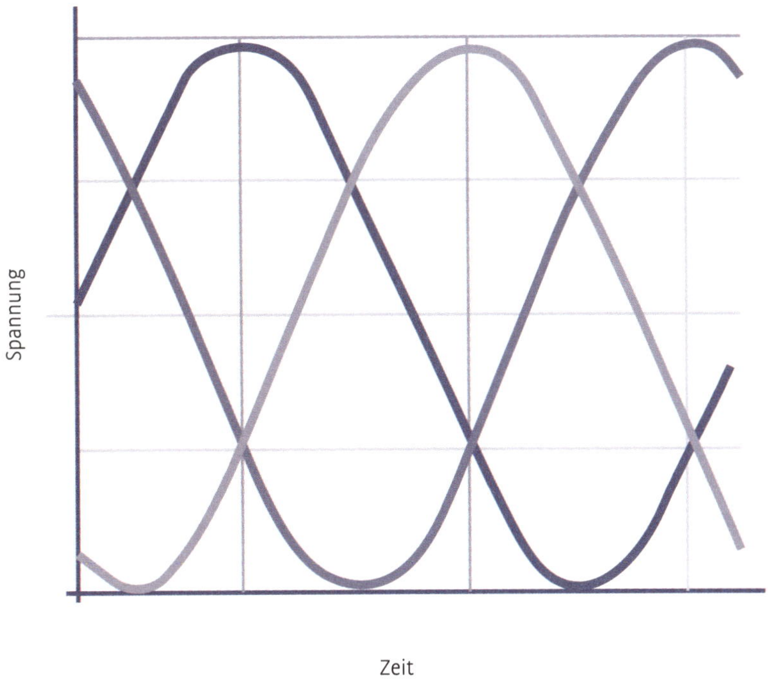

ELEKTRIK & COMPUTER

ELEKTRISCHE ENERGIEGEWINNUNG

Die Welt heute funktioniert durch ein Netz an miteinander vernetzten Kraftwerken, dessen Ursprung auf einen einzigen Kraftwerksblock in New York City von 1882 zurückgeht.

HÖCHSTE LEISTUNG

Elektrische Generatoren **wandeln eine andere Energieform in Elektrizität um**. Dadurch, dass die meisten Generatoren **Turbinen** verwenden, um Drähte in einem **Magnetfeld** zu drehen, brauchen sie eine Quelle an **kinetischer Energie**, die variieren konnte. **Wasserkraft** nutzt Energie aus **fließendem oder fallendem Wasser**; **Dampfturbinen** bekommen die Energie, Wasser zu Dampf zu erhitzen aus der Verbrennung **fossiler Brennstoffe** wie **Kohle** oder **Gas**, oder aus **Nuklear-**, **Geothermal-** oder **Sonnenenergie**. Weitere Quellen sind **Wind-** und **Wellenenergie**.

PRIVATE LEISTUNG

Die ersten Generatoren wurden für die **private Verwendung** erzeugt, normalerweise in einem **industriellen Umfeld**. 1879 wurde beispielsweise eine **Mühle** in **Dolgeville** im Staat **New York** mit einem **Dynamo** ausgestattet, um der Industrie Elektrizität zu liefern. **Wasserkraft** bietet offensichtliche Orte für die Gewinnung von Elektrizität.

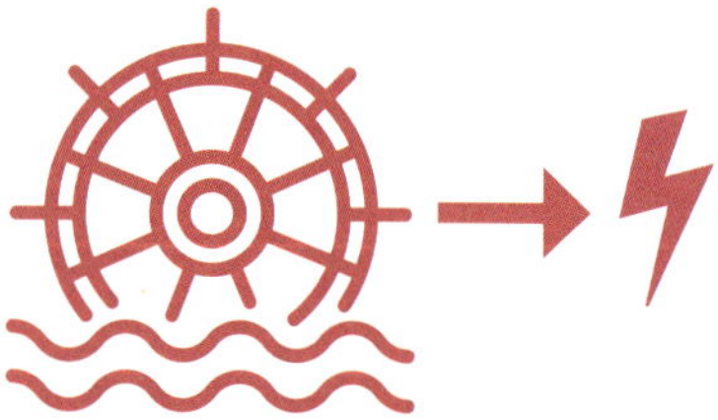

ERSTE EDISONS

Die **ersten Generatoren für die öffentliche Versorgung mit Elektrizität** wurden 1882 von **Edisons Firma** eingebaut. Der **erste war in London** und scheiterte; aber einer in der **Pearl Street in Manhattan**, der die **Lichter im Radius eines halben Blocks des Financial Districts betrieb**, würde das erste **Modell des zukünftigen Energienetzwerkes** sein.

DAMPF ZU ELEKTRIZITÄT

Edison entwarf einen eigenen **riesigen Dynamo**, dem er den Spitznamen **Jumbo** gab, nach dem berühmten Zirkuselefanten, und baute **einige von diesen in seine Kraftwerke ein**, wo sie von **Hochgeschwindigkeits- und kohlenbetriebenen Dampfmaschinen** betrieben wurden.

FUNK

Die Erfindung des Funks ist ein klassisches Beispiel dafür, wie die Elektrotechnik eine wissenschaftliche Entdeckung in eine praktische Technologie wandelte.

MAXWELL

1864 bewies der schottische Wissenschaftler **James Clerk Maxwell** theoretisch, dass ein **oszillierender elektrischer Strom elektromagnetische Wellen generiert, die sich mit Lichtgeschwindigkeit bewegen**.

LODGE

Die **kabellose Übertragung** eines Signals hatte offensichtlich mögliche Anwendungsgebiete. Einer der ersten, die diese erforschten, war der britische Physiker **Oliver Lodge**. Er verwendete ein Gerät, das die **strahlenden Wellen erkennt und in einen elektrischen Impuls umwandelt**. Es bestand aus einem **Rohr mit Eisenfüllungen**, die **aufgrund der elektromagnetischen Wellen zusammengeklebt**, oder kohäsiv, sind: der **Kohärer**.

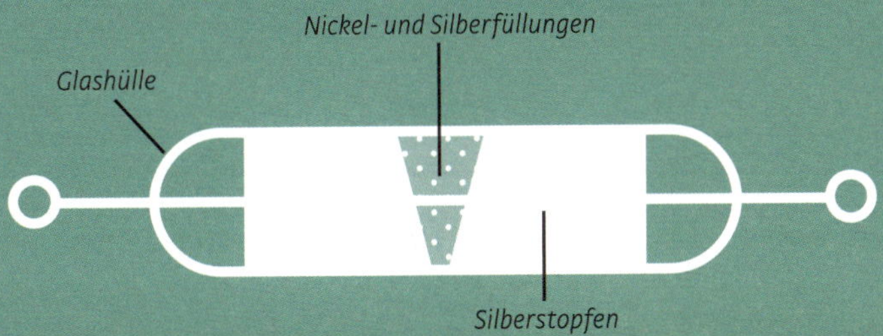

HERTZ

1886 bewies der deutsche Physiker **Heinrich Hertz die Existenz dieser Wellen** durch einen **Funkenspalt** zwischen **zwei geladenen Kugeln**, um **elektrische Oszillation auszulösen**, und einer **Drahtschlaufe** auf der anderen Seite des Raumes, in dem die **elektromagnetischen Wellen** eine **Art Echo** provozieren würden, wie ein Weinglas, das auf einen lauten Ton in der richtigen Frequenz selbst tönt. Der so induzierte Strom **generierte einen weiteren Funken über einen Funkenspalt**.

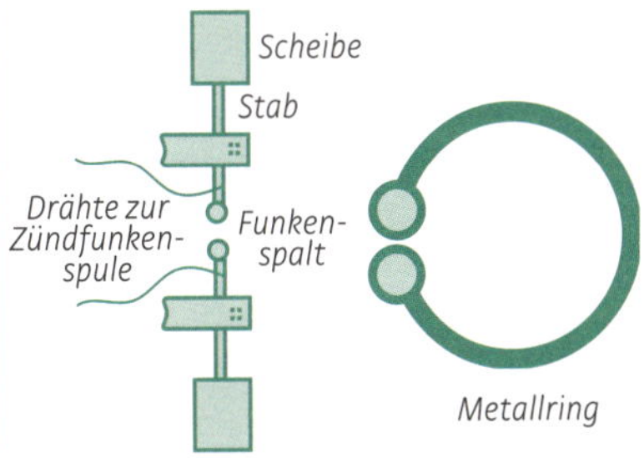

MARCONI

Der junge italienische Pionier des Funks **Guglielmo Marconi** las von den Entdeckungen von **Hertz** und **Lodge** und begann daran zu arbeiten, die **Distanz zwischen den Signalen zu vergrößern**. Er fand Wege, die **Leistung des Transmitters** und die **Empfindlichkeit des Empfängers zu erhöhen**, und baute Geräte, die **einfach genug für jeden waren**.

TRANSATLANTISCHE ÜBERTRAGUNG

1901 erstaunte Marconi die Welt mit einer **Funknachricht, die er von England nach Nordamerika schickte. Kabellose Telegraphie würde bald überall gegenwärtig sein**.

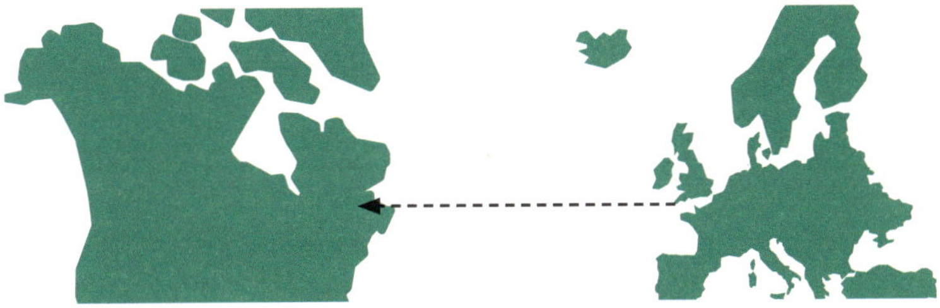

RÖHRENDIODE

Eine einfache Abwandlung der Glühbirne würde den Funk revolutionieren und ein neues Elektronikzeitalter einläuten.

DER EDISONEFFEKT

Bei der Erforschung seiner Glühbirne stieß **Edison** auf ein Phänomen, das man heute **thermoionische Emission** nennt, was er sofort als **Edison-Effekt** patentieren ließ. Hier **geben erhitzte Modelle Elektronen ab**.

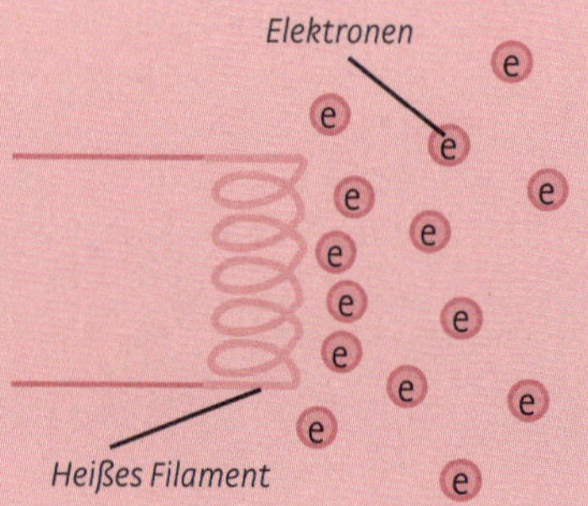

EINBAHN

Edison erkannte, dass ein weiterer Draht in der Glühbirne **Elektronen von dem erhitzten Filament übernahm** und **einen Stromfluss erzeugte**, aber **nur, wenn der zweite Draht positiv geladen war**.

VENTIL

1904 entdeckte der britische Elektrotechniker **John Fleming**, dass diese veränderte Glühbirne eine Art **elektronisches Ventil** darstellte, die **Strom in eine, aber nicht in die andere Richtung fließen lässt**. So konnte sie **Wechselstrom zu Gleichstrom umwandeln**. Diese Eigenschaft nennt man **Gleichrichten** oder Rektifizieren.

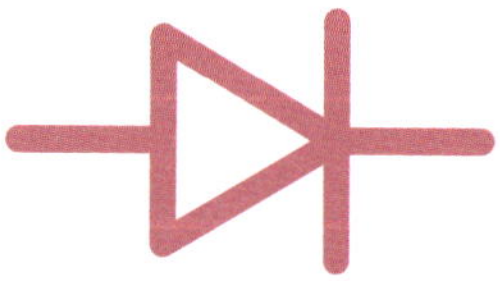

FUNKDETEKTOR

Fleming arbeitete mit **Marconi** und bemerkte, dass die Röhre, **Diode genannt,** weil sie zwei Elektroden besaß, ein **viel klarerer Funkwellendetektor sei als der Kohärer**.

AM RADIO

Dioden wurden noch nützlicher mit dem Aufkommen des **Hörfunks**, da Geräuschinformation **durch die Funkwellen in Form von Amplitudenmodulation übertragen wurde**, die **durch einen Gleichrichter geschickt werden mussten, bevor sie wieder in Schall zurückgewandelt werden konnten**.

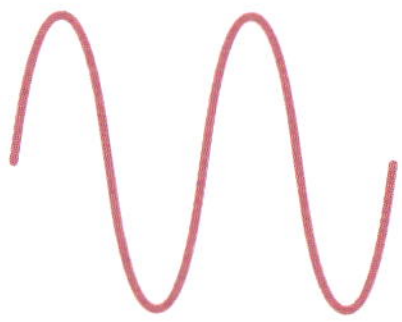

COMPUTERKOMPONENTEN

Röhren werden später **essenziell für den Computer**, da sie **Logikgatter** bilden konnten.

RÖHRENTRIODE

Die Diode war nützlich, bekam aber zu wenig Strom. Der Elektrotechniker Lee de Forest veränderte sie mit einem kleinen Ingenieurstrick.

SCHWACHE SIGNALE

Der **Strom aus der Diode konnte nur so stark sein, wie der, der hineinlief**, und **Funksignale** waren eher **schwach und hatten wenig Energie, wenn sie den Empfänger erreichten**.

LEISTUNGSSCHUB

1906 fügte de Forest der Röhrendiode eine **dritte Elektrode** hinzu, um eine **Triode** zu bekommen. Sie bestand aus einem **Drahtnetz**. Die **Elektronen konnten die Löcher passieren**, und durch die **Variation des Potenzials des Netzes** war es möglich, **den Elektronenfluss von beiden Seiten der Anode deutlich zu erhöhen**. Daher konnte die Triode **Signale verstärken**.

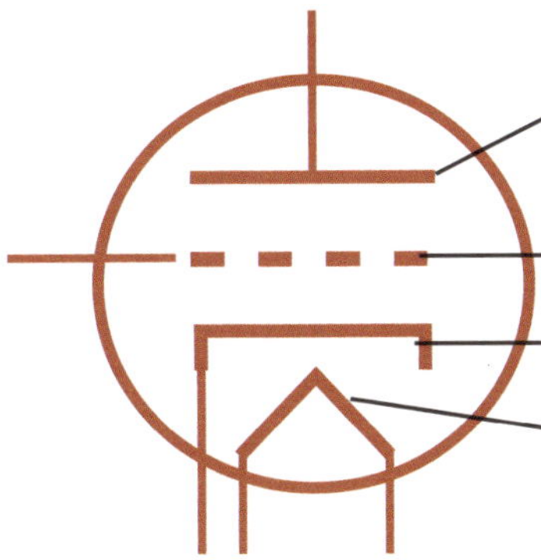

AUDION

De Forest patentierte seine Triode und nannte sie **Audion**. Aber das Audion hatte ein **Problem**: Obwohl es wie alle Röhren ein **Vakuumröhrengerät** war, war es ein **„weiches" Vakuum – Spuren von Gas blieben darin**. Das machte das Audion **schwach** und **unzuverlässig**.

HARTE VENTILE

1913 wurde die erste **harte Röhre** entworfen, mit einem **harten Vakuum in der Röhre**. So entstanden **die Radios, die auf der ganzen Welt verwendet wurden. Es wurden weitere Elektroden hinzugefügt**, um **Tetroden** und sogar **Pentoden** zu schaffen.

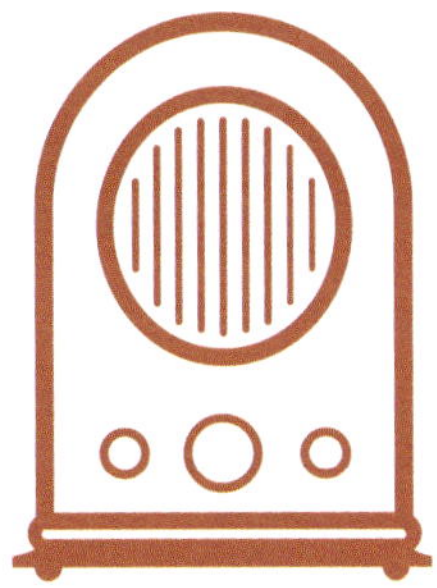

RÖHRENCOMPUTER

Röhren hatten ihren **Entwicklungshöhepunkt** in den 1940ern, als sie in **riesigen Mengen verwendet wurden**, um die **ersten Computer**, wie den **ENIAC**, zu bauen. Sie würden jedoch bald durch den **Transistor ersetzt** werden.

FERNSEHEN

Als System, mit dem bewegte Bilder aufgenommen, gesendet und abgespielt werden können, wird die Erfindung des Fernsehens vielen Personen zugeschrieben, aber in Wirklichkeit war es eine Gemeinschaftsentwicklung.

NÜTZLICHE DINGE

Die Fernsehtechnologie ist von **vier Dingen** abhängig: einem **Weg, Licht in elektrischen Strom umzuwandeln und wieder zurückzuwandeln**; einem **Gerät, um ein Bild in kleine Elemente zu zerlegen**; und einem **Weg, schwache Signale so zu verstärken, dass sie verwendet werden können**.

PHOTOZELLEN UND SICH DREHENDE SCHEIBEN

1873 wurde entdeckt, dass das **Metall Selen elektrischen Strom produziert, wenn es beleuchtet wird**. 1884 erfand der deutsche Erfinder **Paul Nipkow** eine **drehende Scheibe mit einer Spirale aus Löchern**, die **ein Bild mechanisch in Linien teilte**. **Elektrische Signale wieder in Licht umzuwandeln benötigt eine starke elektrische Lichtquelle**: das **Neonlicht**, das 1903 erfunden wurde, war für frühe Erfinder die erste Wahl. Die **Audiontriode von de Forest** war der letzte Teil des Puzzles.

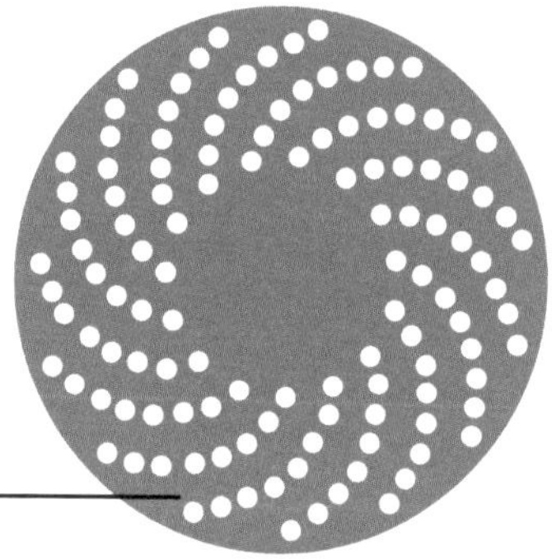

MECHANISCHES FERNSEHEN

Der schottische Erfinder **John Logie Baird** entwickelte eine **Demonstration eines mechanischen Fernsehers**, der so genannt wurde, weil das **Bild von einer rotierenden Scheibe abgetastet wurde** (d.h. durch eine Maschine mit beweglichen Teilen). Die **Löcher** in der Scheibe **ließen Licht von einem Ziel durch**, das **auf einen Photorezeptor fiel**, **wandelten das Licht so in elektrische Signale** um und **sendeten sie durch Funkwellen an einen Empfänger**. Hier **variierte die Helligkeit der Lampe je nach dem eingehenden Signal** und schien durch **eine mit der Kamerascheibe synchronisiert drehende Scheibe**.

ELEKTRONISCHES FERNSEHEN

Zuerst vom Amerikaner **Philo Farnsworth** entwickelt, war elektronisches Fernsehen von der **Kathodenstrahlröhre** abhängig, in der sich ein **Elektronenstrahl** befand (der Kathodenstrahl), der **ein Bild auf den phosphoriszierenden Bildschirm „zeichnet"**.

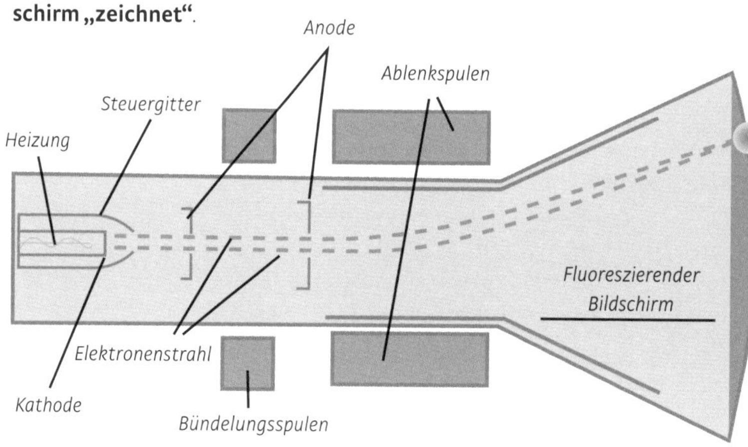

RADAR

Der Krieg befeuert die Anwendung von technischem Talent, um Wissenschaft in Technologie zu wandeln; das Radar ist ein perfektes Beispiel dafür.

RA.D.A.R.

Radar war ursprünglich ein **Akronym** für **RAdio Detection And Ranging**.

FUNKINTERFERENZ

Man wusste bereits, dass **vorbeifahrende Fahrzeuge** mit dem **Funkempfang interferieren konnten**, und dadurch ergab sich die **Anwendung für die Erkennung**. Das erste **Funkechogerät** wurde 1904 patentiert. Die **Technologie war allerdings noch nicht so weit** – genauer: Die **Funkwellen waren für die Verwendung zu lang**.

ECHOORTUNG

Radar funktioniert wie **Echoortung**. **Funkwellen** werden **ausgestrahlt, von einem Ziel reflektiert** und das **Echo wird entdeckt**. Durch die **konstante Geschwindigkeit der Funkwellen** ist es **möglich, aus der Verzögerung die Entfernung des Ziels zu erkennen**.

MAGNETFELDRÖHREN

Ab den 1930ern konnten **kürzere Wellenlängen** generiert werden, obwohl in England 1937 immer noch **Wellen mit 1 Meter Länge** verwendet wurden, die nur mit **großen Antennen** empfangen werden konnten, was den **Einsatz einschränkte**.

Die Erfindung des **Hohlraummagnetrons** durch die Briten 1940 machte **Wellen unter der Läge von 2,5 cm**, was die **Empfindlichkeit und Genauigkeit stark verbesserte**.

GRUNDLEGENDES RADAR

Die Grundlagen eines Radars bestehen aus einer **Magnetfeldröhre**, um **Signale mit kurzen Wellenlängen zu generieren**, (eigentlich eher **Mikrowellen** als Funkwellen); eine Antenne, um sie zu senden, normalerweise als Strahl oder Ebene; eine **Antenne, um die Echos zu empfangen** – normalerweise dieselbe Antenne mit einem **Duplexer**, der die Antenne zwischen Senden und Empfangen umschaltet; einen **Prozessor, um dem Anwender die Informationen anzuzeigen**.

1 = Magnetfeldröhre
2 = Duplexer
3 = Antenne (senden)
4 = Antenne (empfangen)
5 = Prozessor
6 = Display

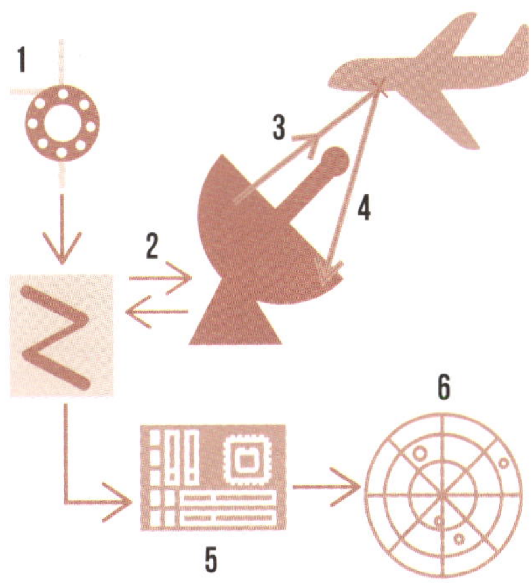

MIKROWELLENOFEN

Ein typisches Beispiel für eine zufällige Erfindung ist der Mikrowellenofen, der 1946 vom amerikanischen Ingenieur Percy Spencer erfunden wurde.

DER GESCHMOLZENE SNACK

Spencer arbeitete während des Krieges am **Radar** und versuchte, die **Leistung der Magnetfeldröhre zu verbessern**, einem Gerät, das **Mikrowellen generierte, indem es Hohlraumresonatoren verwendete** (etwa wie eine Pfeife, aber mit Elektromagnetwellen statt Schallwellen). Nach einem Test bemerkte er, dass der **Riegel in seiner Tasche geschmolzen war**.

NÜSSE ZU SCHOKOLADE

Viele Versionen dieser berühmten Geschichte meinen, der Snack war Schokolade, aber eigentlich war es ein **Erdnussriegel**. Dieses Detail ist wichtig, da der **Nussriegel einen viel höheren Schmelzpunkt hat als Schokolade**. Spencer **testete auch ein Ei**, das sofort **explodierte**.

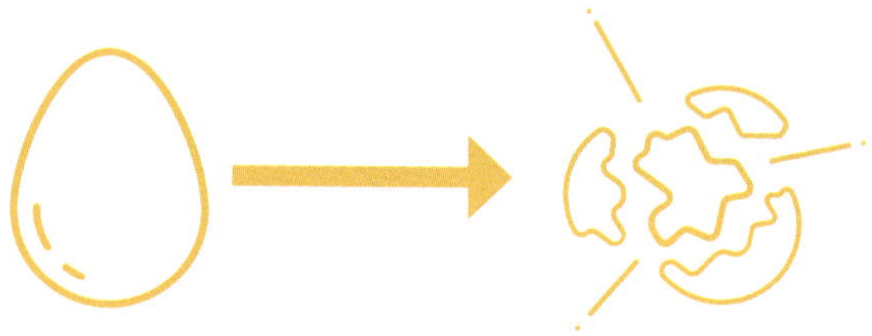

KOCHEN IN DER MIKROWELLE

Ein Mikrowellenofen funktioniert, indem **Elektromagnetwellen mit hoher Frequenz und kurzer Wellenlänge durch Feststoffe oder Flüssigkeiten geschickt werden. Wassermoleküle absorbieren die Mikrowellen**, wodurch sie **schnell erhitzen und den Rest des Essens kochen**.

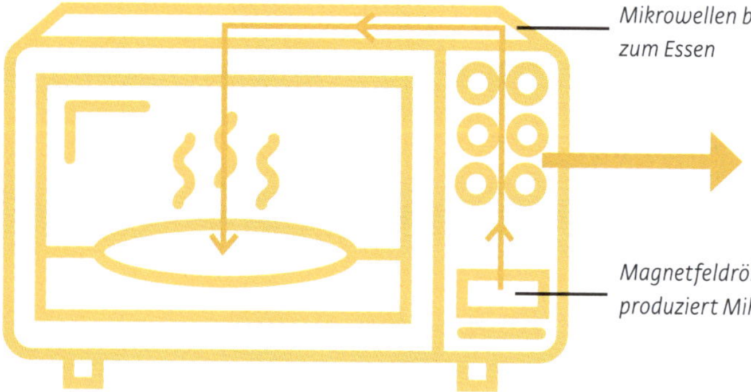

TÜRGITTER

Ein Mikrowellenofen hat **fünf geerdete Metallseiten**, sodass die absorbierten Mikrowellen, die ihre Energie als elektrische Ladung abgeben, abgeleitet werden. Es ist nützlich, durch die sechste Seite sehen zu können (die **Tür**), darum ist sie mit einem **geerdeten Metallgitter** ausgestattet, mit **Löchern, die kleiner sind als die Wellenlänge der Mikrowellen** (normalerweise ca. 12 cm). **Sichtbares Licht** hat eine **kürzere Wellenlänge als der Durchmesser der Löcher** und kann dadurch **durchscheinen.**

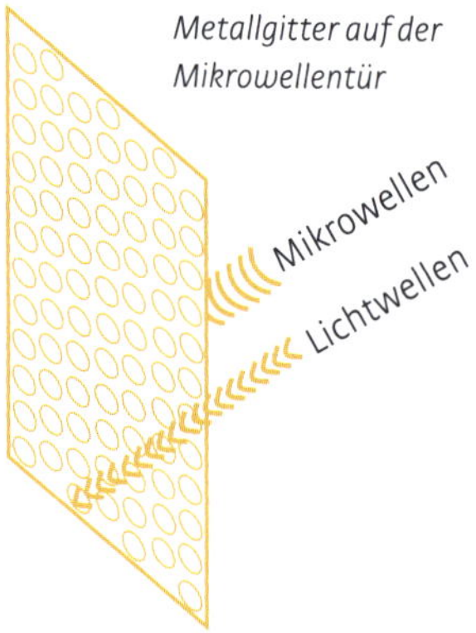

TRANSISTOR

Der Transistor war der wichtigste Bestandteil für die Mikroelektronik und die Welt der modernen IT.

RÖHRENERSATZ

Elektronenröhren bewährten sich beim **Gleichrichten** und **Verstärken** in der Elektronik, aber sie waren **sperrig**, **brauchten viel Strom** und waren **unzuverlässig**. **Halbleiter** schienen eine bessere Alternative zu sein, sofern sie funktionierten.

HALBLEITER

Halbleiter sind **Materialien, die sowohl Leiter als auch Isolator ist, je nach äußeren Faktoren**, wie beispielsweise **angelegter Spannung**.

BELL LABS

Bell Labs vom amerikanischen Telekomriesen **AT&T** war das **erste Forschungsinstitut des frühen Elektronikzeitalters**. Bell hat den **Triodenverstärker von de Forest verbessert** und nun auch den Transistor geschaffen.

TRANS-RESISTOR

Der Name „Transistor" ist eine Zusammensetzung aus **trans-resistor**. Grundlegend ist ein Transistor eine Art **Mulitelektrodenröhre, die keine Vakuumröhre, kein Heizelement oder andere Dinge, die die Elektronenröhre unzuverlässig machten, benötigt**.

PUNKTKONTAKT-TRANSISTOR

1947 entwickelten der Wissenschaftler **John Bardeen** und der Ingenieur **Walter Brattain** in den Bell Labs den **ersten Transistor**, bei dem **zwei Punktkontakte** sehr nah beieinanderliegen und mit einer **Schicht aus halbleitendem Germanium in Kontakt stehen**.

SANDWICH-TRANSISTOR

Bardeen und Brattains Chef, **Bill Schockley** erfand einen **einfacheren und schnelleren Weg, Transistoren zu bauen**, indem er eine **„Fleisch"-Schicht eines elektronenarmen Halbleiters zwischen zwei „Brot"-Schichten aus elektronenreichen Halbleitern** legte. Wenn nun **positive Spannung** auf das „Fleisch" angelegt wird, verursacht dies einen **verstärkten Stromfluss in eine Richtung** zwischen den „Broten".

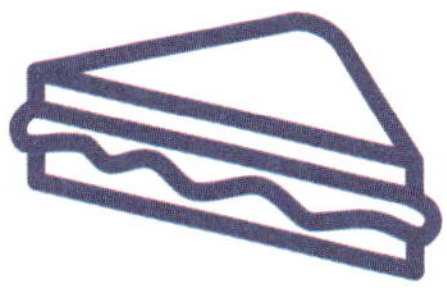

INTEGRIERTER SCHALTKREIS

Der integrierte Schaltkreis, oder Chip, wurde zur selben Zeit von zwei verschiedenen Personen entwickelt. Er ist eine Möglichkeit, alle Komponenten eines Schaltkreises zu selben Zeit aus demselben Material zu fertigen und sie so viel kleiner zu gestalten.

GRÖSSE IST WICHTIG

Transistoren haben Elektronenröhre sehr schnell ersetzt und wurden **überall in der Elektronik verwendet**, in Geräten wie dem **Transistorradio** hatte er weitreichenden Einfluss beispielsweise auf **die Jugendkultur und Musik**. Allerdings erreichten sie eine **Größengrenze**, unter der **Verbindungen zu anderen Komponenten des Schaltkreises nicht länger von Hand gemacht werden konnten.**

KRISTALLKLARE MATHEMATIK

Im Juli 1958 entdeckte **Jack Kirby**, ein Ingenieur bei **Texas Instruments**, dass, wenn alle **Komponenten eines Schaltkreises**, wie **Kondensatoren** und **Widerstände aus demselben Halbleitermaterial gewonnen** werden konnten, **sie alle aus demselben Materialstück gefertigt werden könnten**. Nur wenige Monate später hatte **Robert Noyce** bei **Fairchild Semiconductor** eine **ähnliche, aber schnellere Lösung, durch die Verwendung von Fotoätzung**.

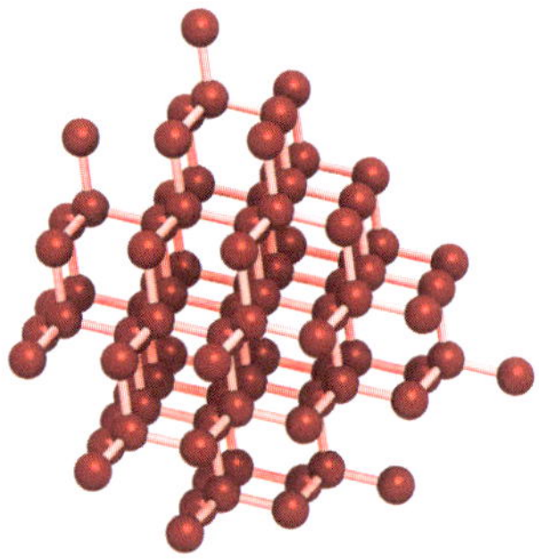

STENCILSSCHABLONEN UND MASKEN

Moderne Mikrochips bestehen aus einer erweiterten Form von **Fairchilds fotoätzendem „Ebenenprozess"**.Eine **einzelne große Silikonscheibe wird für die Herstellung hunderter Chips verwendet**. Schichten aus **leitenden**, **isolierenden** und **halbleitenden Materialien** werden **übereinandergelegt**, indem **Masken** von **Schablonen** abgelegt werden, die dann als **Schablonen für andere Schichten** verwendet werden, **bevor sie sich auflösen**.

SCHICHT FÜR SCHICHT

Die **Basisschicht** besteht aus einem **elektronenreichen P-Typ Silikon**. Isolierendes **Silikondioxid** wird daraufgelegt, dann wird eine **Schablone verwendet, um eine Maske anzuwenden**, die einige Bereiche des Silikondioxids schützt, während **der Rest aufgelöst wird**. Andere Schichten, darunter **leitendes Polysilikon** und **elektronenarmes N-Typ Silikon** werden **hinzugefügt**. Zum Schluss wurden **winzige Metallstreifen hinzugefügt, um die Komponenten zu verbinden**.

LASER

Der Laser, ursprünglich ein Akronym für Light Amplification by Stimulated Emission of Radiation, ist ein Hi-Tech-Produkt, das fortgeschrittene Technik und Quantenphysik vereint.

SCHRITTWEISE

Die Quantenphysik sagt voraus, dass es **möglich sein sollte, elektromagnetische, kohärente Strahlung zu produzieren**, was bedeutet, dass **alle Wellen dieselbe Wellenlänge** haben und **perfekt in Phase** sein müssen. Ein Weg, das zu erreichen, ist, **Energie in Atome zu pumpen**, um sie dazu zu bringen, **Photonen auszustoßen** und diese dann in einen **zusammenhängenden Strahl zu packen**.

MASER

1953 betreute **Charles Townes** diese Meisterleistung mit seinem Team, mit **Mikrowellen**, mit einer Technik, die sie **Microwave Amplification by Stimulated Emission of Radiation**, oder **Maser**, nannten.

LASERKOMPONENTEN

Um einen Laser zu bauen, braucht man Material, das **Lasermedium**, das dazu gebracht werden kann, **Photonen einer einzigen Wellenlänge auszustoßen**; eine **Energiequelle**; einen **Weg, sie alle in die gleiche Richtung zu bewegen**; und ein **Gerät, um den Strahl zu bündeln.** Laser sind auch oft mit **Kollimatoren** ausgestattet, die den **Strahl zu einem sehr intensiven Punkt fokussieren**.

ERSTES LICHT

Der **erste Laser** wurde 1960 von **Theodor Maiman** im **Hughes Forschungslabor** in Malibu in Kalifornien gebaut. Er verwendete einen **Rubinstab** als **Lasermedium**, den er in den Schaft einer **Xenontaschenlampe** steckte (eigentlich eine ausgereifte fluoreszierende Lichtröhre). Die **Lampe pumpt Energie in den Stab**, der **auf beiden Seiten flach und verspiegelt** war, sodass die **Photonen im Stab hin und her springen**, was sie **zu einem Strahl zusammenfasste**.

LASER ANWENDUNGEN

Abgesehen vom **Interesse des Militärs** an **Laserwaffen** haben Laser eine Menge anderer Anwendungsgebiete. Bei **Operationen** werden Laser verwendet, um **ultradünne Schnitte** von nur 0,5 Mikrometer Breite zu machen (ein menschliches Haar ist ca. 80 Mikrometer dick). Weitere Anwendungsgebiete sind unter anderem das Lesen **von Bildplatten**, **Mikroskopie**, und **Glasfasertechnik**.

DIMENSIONEN DES MONDES

Laser werden auch in der **Vermessung** eingesetzt, unter anderem auch, um **die Entfernung zwischen Erde und Mond zu messen**. **Laserreflektoren**, die von den *Apollo*-Astronauten auf dem **Mond gelassen wurden**, machten **es möglich, die Distanz auf 15 cm genau zu bestimmen**.

MENSCH-COMPUTER-INTERAKTION

Der Bereich der Ingenieurs-IT, um den Betrieb durch Anwender zu verbessern und zu erleichtern, nennt man Mensch-Computer-Interaktion (MCI). Der großartigste Vertreter war Doug Engelbart.

STEMPELKARTEN

Ursprüngliche Computer wurden mit **Stempelkarten betrieben**, etwa wie alte selbstspielende Pianos. Später verwendeten Computer **Tastatureingaben**, aber verlangten mindestens die Fähigkeit, **komplexe und nichtintuitive Programmiersprachen** zu beherrschen.

BOOTSTRAPPING

Der amerikanische Ingenieur **Douglas Engelbart** glaubte, dass die **menschliche Produktivität und die Fähigkeiten des Computers gemeinsam fortschreiten würden**, sofern die **Anwender und ihre Werkzeuge gut aneinander angepasst sind**. In den 1960ern verwendete er einen Begriff aus dem **Systemengineering, „Bootstrapping“**, um zu beschreiben, wie **das Verbessern der Werkzeuge, um Technologien zu implementieren, sie weiter bringen würde**, was wiederum zur **Verbesserung der Werkzeuge führt** usw.

NLS

In seinem **Augmentation Research Center** in Kalifornien entwickelten Engelbart und sein Team ein **Computerhardware- und Softwaresystem**, das sie das **oN-Line System** oder **NLS** nannten. Es hatte Besonderheiten, die heute ganz normal sind, wie die **Computermaus, graphische Benutzeroberflächen** mit **Fenstern, gemeinsames Teilen von Dateien, Hypertext-Verlinkungen** etc.

DIE MAUS

Die Computermaus hatte ihren **Ursprung in Rollbällen**, die im **Zweiten Weltkrieg** entwickelt wurden**, um die Mensch-Maschine-Interaktion zu verbessern**. 1963 zeichnete Engelbart etwas, das er ursprünglich **„Käfer“** nannte – ein Prototyp wurde 1964 gebaut. Die **Schnur, die es mit dem Computer verband sah aus, wie ein Schwanz**, daher der Name „Maus“.

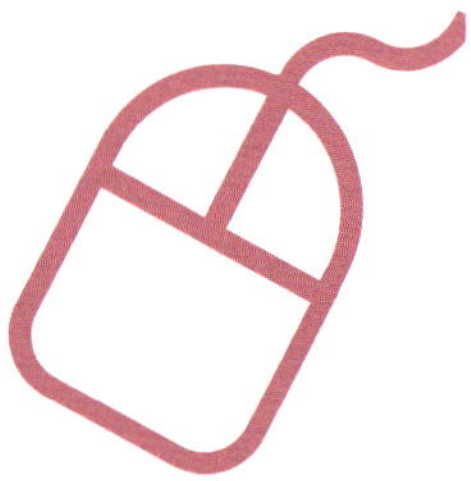

DIE MUTTER ALLER DEMONSTRATIONEN

1968 führte Engelbart sein **NLS System in San Francisco vor**, was seitdem als **Mutter aller Demonstrationen** bekannt ist. Das half, **die Prinzipien der MCI zu verbreiten**, würde **die PCs verändern** und, zum Beispiel, zur **Entwicklung des Apple Macintosh führen**.

PCS

Die Entwicklung günstiger, programmierbarer Mikrochips in den 1970ern regte die Produktion der ersten Personal Computers an.

MOORESCHES GESETZ

Gordon Moore war ein Ingenieur aus **Fairchild**, ein führender Wissenschaftler in der Produktion der **integrierten Chips** (ICs). 1964 bemerkte er, dass die **Anzahl an Transistoren**, die **auf die Chips gesetzt wurden, jedes Jahr verdoppelt wurde**, eine Beobachtung, die **als Prognose verschlüsselt wurde** und die man **„Mooresches Gesetz“** nennt. Die Einführung von **Metalloxid-Halbleitern auf Chips** in den späten 1960ern sicherte die Korrektheit des Gesetzes für die nächsten Jahre, da es die **Fähigkeiten einzelner Microchips erheblich verbesserte**.

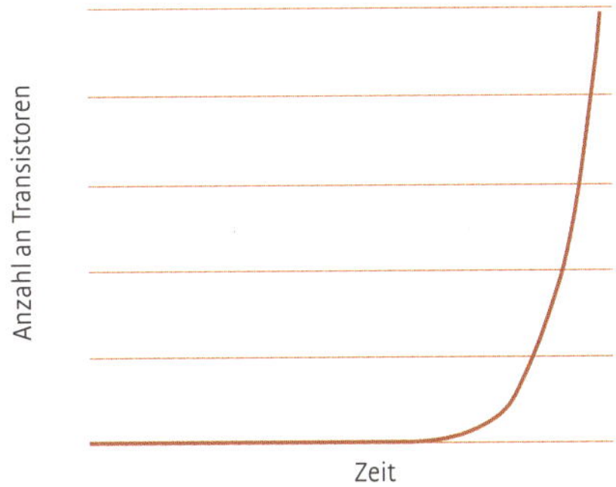

COMPUTER AUF EINEM CHIP

1968 gründeten **Moore** und **Noyce** die **Intel Corporation**, um Chips für sich selbst herzustellen, und 1969 entwarf der Intel-Ingenieur **Marcian Hoff** einen **Schaltkreis für mehrere Anwendungen**, der dazu programmiert werden konnte, neben **Software in Memorychips** zu arbeiten. Mitte der 1970er konnte man den **„Computer on a chip“** um $100 kaufen.

DER ALTAIR

Praktisch alle Computer wurden für **Firmen** und/oder **große Institutionen gebaut**. Es gab auch eine aufstrebende Gemeinschaft an **Hobbyisten**, die ihre eigenen **Komponenten** zusammenstellten, um **personalisierte Systeme für Recherche und Spaß zu bauen**. 1974 kreierte eine Gruppe Hobbyisten den **Altair**, einen **Baukasten für einen PC**. **Bill Gates** und **Paul Allen** schrieben die **Software** und gründeten dann gemeinsam **Microsoft**.

APPLE

Steve Wozniak und **Steve Jobs** gründeten **Apple** und brachten ihren **ersten PC** 1976 auf den Markt. Jobs war vor allem begeistert von **Doug Engelbarts Ideen** und so produzierte Apple 1983 Computer mit **Tastaturen, eingebauten Bildschirmen, Diskettenlaufwerken, Mäusen** und **graphischen Fensteroberflächen** mit **Drop-Down Menüs**. In der Zwischenzeit ist 1981 auch **IBM** am PC-Markt angekommen, und beauftragte **Microsoft, ihr Betriebssystem, MS-DOS** (Microsoft disk operating system) zu programmieren.

SUCHMASCHINEN

Das digitale Universum fügt dem Konzept des Ingenieurwesens neue Aspekte hinzu, wie z.B. virtuelle Maschinen, die dafür erfunden wurden, das Internet und das WWW zu erforschen.

DAS INTERNET

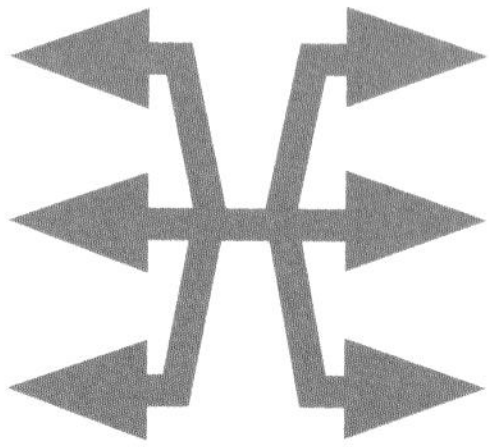

Die Wurzeln des Internet liegen in der Arbeit des Ingenieurs **Claude Shannon**, dem **„Vater der Informationstheorie"** und Netzwerktheorie. Das führte zur Entwicklung des **Pakettauschs** und 1969 zum **ARPAnet**, dem **Vorläufer des Internets**.

WORLD WIDE WEB

Ein **Informationsraum bzw. verteiltes Informationssystem**, das auf das **Internet aufbaut, aber nicht damit gleichzusetzen** ist, ist das World Wide Web (WWW), das 1990 vom britischen Wissenschaftler **Tim Berners-Lee** kreiert wurde. Er setzte eine Reihe von Schlüsselelementen zusammen: eine **Standardisierung für Netzwerkadressen**, sodass **Hyperlinks** verschiedene **Informationsquellen**, **Text** und Medien verbinden konnten; eine **einfache Markup-Sprache (HTML),** um Information zu formatieren; und ein **Übertragungsprotokoll** für die Übertragung von Information zwischen Servern und Nutzern**. Er entwickelte auch den ersten Webbrowser**, ein **Softwaretool**, mit dem der Anwender das WWW verwenden konnte.

ELEMENTE EINER SUCHMASCHINE

Pseudo-Suchmaschinen durchsuchen Quellmaterial Zeile für Zeile, um nach **genauen Treffern** einer Suchanfrage zu suchen. **Richtige Suchmaschinen** sind **viel weiter entwickelt** und bestehen aus mindestens drei Phasen: **Datenaufbereitung**, **Volltextindexierung**, und **Suche**. Datenaufbereitung wird von **Spiders** oder **Indexern** ausgeführt. Volltextindexierung **zeichnet den gesamten Inhalt indexierter Seiten** auf. Die Suche wird von der eigentlichen Suchmaschine ausgeführt, die Ergebnisse erzielt, die dem Nutzer dann präsentiert werden. **Komplexe Algorithmen** werden angewandt, um die **Suchergebnisse so zu ordnen**, dass die Suchbegriffe am besten getroffen werden.

ZU VIEL INHALT

Zuerst **hielten Berners-Lee und andere die Listen und Verzeichnisse des Webinhalts manuell auf dem neuesten Stand**, aber es wurde schnell zu groß dafür und **Suchmechanismen wurden entwickelt**, was mit Programmen wie **Archie** begann. Diese entwickelten sich schnell zu **Suchmaschinen** weiter, **virtuellen Maschinen** für die **Katalogisierung**, **Indexierung**, **Suche** und den **Informationsgewinn** von **Websites**.

KÜNSTLICHE INTELLIGENZ

Das Streben nach einer Ingenieursmaschine bzw. künstlichen Intelligenz (KI) könnte die größte Errungenschaft der Menschheit sein, aber auch die letzte.

TURING-TESTS

Frühe Fortschritte in der Informatik, die zu **ausgeklügelten Systemen** wie **Schachcomputern**, die ein sehr hohes Niveau erreichten, führten, brachten viele Forderungen nach einer **maschinellen Intelligenz, die der menschlichen Intelligenz ähnelt**, mit sich. Der englische Computerpionier **Alan Turing** schlug einen anderen Ansatz vor, nämlich, dass eine **Maschine, die intelligent scheint** (den sogenannten „Turing-Test" bestand), **als intelligent betrachtet werden** sollte.

ASPEKTE DER KI

KI ist nicht monolithisch. Dieser Bereich betrifft unter anderem **Computersicht**, **natürliche Sprachverarbeitung**, **Mustererkennung**, **maschinelles Lernen**, und **Expertensysteme**.

MÖGLICHKEITEN, EINE KI ZU BAUEN

KI-Ingenieure erforschten Wege sowohl **top-down** als auch **bottom-up**. Top-down-Ansätze versuchen **das Denken in Symbolsprachen umzuwandeln, die der Computer versteht**. Bottom-up-Ansätze sind unter anderem **Parallel Distributed Processing**, das **Prinzip, dass Intelligenz daraus entsteht, die richtige Menge der richtigen Art an Verbindungen zu haben**, sowie bei **massiver paralleler Verarbeitung**.

NEURALE NETZWERKE

Ingenieure bauen **Einheiten, die einzelnen Nervenzellen sehr ähnlich sind**, und geben ihnen die Möglichkeit, **ihre eigene interne Vernetzungsstruktur zu bauen**, und **trainieren** sie, indem sie sie mit **Rohmaterial und Ergebnissen füttern**. Ingenieure wissen oder verstehen möglicherweise nicht, was im Netzwerk geschieht.

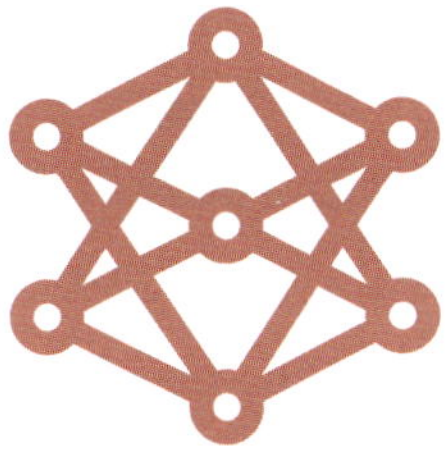

SINGULARITÄT

Manche KI-Ingenieure glauben, dass, **sobald eine wirkliche maschinelle Intelligenz** kreiert wurde, die **Maschine sich selbstständig und exponentiell verbessert** und somit sofort **weit über menschlichen Fähigkeiten steht**. Das würde zu einem **Wendepunkt in der Menschheitsgeschichte** führen, der **Singularität**, die zu einem **technologischen Utopia** und/oder dem **Ende der Menschheit** führen würde.

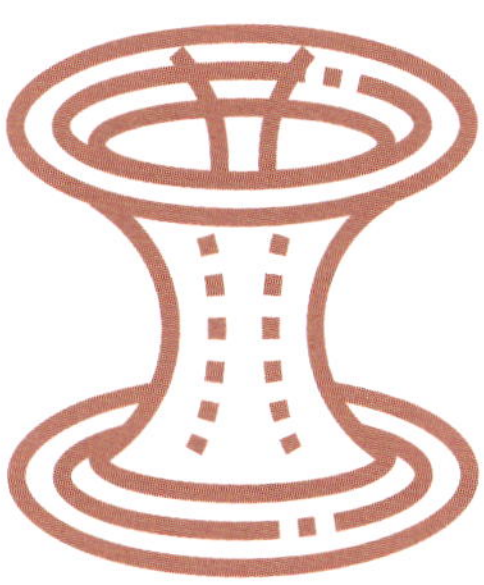

QUANTENCOMPUTING

Quantencomputing verspricht eine neue Art von Computer mit außerordentlichen Fähigkeiten, sofern das komplizierte Makro-Engineering erreicht werden kann.

ÜBERLAGERUNG

Von der Quantenphysik weiß man, dass sich **Teilchen in mehr als einem Zustand gleichzeitig befinden können** – einer Überlagerung –, bis sie **in einen einzigen Zustand gezwungen werden, indem sie beobachtet werden oder in Kontakt mit der Außenwelt treten**, ein Phänomen, das **Dekohärenz** genannt wird.

QUBITS

Klassische digitale Rechenleitung basiert auf **Bits, die nur in einer von zwei Positionen oder Zuständen existieren können**: 1 oder 0, **on** oder **off**. Ein Quantencomputer jedoch verwendet **Qubits**, die **in einer Überlagerung von Zuständen existieren können**. Ein **einzelnes Qubit kann viele Berechnungen gleichzeitig durchführen**.

VERSTRICKUNG

Bei einem klassischen Computer **erhöht das Zugeben von Bits die Leistung arithmetisch**, daher ist ein 32-Bit-Computer doppelt so leistungsstark wie ein 16-Bi-Computer. Qubits können jedoch durch ein seltsames **Quantenphänomen, die Verstrickung,** die die Qubits in einer Art Daisy-Chain verbindet, verbunden werden, was **ihre Rechenleistung exponentiell erhöht**.

HERAUSFORDERUNGEN

Das Problem des Quantencomputings ist, dass es **schwierig ist, die Qubits von der Dekohärenz abzuhalten. Teilchen**, die für Qubits verwendet werden, **müssen extrem kalt gehalten** oder **in Magnetfeldern eingesperrt werden**. Einen Computer in diesen Umständen zu bauen, ist **technisch extrem schwierig**.

SPEZIELLE ANWENDUNGEN

Nichtsdestotrotz **gibt es bereits Formen des Quantencomputers**, die für **spezielle Probleme verwendet werden, bei denen normale Computer an ihre Grenzen stoßen**, wie beispielsweise beim **Verhalten von Atomen und Molekülen bei der Arzneimittelentwicklung** oder bei der **Berechnung optimaler Wege bei Optimierungsproblemen**.

ALTE MECHANIK

In einem Bereich, der mit der Tradition der altgriechischen Philosophie verwandt, aber doch von ihr getrennt war, waren die Mechaniker stolz auf ihre praktischen Errungenschaften und genialen Geräte.

KTESIBIUS

Ein Ingenieur und Erfinder des 3. Jahrhunderts v. Chr aus Alexandria, **Ktesibius, war der erste genannte griechische Meistermechaniker**. Er machte Fortschritte in der Hydraulik und Pneumatik, dem Studium von Luft und Wasser **(und dadurch aller Flüssigkeiten)** unter Druck**. Am bekanntesten ist er für die genaue Uhr** und die **Wasserorgel**.

KLEPSYDRA

Neben **Sonnenuhren** verwendeten die Griechen auch **Wasseruhren**, oder Klepsydra, wo die **vergangene Zeit** durch den **Wasserspiegel in Gefäßen** angezeigt wurde, wenn es **hinein oder hinaus fließt**. **Wenn der Wasserspiegel sinkt, sinken auch der Druck** und **die Flussrate**, was diese Uhren **ungenau** macht. Ktesibius hat angeblich ein **Gerät erfunden, das den Duck und somit die Flussrate konstant** und so die **Klepsydra genau hält**.

AUTOMATA

Viele Mechaniker der Antike entwickelten geniale Geräte, die **eher Spielzeugen oder Kuriositäten anstatt praktischen Werkzeugen ähnelten**. Darunter auch der **ausgeklügelte Automata**. Solche Geräte hatten **meist einen ernsten Grund**, da sie oft als **Grundlage des gelehrten Diskurses** verwendet wurden.

HYDRAULIS

Ein weiteres pneumatisches gerät war die **Wasserorgel**, oder **Hydraulis**. Wie bei modernen Orgeln **spielt sie Töne, indem Luft durch Pfeifen** unterschiedlicher Größen geblasen wurde. Die **Luft** wurde mechanisch von einer **Pumpe** zugeführt und **der Druck** wurde durch einen **Wassertank** kontrolliert. Die **Römer** verwendeten sie im Zirkus, wo sie ihre Darbietungen abhielten.

KREGSMASCHINEN

Das Hauptaugenmerk der alten Mechanik lag in der Konstruktion von **Ballisten**, **Katapulten**, und **Belagerungsgeräten**.

MECHANISMUS VON ANTIKYTHERA

Als Taucher eine unbeeindruckende Masse aus verrostetem Metall aus einem versunkenen Schiffswrack zogen, konnten sie sich nicht vorstellen, dass sie ein außerordentliches Artefakt antiker Geschichte geborgen hatten.

DAS WRACK

1900 entdeckten Schwammtaucher vor der Küste von Antikythera, nahe der Nordwest-Spitze Kretas, das **Wrack** eines römischen Frachtschiffs des 1. Jahrhunderts v. Chr. Neben wertvollen **Statuen**, **Münzen** und **anderen Gütern** bargen sie einen Klumpen aus Steinen und Seepocken, von dem ein kleines Stück Bronze hervorragte, **und katalogisierten es als** Objekt 15087**.**

ANTIKES UHRWERK

Objekt 15087 wurde über kurz oder lang als Überrest eines **Geräts mit einem Holzrahmen identifiziert, das voll mit ausgeklügelten Zahnrädern und Getrieben war – ein antikes Uhrwerk**. Es wurde vermutet, dass es eine Art **Astrolab** war, eine Art Lineal, um die **Positionen der Himmelskörper zu bestimmen**, allerdings dachte man nicht, dass es komplexer war, da der **erste mechanische Himmelsrechner erst auf tausend Jahre später datiert wurde**.

ANTIKES ORRERY

Man weiß nun, dass der **Mechanismus von Antikythera** ein **hoch fortschrittlicher Himmelsrechner** oder **Orrery** war, etwa wie ein antiker Computer. Er konnte durch das **Verdrehen der Scheiben auf den Oberflächen** gestellt und mit einem **Hebel betätigt werden, der 37 Zahnräder bewegte**, die mindestens **sieben Scheiben bewegten**, die die **Bewegung der Himmelskörper und Daten von Sonnenfinsternissen** darstellten. Die **Maschine** wurde auf das Jahr 80 v. Chr. datiert, da dürfte das Schiff gesunken sein.

MECHANISCHE MEISTER

Es ist sehr wahrscheinlich, dass der Mechanismus von der Insel **Rhodos** kam, im frühen 1. Jahrhundert das **Zuhause der führenden Instrumentenhersteller und Astronomen**.

DER HERONSBALL

Eines der großen Mysterien der Ingenieursgeschichte ist die Frage, warum die Menschen der Antike keine Dampftechnologie entwickelten, obwohl man weiß, dass sie die Möglichkeiten dazu hatten.

HERON VON ALEXANDRIA

Den Römern als **Hero** bekannt, war er im 1. Jahrhundert n. Chr. ein **führender Philosoph und Mechaniker** der griechischen Stadt **Alexandria**. Heron entwickelte die Ideen von **Ktesibius** und **Archimedes** weiter, schrieb Bücher über **Automata**, **Messtechniken**, **Optik** und **den Transport schwerer Lasten**.

DAMPFBETRIEBEN

Vielleicht ist seine **berühmteste Maschine** eine Kuriosität mit keiner erkennbaren praktischen Anwendung; eine **primitive Dampfturbine, die Aeolipile, oder Heronsball, genannt wurde**. Der römische Ingenieur **Vitruvius** (1. Jahrhundert v. Chr.) beschrieb den grundlegenden Aufbau **als eine Art Wasserkocher mit zwei Ausgüssen, der auf einer Achse montiert war**. Die Ausgüsse waren so positioniert, dass, wenn sich der runde oder zylindrische Körper des Heronsballs erhitzte, **Dampf aus den Ausgüssen austrat und den Körper in die andere Richtung drehte** (wie bei einer Rakete). **Herons Aeolipie** war etwas **komplexer**, mit **Rohren, die den drehenden Körper mit einem Kessel verbanden**.

ANDERE GESCHICHTE

Der Heronsball zeigt, dass man bereits in der Antike **wusste, wie man Drehkraft mit einer Dampfmaschine generierte**. **Warum wendeten sie diese Technologie nicht für Industrie oder Transport an**, wie die europäischen Nachfolger, um eine **antike industrielle Revolution auszulösen**? Antworten darauf sind unter anderem, dass die **Sozialwirtschaft das in ihrer Struktur nicht erlaubte**, speziell deswegen, weil sie **Sklaven hatten, die die harte Arbeit umsonst machten**.

IMAGINÄRE ANWENDUNGEN

Herons andere Errungenschaften waren eine **verbesserte Wasserpumpe** und die **Wasserorgel**, die Energie durch Drehbewegung generierte, wie bei einem Wasserrad. Wenn er seine Dampfmaschine damit verbunden hätte, hätte er eine **leistungsstarke Pumpmaschine bauen können**, die viele Anwendungen in der römischen Hydraulik gehabt hätte, während durch die Kombination von Dampf und Generatoren mit Drehrädern **Dampfturbinen** hätten gebaut werden könnten.

ZHANG HENG

Der Universalgelehrte Zhang Heng war der da Vinci des 2. Jahrhunderts n. Chr. von China, dessen technische Beiträge auch den Erdbebenindikator umfassen.

MANN DER RENAISSANCE

Zhang Heng (78-139 n.Chr.), anglisiert auch **Chang Heng**, hatte eine lange Karriere im Staatsdienst hinter sich und wurde als **Poet** und **Historiker** gefeiert. Er war auch ein wichtiger **Mathematiker**, **Naturphilosoph** und **Astronom**.

PRÄZISIONS-ZEITMASCHINE

Wie einige seiner griechischen Entsprechungen **verbesserte Zhang Heng die Genauigkeit und Verlässlichkeit der Wasseruhren**, indem er **die Wasserzufuhr regulierte**.

DER ERDBEBENINDIKATOR

Zhang Hengs bekannteste Erfindung war die ***Houfeng didong yi*** oder **Erdbeben-Wetterfahne**, ein frühes, aber ausgeklügeltes **Seismoskop** bzw. Erdbeben-Erkennungsinstrument. Es war **in der Lage, entfernte Beben zu erkennen und die Richtung des Epizentrums anzuzeigen**.

ARMILLARSPHÄRE

Er kombinierte verschiedene Erfindungen für eine **wasserbetriebene Armillarsphäre**, ein komplexes mechanisches Himmelsmodell, das die Bewegungen der Himmelskörper beschrieb. Eine seiner Verbesserungen führte zur Entwicklung der **Ankerhemmung**, einem essenziellen Teil eines **Uhrwerks**.

DRACHENMAUL

Das Seismoskop hatte die Form einer **Bronzeurne**, auf dessen Äußerem ein **Ring aus Drachen angebracht war, der verschiedene Punkte des Kompasses anzeigte**. Wenn ein Erdbeben erkannt wurde, wurde **ein Ball aus dem Mund eines der Drachen ausgestoßen**, um **in den Mond eines Bronzefrosches zu fallen**.

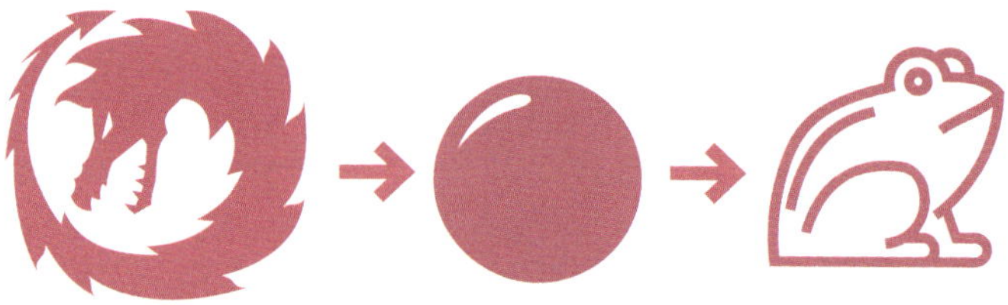

PUMPEN

Diese unangekündigte Technologie war erstaunlich wichtig für die Entwicklung von Industrie und Wissenschaft.

ANTIKE PUMPEN

Ingenieur der Antike improvisierten **erste Pumpen** eher mit **praktischer Erfahrung** als mit Theorie. Der **Shaduf**, ein **Hebel mit Gegengewicht, um Eimer mit Wasser zu eben**, war **eine der ersten Methoden für fließendes Wasser**. Die **Archimedische Schraube** wurde vermutlich schon tausende Jahre vor ihm erfunden; sie **arbeitet mit dem Prinzip der geneigten Ebene**.

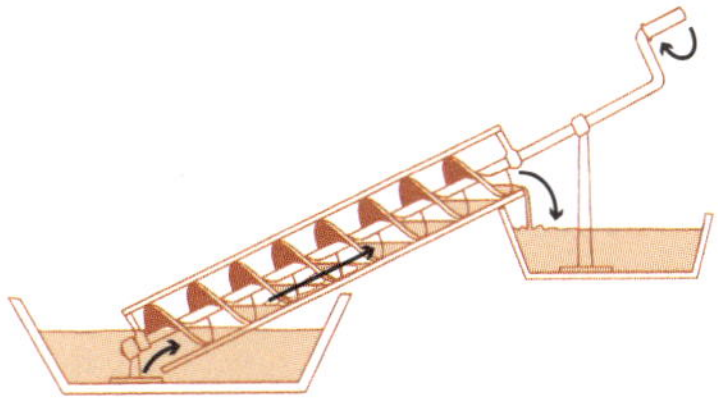

DRUCKPUMPEN

Eine Druckpumpe **bewegt Flüssigkeit durch Druck, der höher ist als der Luftdruck**. **Ktesibios** von Alexandria entwarf eine der ersten Druckpumpen, mit einem **Kolben**.

PUMPEN UND DIE WISSENSCHAFTLICHE REVOLUTION

Verbesserungen der Pumpentechnik, speziell die Einführung des **Dichtringes aus Leder**, um **Lecks zu vermeiden**, bedeutete, dass **weiches Vakuum** kreiert werden konnte. Dieses Vakuum wurde von ausschlaggebenden Personen wie dem anglo-irischen Chemiker **Robert Boyle** für **wissenschaftliche Forschungen** verwendet.

RÖHRENTECHNIK

Bessere Pumpen, die hartes Vakuum aufbauen konnten, waren **essenziell für die Entwicklung der Röhrentechnik** wie die **Kathodenstrahlröhre** und die **Röntgenstrahlen**.

LUFTDRUCK

Im Mittelalter waren Pumpen **sehr wichtig für die Arbeit in Minen**, da Minenarbeiter immer weiter forschten, aber waren dadurch eingeschränkt, dass sie **Wasser nicht aus tiefen Schächten pumpen konnten**. Ingenieure allerdings waren von der Grenze von 9 Metern frustriert, der **tiefsten Stelle, aus der eine Minenpumpe Wasser nach oben beförderte**. 1644 zeigte der italienische Wissenschaftler **Evangelista Torricelli**, dass diese Grenze durch den **Ausgleich des Gewichts der Atmosphäre und das Gewicht einer 9 Meter hohen Wassersäule** bedingt war.

ARTEN VON PUMPEN

Die zwei Haupttypen von Pumpen sind **Zentrifugalpumpen**, die **Flüssigkeit beschleunigen** – meist mit einem **sich drehenden Laufrad**, um eine **Pumpkraft** zu generieren; und **Verdrängungspumpen**, die **Flüssigkeit einsaugen** und dann ausstoßen, wie bei **Kolbenpumpen**.

UHREN

Zeitmesser wurden für Astronomie und Navigation gebraucht, aber sie zu regulieren war eine der größten technischen Herausforderungen der Welt nach dem Mittelalter.

MECHANISCHE ASTROLABE

Die **großen Uhren des Mittelalters** waren mechanische Wunder, aber sie funktionierten besser **für die Astronomie als für die Zeitmessung**, da sie **eigentlich Uhwerk-Astrolabe waren** (Geräte für die Berechnung der Bewegung der Himmelskörper).

TREIBENDE KRAFT

Der **Hauptabtrieb** für das Uhrwerk – bis zu Einführung von **Federn** – war die Schwerkraft. Ein **nach unten ziehendes Gewicht wandelte Potenzial in kinetische Energie um**, die durch die Bewegung eines Zeigers über eine Scheibe **übertragen** wurde. Der Zeiger wurde durch eine **Reihe Zahnräder und Getriebe** angetrieben, d.h. einem Uhrwerk.

ANKERHEMMUNGEN

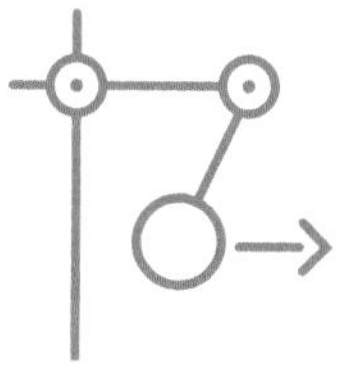

Ein Balken, der sich vor und zurück bewegt und dabei die Zahnräder bewegt, nennt man **Ankerhemmung**. Es war ein genialer Weg, die **Kraft des Gewichts zu bremsen**, aber bis **Galileo** das Prinzip des **Pendels** vorstellte, gab es keine natürliche Regelung, die die Ankerhemmung im Takt hielt.

BESSERE REGULIERUNG

Der niederländische Erfinder **Christian Huygens** entwarf eine **Pendeluhr**, die 1657 zum ersten Mal gebaut wurde. Danach folgten **Jahrhunderte lang Versuche**, die **Regulierung der Bewegung der Ankerhemmung zu verbessern** und **Variablen** wie die **thermische Ausdehnung, auszugleichen**.

WETTKAMPF UM DIE LÄNGE

Seemänner suchten nach einem Weg, **Zeit unabhängig von ihrer Position genau zu bestimmen**, um Längengrade ausmessen zu können. **1714 bot die britische Regierung demjenigen einen Preis, der eine genaue Uhr bauen konnte**. Nach 25 Jahren perfektionierte der Uhrmacher **John Harrison** ein sehr genaues **Chronometer** und bekam den Preis.

DAMPFTURBINEN

Die Maschinen von Newcomen und Watt bewiesen, dass Dampf enorm nützlich war, aber es blieb ein Rätsel, wie man diese potenzielle Kraft am besten nutzen konnte.

MEHRERE PHASEN

Eine Herausforderung war es, **mehr Energie aus dem Dampf zu gewinnen**. Wasser zu Dampf zu verwandeln benötigt **enorme Hitzemengen**, aber **einfache Kondensatmotoren** von Newcomen und sogar Watt **verschwendeten viel dieser Energie**. Eine mögliche Lösung wäre **mehr als ein Ausdehnungsgefäß**, sodass der Dampf **öfter eingesetzt werden kann**.

IMPULS VS. REAKTION

Dampf kann **Energie auf zwei Arten auf einen Rotor übermitteln**. Bei einem **Impulsmotor schiebt der Dampf die Rotorblätter im Kreis**. Bei einem **Reaktionsmotor** wird der Dampf von den Flügelblättern in eine Richtung geschoben, was eine **gleiche und gegensätzliche Reaktion in die entgegengesetzte Richtung auslöst**. So funktioniert ein **rotierender Rasensprenkler**.

PARSONS

Der britische Ingenieur **Charles Parson** (1854-1931) **baute die erste erfolgreiche Dampfturbine** mit einem **Reaktionsmotor**, der mehrere Flügel verwendete, um die gesamte Energie des Dampfes zu nutzen. Seine Turbine betrieb einen **elektrischen Generator** und später **Dampfschiffe**.

DREHBEWEGUNG

Ein weiteres Problem war, dass die **reziproke Bewegung der Balanciers sehr viel Energie verbrauchte**. Eine Turbine, die **Drehbewegungen** verwendete – wie **Wasserräder** – würde sich besser eignen, aber **die Eigenschaften von Dampf sind sehr unterschiedlich zu denen von Wasser**. Eine erfolgreiche Dampfturbine zu bauen würde eine der größten Herausforderungen für das Ingenieurwesen werden.

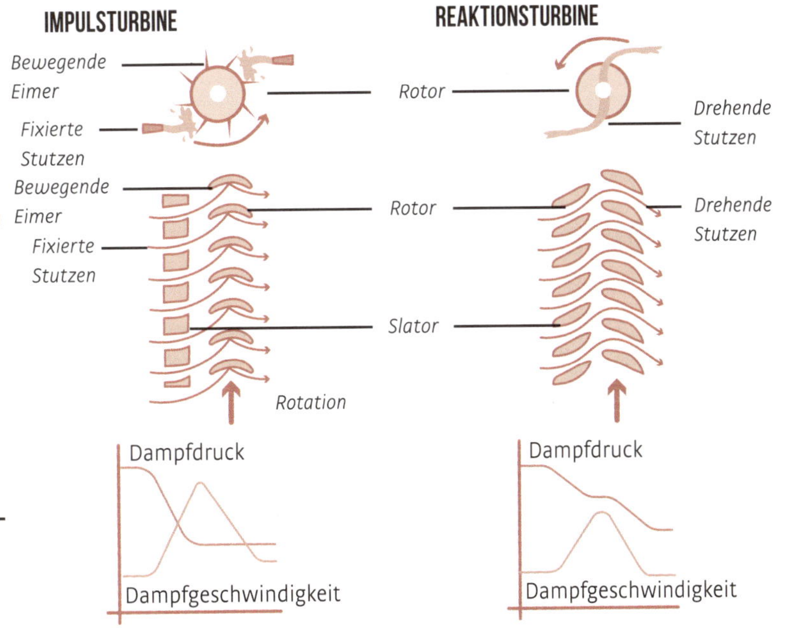

RECHENMASCHINEN

Wissenschaftliche Fortschritte führten zu extrem mühsamen Rechnungen und die Arbeit, die sie bedeuteten, sowie die Unzuverlässigkeit der Ergebnisse beeinträchtigten die Arbeit der Wissenschaftler. Können Ingenieure hier helfen?

DA VINCIS MASCHINE

Zeichnungen zweier Manuskripte von **Leonardo da Vinci** deuten darauf hin, dass er **sich eine Rechenmaschine vorstellte**, obwohl Skeptiker der Meinung sind, dass es eine **Maschine für Verhältnisse** sei (ein Gedankenexperiment, um das Prinzip von Verhältnissen darzustellen), was **aufgrund übermäßiger Reibung nie funktioniert hätte**.

NAPIERSCHE RECHENSTÄBCHEN

Die **früheste bekannte mechanische Rechenmaschine**, die **Rechenuhr von Wilhelm Schickard,** basierte auf **Napierschen Rechenstäbchen**, einer Reihe **gravierter Stäbe**, die **als Rechenhilfe verwendet werden konnten** und vom schottischen Mathematiker **John Napier** im frühen 16. Jahrhundert erfunden wurden.

DIE PASCALINE

1642 war **Blaise Pascal** ein 18-jähriges Mathematik-Wunderkind. Um seinem Vater, einem Steuereintreiber, zu helfen, entwarf er einen **mechanischen Additionsrechner**. An der Vorderseite einer rechteckigen Messingbox befanden sich **Scheiben, die Zahnräder im Inneren bewegten**. Eine **volle Umdrehung eines Zahnrades bewegte das Zahnrad eine Zehntel-Drehung nach links** usw. Das sogenannte Pascaline wurde **in sehr geringer Stückzahl produziert**, allerdings wurden von den 50 gebauten **nur ca. 15 verkauft**.

LEIBNIZSCHE RECHENMASCHINE

Der deutsche Universalgelehrte **Gottfried Leibniz** wandte das Prinzip des Pascaline an und wollte eine **Maschine der allgemeinen Arithmetik** entwickeln, die **multiplizieren, dividieren, addieren und subtrahieren** konnte. Seine **Rechenmaschine** verwendete ein spezielles **zylindrisches gezahntes Getriebe**, die **Staffelwalze** oder das **Leibnizrad**. **Scheiben stellten die Zahlen** ein und die **Operationen** wurden **durch das Drehen einer Kurbel durchgeführt**.

RECHNUNGEN MIT TASTEN

Die Entwürfe von Pascal und Leibnitz bildeten für ca. 200 Jahre die Grundlage für die meisten Rechenmaschinen. 1884 entwarf der amerikanische Erfinder **Dorr Felt** die erste **Rechenmaschine mit Tasteneingabe.** Die heute standardisierte Form der dreireihigen Zehnertastatur geht auf **den Rechner von Oscar Sundstrand aus dem Jahr 1914** zurück.

BABBAGE-RECHENMASCHINE

Das Nächste an einem mechanischen Computer war die Analytical Engine, die im 19. Jahrhundert vom britischen Mathematiker und Ingenieur Charles Babbage entwickelt wurde. Sie war ein Jahrhundert ihrer Zeit voraus und wurde nie gebaut.

MANUELLES RECHNEN

Vor dem Aufkommen der maschinellen **Rechner und Computer waren Rechner und Computer Menschen**, die **lange und aufwändige Rechnungen per Hand lösten**. Babbage ärgerte sich sehr über die **menschlichen Fehler** und beschloss 1823, eine Maschine für diese Berechnungen zu bauen.

DIFFERENZMASCHINE 1

Sein erster Versuch war ein **Uhrwerk-Rechner**, der **komplexe Rechnungen lösen konnte**, indem er die **mathematische Technik verwendete, die** Methode der finiten Differenzen. **Zahlen** werden durch **die Rotation der Zahnräder veranschaulicht**, sodass das **Kurbeln der Maschine einen Input in einen Output verwandelte**. Über 10 Jahre gab Babbage £17,000 aus, bevor ihm **das Geld ausging**. Die Maschine war 2,4 Meter hoch und bestand aus 25.000 Teilen.

DIFFERENZMASCHINE 2

1847 zeichnete Babbage Pläne für eine **vereinfachte Differenzmaschine**. Er bekam keine Förderungen von der Regierung und das **Projekt wurde nie realisiert**.

DIE ANALYTICAL ENGINE

1834 begann Babbage an Plänen für ein **ambitionierteres Gerät** eine **analytische Maschine**, die bereits **viele Eigenschaften moderner Computer besaß**, darunter eine **zentrale Verarbeitungseinheit,** eine **Speichereinheit** (mit einer Kapazität von 1000 Zahlen mit 50 Ziffern) und einen **Drucker**. Es sollte durch **Stempelkarten programmiert werden können**. Es wurde **nie gebaut** und war vermutlich **viel zu fortschrittlich für die Zahnrad-betriebene Technologie dieser Zeit**.

ERSTE PROGRAMMIERIN

Eine von Babbages Freundinnen, **Ada Lovelace,** beschrieb Algorithmen, die **mit dem vorgeschlagenen Gerät** funktionieren würden, was ihr den Titel der **ersten Computerprogrammiererin der Welt** einbrachte.

SÄMASCHINE

Die wesentliche Technologie der landwirtschaftlichen Revolution war ein einfaches, aber effektives Stück Ingenieurwesen.

HANDSÄEN

Bis zur weitverbreiteten Anwendung von Sämaschinen wurden fast alle Feldfrüchte **händisch gesät**, was bedeutete, dass Arbeiter über das Feld gingen und Samen ausstreuten. Das war aus verschiedenen Gründen **verschwenderisch und ineffizient**: **Vögel fraßen viele der Samen**, da sie auf der Erde lagen; Pflanzen konnten **zu nahe aneinander wachsen** und so den **Ertrag mindern**; Aufgaben wie **Unkraut entfernen** und **Düngen** dauerten länger, da die Pflanzen ungeordnet auf dem Feld wuchsen.

SÄGESCHICHTEN

Schon 1500 v. Chr. verwendeten die alten **Babylonier** eine Art Sämaschine, während die **Chinesen** im 1. Jahrhundert n.Chr. **Eisensämaschinen mit mehreren Rohren** erfanden. Sämaschinen wurden im **Italien der Renaissance** weiterentwickelt.

JETHRO TULL

Der britische Agrarwissenschaftler **Jethro Tull** beobachtete die Praktiken auf den Bauernhöfen des Kontinents und kehrte mit dem Beschluss zu seiner eigenen Farm zurück, **Landwirtschaft effizienter und Erträge höher zu machen**. 1701 änderte er frühere Ideen ab, um seine **erste Sämaschine** zu kreieren.

HIER WIRD NICHT GEBOHRT

Es wurde nicht wirklich gebohrt; Tull erklärte den englischen Namen (Seed drill = Samenbohrer) seiner Maschine damit, dass englische Bauern es **„Bohren" nannten, wenn Samen direkt in Furchen gepflanzt wurden**.

DIE MECHANISCHE SÄMASCHINE

Tulls Gerät war ein **Wagen, der von einem Pferd gezogen wurde, mit einem rotierenden Zylinder, der mit Samen gefüllt war**. Während sich der Wagen fortbewegte, drehte sich die Schachtel und **Samen fielen aus Schlitzen in einen Trichter**, der sie **in Furchen fallen ließ, die vom Pflug vor dem Wagen gegraben wurden**. **Hinten** war eine **Egge** befestigt, die **Erde auf die Samen schob**. Durch die parallele Anordnung mehrerer dieser Systeme konnte **ein einzelner Bauer gleichzeitig mehrere Samenreihen pflanzen**.

LÖSUNGEN

Die Sämaschine **schützte die Samen vor Vögeln**, **verbesserte die Bewässerung** und **Düngung** und **setzte die Samen in Reihen**, wodurch das **Unkraut leichter zu entfernen** und die Feldfrüchte leichter zu bewirtschaften waren **und so die Effizienz der landwirtschaftlichen Arbeit** erhöht wurde.

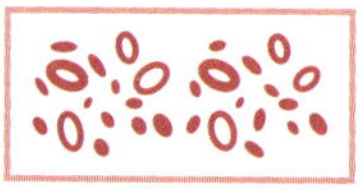

Enthält die Samen.

Öffnet die Furche in einer gleichmäßigen Tiefe.

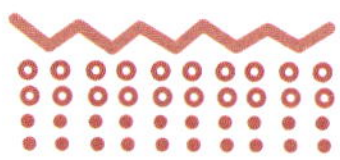

Setzt die Samen in die Furchen.

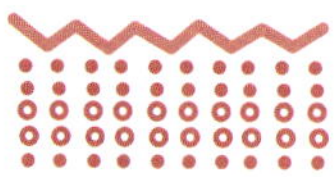

Bedeckt die Samen, indem Erde herum gefestigt wird.

WEBMASCHINE

Die britische Textilindustrie führte die Industrielle Revolution an, dank einer Reihe technischer Fortschritte.

HEIMINDUSTRIE

Im frühen 18. Jahrhundert waren **Spinnen** und **Weben**, die beiden Schritte der Stoffherstellung, **Heimindustrien**, die von Familien im eigenen Haus geführt wurden. Die **Produktivität** wurde durch Faktoren wie **Verlässlichkeit der menschlichen Arbeitskraft**, die **Schwierigkeit, starken Baumwollfaden zu spinnen,** und **schmale Webstühle** eingeschränkt.

KETTE UND SCHUSS

Weben funktioniert durch das Arrangieren von Fäden in parallelen Linien (**Kette**) und dann wird der **Schuss** über und unter jeden Kettenfaden gezogen. Der **Schuss wurde von einem Schiff gezogen, der von Hand durchgezogen wurde**. **Webstühle, die von Hand bedient wurden**, konnten demnach nur **so breit sein wie die Reichweite eines Menschen**, und das begrenzte die **Breite des Stoffes**, der in einem Stück gefertigt werden konnten.

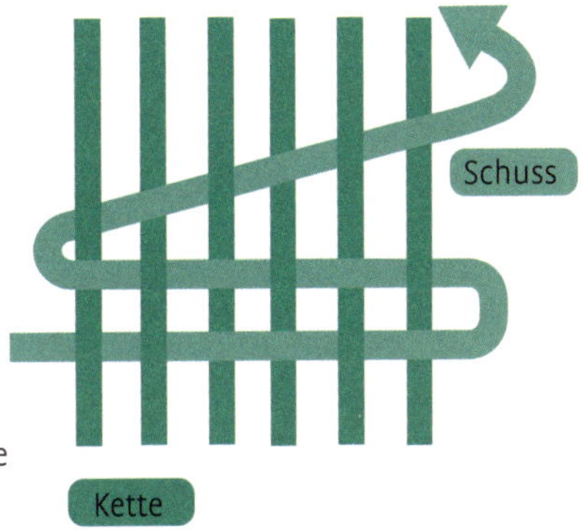

DAS FLIEGENDE SCHIFF

1733 erfand **John Kay** ein **Schiff, das auf kleinen Rädchen lief** und **von einer Schnur hin und hergezogen werden konnte**. Dieses **fliegende Schiff** ermöglichte **breitere Webstühle** und **beschleunigte den Prozess** wesentlich, sodass **eine Person die Arbeit von zwei oder mehreren** erledigen konnte.

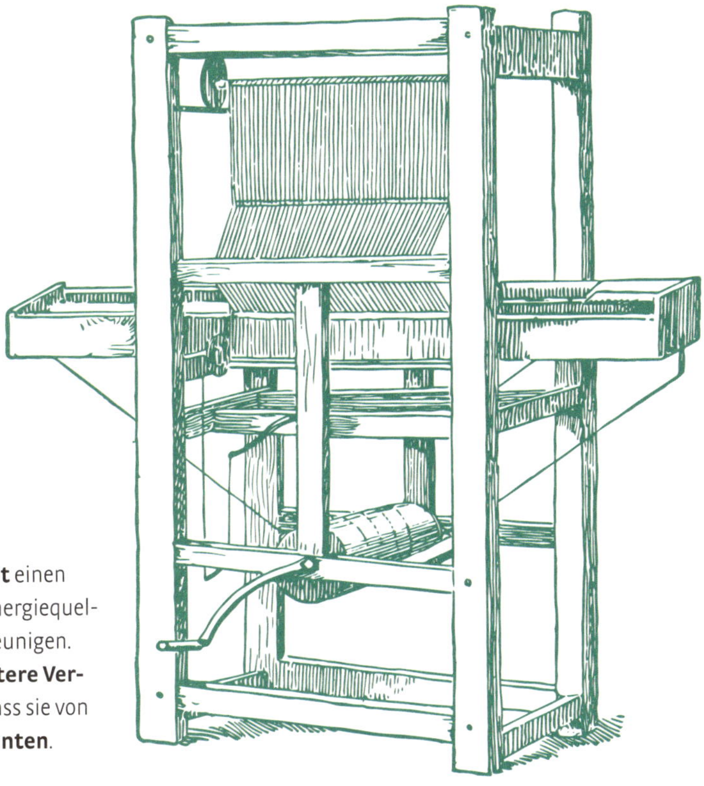

MECHANISCHER WEBSTUHL

1785 erfand der Geistliche **Edmund Cartwright** einen **mechanischen Webstuhl**, der eine externe Energiequelle verwendete, um den Webvorgang zu beschleunigen. Seine Maschine wurde ständig verbessert, **spätere Versionen bestanden aus Eisen statt Holz**, sodass sie von **Dampfmaschinen angetrieben werden konnten**.

SPINNMASCHINE

Innovationen des Ingenieurwesens löste ein knappes Wettrennen zwischen Spinnen und Weben aus, bei dem jede Seite mit dem Angebot/der Nachfrage des anderen mithalten wollte, was eine weitere Entwicklung förderte.

DIE SPINNENDE JENNY

Nach seiner Tochter benannt, wurde die spinnende Jenny 1767 vom englischen Weber **James Hargreaves** erfunden. Man spann **mit einem Rad**, das **die Drehbewegung einer Spindel antrieb**; Hargreaves meinte, dass das **Rad mehr als eine Spindel betreiben konnte**. Die **spinnende Jenny hatte acht Spindeln**.

DER WASSERRAHMEN

Richard Arkwright war ein englischer Unternehmer, der erkannte, dass selbst mit **spinnenden Jennys** die **Spinner der gesteigerten Nachfrage nach Faden nicht nachkommen konnten**, die von der Verwendung des **fliegenden Schiffchens** ausging. Ab 1764 arbeitete er an einer großen **Spinnmaschine**, die er Wasserrahmen **nannte, weil sie durch** Wasserkraft **betrieben wurde. Diese Maschinen mussten in speziellen Gebäuden (Fabriken) untergebracht werden, die man als Mühlen kennt, denn wie eine Getreidemühle nutzen sie Wasserräder**.

DIE SPINNING MULE

Baumwollfäden **konnten nun ausreichend produziert werden, allerdings war** die Qualität unterschiedlich. 1779 kombinierte **Samuel Crompton** die besten Eigenschaften der **spinnenden Jenny** und des **Wasserrahmens**, um die Spinning Mule **zu entwerfen, ein Gerät, das einen sehr feinen und gleichmäßigen Faden** spann.

EVANS' GETREIDEMÜHLE

Oliver Evans (1755–1819) war ein überragender amerikanischer Erfinder des späten 18. Jahrhunderts. Seine Kombination aus Erfindungen, um eine automatische Getreidemühleproduktion zu schaffen, veränderte die Mühlenindustrie.

GEGEN DAS GETREIDE

Beim Engineering dreht sich alles um **Problemlösung**. 1782 übernahmen Evans und seine Brüder eine Getreidemühle und er wollte unbedingt technische Lösungen zu den angetroffenen Problemen finden.

Mit manueller Arbeit wurden **Getreidesäcke und Mehl in der Mühle nach oben und unten geschleppt** und Getreide gespreizt.

Schmutz, Käfer und andere Verunreinigungen **fanden ihren Weg in das Mehl.**

Der **Mahl- und Trockenprozess benötigte viel Zeit** und reduzierte die Effizienz.

Die Dauer des Prozesses ermöglichte es, dass **Getreide und Mehl verdarben und Krankheiten ausbrachen**.

Der **arbeitsintensive Prozess** machte Mühlenarbeit **teurer**.

FÜNF MASCHINEN

Um diese Probleme zu lösen, baute Evans ein System, das **frühere Erfindungen kombinierte, und fügte eigene hinzu**. 1787 hatte er ein Gebäude geschaffen, das mit **Wasserkraft** lief und fünf **innovative Geräte antrieb**.

- Ein **Becherwerk:** eine Reihe Schaufeln aus Holz oder Zinn **auf einem** ledernen Riemenrücken**, was die Arbeit der Männer ersetzte, die die Säcke auf- und abschleppten.**
- Eine **Förderschnecke**, um **Material horizontal bewegen zu können**.
- Ein „Bohrer"**: ein in einem „endlosen" (im Kreis montierten)** Förderband, das Material über eine Steigung brachte**.**
- Ein **Abseilgerät**: ein **weiteres unendliches Förderband, um Material nach unten zu bewegen**.
- Ein „**Hüpfer"**: eine Maschine, die ihren Namen von dem ersetzten Arbeiter hat, der **das Mehl am Boden ausbreitete**, um es zu kühlen und trocknen**, und der Hüpfer hatte einen Heuwender**, um das **Mehl zu verteilen**.

FORTSCHRITTE

Evans' Mühle **erlaubte es einem einzigen Arbeiter, die Arbeit von fünf zu erledigen** und so 300 Büschel (ca. 8 Tonnen) Getreide pro Stunde zu verarbeiten.

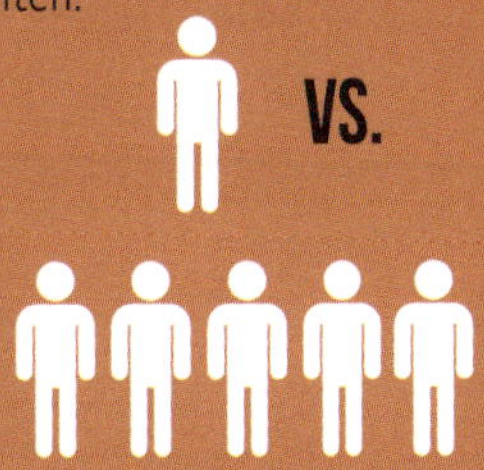

DIE EGRENIERMASCHINE

Eli Whitneys Maschine zur Baumwollkardierung veränderte die Sozialwirtschaft des amerikanischen Südens und den Lauf der Geschichte.

KLEBENDE SAMEN

Eli Whitney war ein Nordamerikaner, der 1792 nach Georgia zog, wo er entdeckte, dass einheimische Besitzer von Baumwollplantagen nur **Kurzstapel-Baumwolle mit klebrigen Samen** anbauen konnten, was schwer **in ein profitables Produkt umgewandelt werden konnte**. Man brauchte also einen **schnellen, günstigen Weg, um die Samen zu entfernen**.

ABBÜRSTEN

Whitneys Konzept war einfach und elegant. Eine **Walze mit kleinen Haken fing Baumwollfasern in einem Behälter** auf und **zog sie dann durch ein feinzahniges, kammartiges Gitter**. Die **Baumwollfasern passten durch, aber die** Samen nicht. Auf der anderen Seite des Gitters bürsteten **rotierende Borsten die Baumwollfasern von der Walze ab**, sodass diese **nicht verstopfte**.

PFERDEKRAFT

Whitney entwarf eine Maschine, die **von einem Pferd betrieben wurde, das ein Rad im Kreis drehte**. „Ein Mann auf einem Pferd wird mehr erreichen als fünfzig Männer auf alten Maschinen", schrieb er seinem Vater

SCHLECHTE NACHRICHTEN

Dank der Egreniermaschine und anderer Innovationen wurde **der Baumwollanbau immer profitabler**, was einen wahnsinnigen **Anstieg der Größe der Baumwollindustrie** und der **Nachfrage nach Sklaven** bewirkte, die immer weiter in ein **erbarmungsloses industrialisiertes System der Ausnutzung gezogen wurden**. Der **Süden war nun unwiderruflich mit Sklaverei verbunden**.

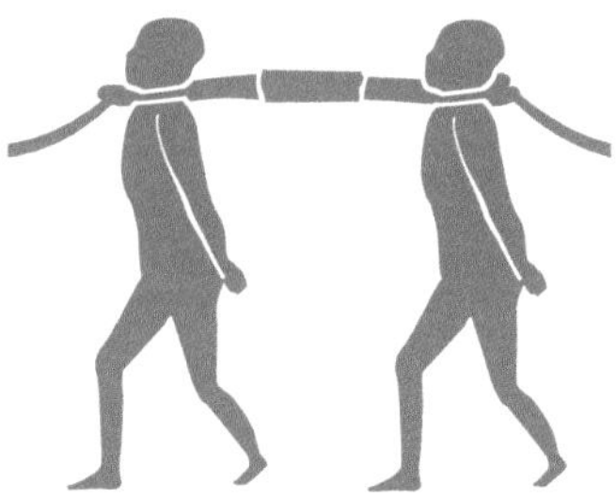

PORTSMOUTH BLOCK MILLS

Die Blockmühlen von Portsmouth, die als eine der frühesten industriellen Massenproduktionsanlagen der Welt gelten, wurden von Marc Brunel entworfen.

BLÖCKE

Ende des 18. Jahrhunderts, mitten in den **Napoleonischen Kriegen**, wurde die British Royal Navy zu einem riesigen und technisch fortgeschrittenen Unternehmen, das Material und Ausrüstung verschlang, darunter Blöcke, **Holzgehäuse, in denen sich eine oder mehrere drehbare Scheiben befinden**. Ein typisches **großes Schiff benötigte 1000 Blöcke** verschiedener Größen und die **Royal Navy brauchte etwa 100.000 Blöcke jährlich**.

INDUSTRIELLES HOCHLAND

Unter der Leitung des **Brigadier-Generals Sir Samuel Bentham**, dem Inspector General of Naval Works (Hauptinspektor in Schiffsbelangen), wurden die Werften in Portsmouth zu einer der weltweit führenden Industriestätten umgebaut, mit **neuester Technologie** und **hochmodernen Werkstätten**. In einem **riesigen Wassereinzugsgebiet baute Bentham einen Komplex aus Holzmühlen** mit **Maschinen, die von Dampfmaschinen angetrieben wurden**.

AUFSTIEG DER MASCHINEN

Bei der Arbeit mit Ingenieuren wie **Henry Maudslay**, **Simon Goodrich** und **Bentham** selbst perfektionierte **Brunel** eine Maschine **– die erste aus Holz, später aus Metall –, die Holz in standardisierte Blöcke schnitt** und dann durch **Bohren**, **Aushöhlen**, **Schneiden**, **Mahlen** und **Glätten** Blöcke verschiedener Größen und Spezifikationen herstellte.

BRUNELS VORSCHLAG

Bentham selbst entwarf einige Maschinen, um die **Blockproduktion zu beschleunigen**, denn die Blöcke wurden noch händisch geschnitten – doch seine Pläne wurden nicht verfolgt. 1802 präsentierte **Marc Brunel** der Royal Navy **Entwürfe für eine Reihe an Maschinen, um Blöcke zu fertigen**, und Bentham setzte sich für deren Verwirklichung ein.

PRODUKTIONSSCHUB

Die Maschinen **ermöglichten es zehn Männern, so viele Blöcke zu fertigen wie 110 ausgebildete Holzarbeiter**. 1808 fertigten die Block Mills **130.000 Blöcke im Jahr**.

STIRLINGMOTOREN

Stirlingmotoren waren geschlossene, leise Motoren mit niedrigen Temperaturen, die mit Wärmedifferenz liefen, die 1816 erfunden wurden, aber erst jetzt voll zum Tragen kommen.

SIEDEPUNKT

Robert Stirling war ein schottischer Geistlicher in einer industriellen Region, der wegen der **Gefahr der Dampfmaschinen für seine Gemeindemitglieder** besorgt war. Diese verwendeten **Heizkessel,** um Dampf zu generieren, und der **hohe Druck**, der das schwache Kesselblech aus Eisen immer wieder strapazierte, führte so **zu Explosionen**.

LUFTMOTOR

Stirling hatte von **Luftmotoren** gehört, die **Luft anstelle von Dampf verwendeten, um die Kolben zu bewegen und Hitze zu Arbeit zu machen**, aber er wusste, dass sie **nicht effizient** waren, und **beschloss, sie zu verbessern**. 1816 erfand er die **Wärmekraftmaschine**, einen **Wärmetauscher**, also **Regenerator**, der **die Effizienz der Luftmotoren um einiges verbesserte**.

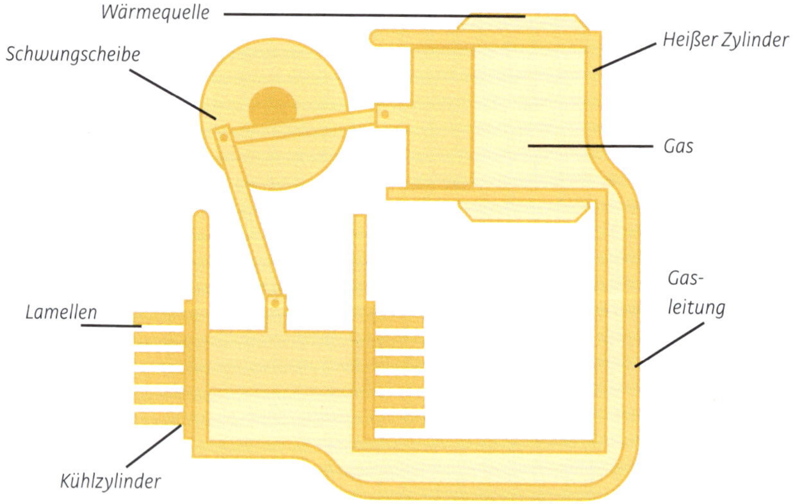

SICHERERE MOTOREN

Im Jahr darauf bauten Stirling und sein Bruder den Wärmetauscher in einen **Luftmotor ein** und bauten so einen Motor, der **mit weniger Hitze funktionierte als eine Dampfmaschine**, **keine Verbrühungen verursachen konnte** (da kein Dampf verwendet wurde) und die **nicht explodieren konnten** (da es keinen Hochdruck-Kessel gab). 1818 wurde der Stirlingmotor **bei einem Steinbruch in der Nähe als Motor für eine Pumpe verwendet**.

MODERNE ANWENDUNGEN

Stirlingmotoren waren **teuer** und **konnten Dampfmaschinen nicht ersetzen**, vor allem, als Fortschritte in der **Stahlproduktion stärkere Kesselbleche** hervorbrachten, und **Dampfmaschinen sicherer wurden**. Die **Grundlagen**, **Effizienz** und **sehr niedrige Lautstärke** der Stirlingmotoren waren **optimal für die spezielle Anwendung in U-Booten** (die geräuscharm sein sollten) und für **umweltfreundliche Energiegewinnung**.

DAMPFHAMMER

Ein Symbol des Industriezeitalters war der Dampfhammer, der die Kraft des Dampfes sowohl für rohe Kraft als auch Finesse nutzte.

SCHWANZHAMMER

Dampfkraft wurde von **Schmieden** bereits vor der Erfindung der Dampfhammer eingesetzt. Der **Schwanzhammer** war sehr wichtig für den **mechanisierten Arm des Schmiedes**, mit einem **Hammer an einem Ende des Arms.** Dieser Arm wurde **durch Wasser- oder Dampfkraft gehoben** und dann **losgelassen**, um in einem Bogen nach unten zu fallen.

SCHWERTRANSPORT

1839 erhielt der Werkzeugmacher **James Nasmyth** einen Brief von einem der besten Ingenieure bei der **Great Western Steam Company**, worin er bedauerte, dass er **niemanden finden konnte, der eine massive Achse für das geplante riesige Schaufelrad der SS *Great Eastern*** schmieden konnte (das Design wurde später zu **Schiffsschrauben** geändert). **Schwanzhämmer** waren **ungeeignet**, da ihre Größe den Bogen ihres Falls blockierte.

NASMYTHS HAMMER

Nasmyth zeichnete sofort eine **neue Hammerart** für den Einsatz und beschrieb die Elemente als „massiven Amboss ... ein Eisenblock, der den Hammer bildet ... und einen umgedrehten Dampfzylinder, an dessen Kolbenstab der Hammer befestigt ist.“ **Dampfkraft hob den Kolben und den daran befestigten Hammer, während das Ausblasen des Dampfes den Hammer durch Schwerkraft fallen ließ.**

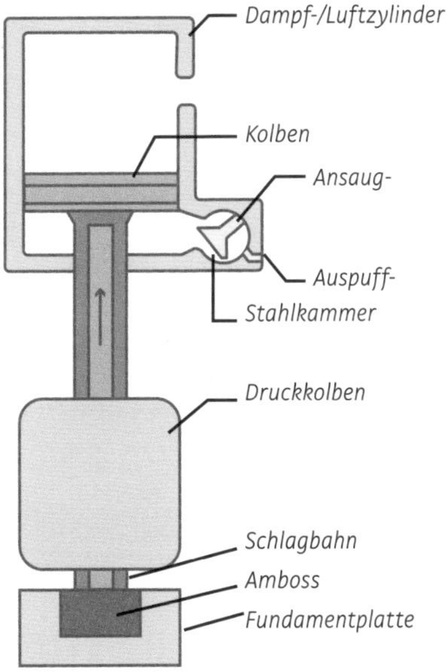

GROSSER HAMMER

Nasmyth **patentierte seinen Entwurf eines Dampfhammers** 1842, als französische Industrieunternehmen bei **Le Creusot** bereits eine funktionierende Version davon verwendeten. Le Creusot würde später eine **110 Tonnen schwere Maschine haben**, die **heute als Denkmal fungiert**.

SANFTE BERÜHRUNG

Der **Zylinder von Nasmyths Hammer** hatte eine **Klappe**, die **den Dampfausstoß regulierte**, und so konnte er **sehr genau gesteuert werden**. Seine Lieblingsvorführung war es, eine **Eierschale in einem Weinglas zu zerbrechen, ohne das Glas zu beschädigen, bevor er geschmolzene Ingots zu Scheiben presste**.

MECHANIK

ROBOTER

„Roboter" hat viele Bedeutungen, aber meistens bezieht man sich damit auf eine autonome Maschine.

AUTOMATEN

Mechaniker im **antiken Europa** und der **islamischen Welt des Mittelalters** produzierten geniale Automaten, um zu unterhalten, zu beeindrucken und Debatten auszulösen. Diese Praxis zog sich bis in die moderne Welt. Die **mechanische Ente**, die vom **französischen Ingenieur Jacques de Vaucanson 1738** gebaut wurde, konnte angeblich **mit den Flügeln schlagen**, **quaken**, **essen** und sogar **Kot ausscheiden**.

ARBEITSBOTS

Ein alter griechischer Mythos über mechanische Diener und Arbeiter wurde schon im 19. Jahrhundert von der Science-Fiction übernommen, weshalb man der Meinung war, dass die Technologie in der Wirklichkeit auch bald soweit sein würde. Die **ersten Industrieroboter wurden aber erst 1961 in Dienst gestellt**.

UNIMAT

Unimation war ein Unternehmen, das 1956 von **Joseph Engelberger** und **George Devol** gegründet wurde, die **programmierbare Automatisationssysteme** entwarfen. Gemeinsam entwickelten sie den Unimat, einen **programmierbaren Roboterarm, der in der Fabrik von General Motors 1962 in Betrieb genommen wurde**.

MÄHER UND STAUBSAUGER

Abseits des Fließbandes **sind nur wenige Roboter im Handel erhältlich**. Koboldartige Roboter, die **Rasen mähen** oder **staubsaugen,** bekommt man häufiger, ebenso wie **Roboterspielzeug. Selbstfahrende Autos** sind **im Grunde genommen Roboter**.

HERAUSFORDERUNGEN DES ROBOTERS

Es hat sich als schwierig erwiesen, Roboter aus dem Labor herauszuholen, da noch einige **technische Herausforderungen zu meistern sind**. Darunter: **genügend Energie für einen autonomen Betrieb**; eine **ausreichende KI**, die notwendig ist, um Tätigkeiten ausführen zu können, die für Menschen einfach sind, wie die **visuelle Erfassung** oder die **Navigation in unübersichtlichen Umgebungen;** und eine **robuste und günstige Bauweise** – Roboter sind **zu anfällig und teuer für die Anwendung in der Alltagswelt**.

JAMES DYSON

Der britische Ingenieur James Dyson, bekannt für sein revolutionäres Staubsaugerdesign, ist ein unerschrockener Erfinder und eine Ikone.

SCHUBKARRE

Dyson besuchte eine **Kunstschule** und studierte **Design**, bevor er Ingenieur und Erfinder wurde. Eine seiner frühesten Erfindungen war die etwas andere **Schubkarre**: Sie hatte anstatt des **Rades** einen **großen Ball, der die Manövrierfähigkeit erhöhte**.

STAUBBEKÄMPFER

Bei der Herstellung der Schubkarren in seiner Fabrik erkannt er ein **Problem mit dem Staub** des Harzes, mit dem die Schubkarre überzogen wurde. Er baute einen **industriellen Zyklonturm** ein, der **wirbelnde Luft verwendet, um Staubpartikel zu entfernen**.

VAKUUM

1978 **ärgerte sich Dyson über seinen Hausstaubsauger**, da er an **Saugleistung verlor**, weil der **Beutel mit Staub verstopft wurde**. Er musste die Idee, die **Zyklontechnologie in einem Hausstaubsauger anzuwenden,** testen.

ENTWICKLUNGSHÖLLE

Über die nächsten fünf Jahre entwickelte Dyson **5127 Prototypen**, die er **selbst** aus **Blech**, **Aluminium** und **Perspex** baute. Versuche, sich mit bekannten Herstellern zusammenzuschließen, scheiterten und so **gründete er sein eigenes Unternehmen**, das mittlerweile **$6 Milliarden Umsatz jährlich macht und 5800 Ingenieure auf der ganzen Welt beschäftigt**.

KREATIVES DENKEN

Dyson und sein Team entwickelten auch **kreative Lösungen für andere Bereiche**, wie z.B. **Handtrockner**, **Ventilatoren**, und **Föhns**. Er arbeitet auch an einem **Elektroauto**.

ZEITTAFEL

Die Zeitpunkte auf dieser Tafel beschreiben bahnbrechende Ereignisse, nicht das früheste bekannte Auftreten einer technischen Meisterleistung.

ca. 60.000 v. Chr.	Balken
ca. 60.000 v. Chr.	Säule
ca. 60.000 v. Chr.	Fachwerk
ca. 11.000 v. Chr.	Biotechnik
ca. 10.000 v. Chr.	Schiffe
ca. 9000 v. Chr.	Raketen
ca. 7000 v. Chr.	Pfeil und Bogen
ca. 4500 v. Chr.	Bronzezeit
ca. 4000 v. Chr.	Straßen
ca. 3800 v. Chr.	Das Rad
ca. 3000 v. Chr.	Vermessung
ca. 2900 v. Chr.	Dämme
ca. 2500 v. Chr.	Toiletten
ca. 2500 v. Chr.	Gewölbe
1750 v. Chr.	Schwachstellen
ca. 133 v. Chr.	Brücken
ca. 1200 v. Chr.	Eisen
ca. 850 v. Chr.	Belagerungsgeräte
660 v. Chr.	Leuchttürme
ca. 550 v. Chr.	Tunnel
ca. 550 v. Chr.	Wasserversorgung und Abwasser
ca. 550 v. Chr.	Armbrust
515 v. Chr.	Kanäle und Schleusen
ca. 500 v. Chr.	Schwachstellen (Entstehung der Entwicklung erdbebensicherer Strukturen)
ca. 400 v. Chr.	Erneuerbare Energien
ca. 400 v. Chr.	Wasserräder
ca. 350 v. Chr.	Tribock
ca. 300 v. Chr.	Energie
ca. 200 v. Chr.	Archimedes (größte Errungenschaften)
ca. 200 v. Chr.	Antike Maschinen
200 v. Chr.	Hebel
ca. 100 v.Chr	Balliste
80 v. Chr.	Mechanismus von Antikythera
ca. 1	Der Heronsball
ca. 120	Kuppel
135	Zhang Heng
644	Windmühlen
850	Schießpulver
1280	Brillengläser und Linsen
1326	Frühe Kanonen
1364	Schusswaffen und Artillerie
1500	Chinesische Mauer
ca. 1500	Leonardo da Vinci (seine bedeutendsten Werke des Ingenieurwesens)
ca. 1600	Mechanik
1642	Rechenmaschinen
1645	Pumpen
1657	Uhren
1660	Elektrostatische Generatoren
1675	Elastizität
1701	Sämaschine
1712	Dampfmaschinen
1733	Webmaschine
1745	Leidener Flasche
1767	Spinnmaschine
1771	Fabriken
1773	Bodenmechanik
1776	Kanonen
1783	Dampfschiffe
1787	Evans' Getreidemühle
1793	Egreniermaschine
1800	Volta'sche Säule
ca. 1800	Geoengineering
1801	Hängebrücken
1801	Lokomotiven
1802	Portsmouth Block Mills
1809	Frühe elektrische Beleuchtung
1817	Stirlingmotoren
1823	Babbage-Rechenmaschine
1824	Thermodynamik
1824	Zement
1825	Schildvortrieb

1825	Widerstände (Resistoren)
1826	Omnibusse
1829	Die Rocket
1832	Beton
1832	Dynamos
1833	Isambard Kingdom Brunel
1837	Hinterlader
1837	Telegraph
1839	Dampfhammer
ca. 1840	Viskosität
1840	Wärme
1852	Flugschiffe
1856	Bessemerbirne
1858	Sir Joseph Bazalgette (Bau des Abwassernetzwerks Londons)
1861	Fahrräder
1861	Aufzüge
1866	Elektrische Lokomotiven
1866	Dynamomaschine
1868	Kontrolltheorie
1868	Motorflug
1870	Hochhäuser
1875	Emergenz
1876	Verbrennungsmotor
1876	Telefon
1877	Phonograph
1879	Glühbirne
1881	Nikola Tesla (Erfindung des mehrphasigen Motors)
1881	Drehstrom-Asynchronmaschine
1882	Elektrische Energiegewinnung
1884	Dampfturbinen
1885	Autos
1885	Maschinengewehre
1886	Osteoplastik
1886	Gleichstrom vs. Wechselstrom
1889	Eiffelturm
1890	Künstliche Gelenke
1895	Medizinische Bildgebung
1898	U-Boote
1898	Drohnen (unbemannte Luftfahrzeuge)
1901	Radio
1903	EKG
1903	Brüder Wright
1904	Röhrendiode
1906	Röhrentriode
1913	Ford und das Fließband
1916	Panzer
1926	Fernsehen
1928	Eiserne Lunge
1930	Düsentriebwerk
1939	Hubschrauber
1940	Radar
1940s	Finite-Elemente-Analyse
1943	Rollbombe
1945	Atombombe
1946	Mikrowelle
1947	Transistor
1948	Informationstheorie
1952	Künstliche Herzklappen
1952	Schrittmacher
1953	Herz-Lungen-Maschine
1957	Cochlea- und Retinaimplantate
1957	Sputnik
1958	Integrierter Schaltkreis
1959	Luftkissenfahrzeug
1960	Laser
1962	Roboter
1968	Mensch-Computer-Interaktion
1969	Das Apollo-Programm
1972	Gentechnik
1974	PCs
1978	GPS
1981	Nanotechnologie
1983	James Dyson
1988	Tissue Engineering
1990	Rettung des Schiefen Turms
1990	Hubble-Weltraumteleskop
1990	Suchmaschinen
1993	Bionik
1994	Eurotunnel
1998	Internationale Raumstation
1998	Quantencomputing
2002	Elon Musk (Gründung von SpaceX)
2010	Künstliches Leben
2013	CRISPR-Cas9
2014	Selbstfahrende Autos
Zukunft	Weltraumlift
Zukunft	Dyson-Sphäre
Zukunft	Zukünftige Waffen
Zukunft	Künstliche Intelligenz

GLOSSAR

Arbeit: etwas gegen eine Kraft bewegen
Ballistik: Wissenschaft der Bewegung von Projektilen
Beton: künstlicher Fels oder Stein
Biomimikry: Nachahmung von Phänomenen der Natur auf die Technik
Biotechnik: auch: biomedizinische Technik – Anwendung von Prinzipien und Techniken des Ingenieurwesens in Biologie und Medizin
dehnbar: biegsam – Gegensatz von spröd
Drehmoment: Rotationskraft
Dynamo: ein Elektrizitätsgenerator, der Gleichstrom produziert
Elektrische Ladung: die Menge an ungleicher Elektrizität in einem Körper (positiv oder negativ)
Elektromagnetische Induktion: das Phänomen, bei dem die Bewegung magnetischer Felder elektrische Felder hervorruft und umgekehrt
Elektrostatische Ladung: elektrische Ladung, die sich nicht bewegt
Emergenz: das Prinzip, bei dem Systeme Eigenschaften aufweisen, die aus der Interaktion von Elementen entstehen, wobei diese Eigenschaften bei einer isolierten Betrachtung der Elemente weder sichtbar sind noch vorhergesehen werden können.
Energie: die Kapazität, Arbeit verrichten zu können
Equilibrium: sich unterscheidende Variablen (z.B. Kräfte), die sich gegenseitig ausgleichen, um keine Veränderung zu verursachen
Fabrik: ein Fertigungssystem; normalerweise ein Gebäude oder Gebäudeblock
Feld: ein Bereich, in dem jeder Punkt von einer Kraft beeinflusst wird
Geoengineering: großflächige Eingriffe, um das Klima oder andere natürliche Prozesse auf globaler Ebene zu verändern
Gesteinskörnung: grobe bis mittelfeinkörnige Feststoffe – größere Körner als Staub, aber kleiner als Steine
Getriebe: ein Gerät, das Drehbewegungen überträgt
Gewölbe: eine gebogene Öffnung, geschaffen dafür, Gewicht von oben zu tragen
Gleichrichten: Wechselstrom zu Gleichstrom umwandeln oder die Formen elektromagnetischer Wellen verändern
Halbleiter: Material, das sowohl Leiter als auch Isolator ist, je nach äußeren Faktoren
Hebel: eine Art einfache Maschine: ein Gerät, um Arbeit durch Verstärkung der Kraft zu verrichten
Hub: hebende Kraft
hydraulisch: aus Wasser bestehend oder es betreffend
Isotope: Formen eines Elements, die sich in der Anzahl der Neutronen im Kern unterscheiden, was die Stabilität des Kerns beeinflusst
Karbonisation: der Vorgang, Eisen Kohlenstoff zuzufügen
Kompression: eine treibende oder drückende Kraft
Kondensator: ein Mittel, elektrische Ladung in einem elektrostatischen Feld zu speichern
Kraft: ein Druck oder Zug
Kuppel: eine Art Gewölbe; ein Bogen, der tiefer ist als seine Stützweite
Last: eine Ansammlung an Kräften, die auf ein Objekt einwirken, speziell Gewicht oder eine Druckquelle
Legierung: eine Metallmischung
Leistung: Energie oder Arbeit pro Zeiteinheit; Grad, in dem Arbeit verrichtet oder Energie umgewandelt wird
Mechanik: Wissenschaft von Körpern in Bewegung oder im Equilibrium (Gleichgewicht)
mechanische Spannung: Intensität der Kraft oder Kraft pro Einheit; innere Kräfte, die auf ein Objekt wirken
Metallurgie: die Kunst und Wissenschaft, Metall zu bearbeiten
Motor: eine Maschine, die die Antriebskraft für ein Fahrzeug oder ein anderes Gerät mit beweglichen Teilen stellt
Motor: eine Maschine mit beweglichen Teilen, die Kraft in Bewegung umwandelt
Nanotechnologie: Materialien, Strukturen und Geräte, die in Dimension von Molekülen und Atomen gefertigt und/oder eingesetzt werden
parabolisch: eine Art Kurve in Form einer Parabel, die Projektile unter der Einwirkung von Schwerkraft zeichnen
pneumatisch: aus oder betreffend Gase, darunter auch Luft

Projektil: ein Körper, der sich bewegt, und nur von Schwerkraft beeinflusst wird

Prothese: ein künstlicher Körperteil oder Teil eines Körperteils

Reibung: Kraft, die relativer Bewegung von Oberflächen oder Schichten, die aneinander reiben, entgegenwirkt

Scherung: Biegekraft; ungleiche Kräfte, die in unterschiedliche Richtungen drücken

Schub: die Kraft, die einen Körper vorwärts bewegt

Spannung: ziehende Kraft

Strom: Flussrate von elektrischer Ladung

Strömungswiderstand: eine Art Reibung; Kraft, die gegensätzlich zur relativen Bewegung eines Objektes in Bezug auf eine umgebende Flüssigkeit wirkt

Systemtechnik: Studium und Praktik dessen, Elemente zusammenzusetzen, sodass sie als System interagieren

Torsion: einen Körper entlang seiner langen Achse drehen, während ein Ende des Körpers fixiert ist

Transistor: eine Kontraktion aus „trans" und „Resistor": eine Art elektronischer Klappe

Turbine: eine Maschine mit einem Rotor, normalerweise mit Schaufel- oder Flügelblättern, die Energie aus der Bewegung von Flüssigkeiten gewinnt

Widerstand: ein Maß dafür, welche elektrische Spannung nötig ist, um eine bestimmte elektrische Stromstärke durch einen Leiter (Widerstand) fließen zu lassen

Zement: ein Bindemittel, das beim Bau verwendet wird

Zugfestigkeit: Menge an Kraft, die ein Material aushält, bevor es reißt oder bricht

WEITERFÜHRENDE LITERATUR

Roma Agrawal, *Built: The Hidden Stories Behind Our Structures*, Bloomsbury, 2018

J.E. Gordon, *Structures: Or Why Things Don't Fall Down*, DaCapo Press, 2003

Adam Hart-Davis, *Engineers: From the Great Pyramids to Spacecraft*, Dorling Kindersley, 2017

J.L. Heilbron (ed.), *Oxford Companion to the History of Modern Science*, OUP, 2003

J.G. Landels, *Engineering in the Ancient World*, Constable, 2000

Joel Levy, *50 Weapons that Changed the Course of History*, Firefly, 2012

David Macaulay, *The Way Things Work*, Dorling Kindersley, 1990

Donald A. Norman, *The Design of Everyday Things*, MIT Press, 2013

Henry Petroski, *The Evolution of Useful Things*, Vintage, 1997

Adam Piore, *The Body Builders: Inside the Science of the Engineered Human*, Ecco Press, 2017

Sal Restivo (ed.), *Science, Technology, and Society: An Encyclopedia*, OUP, 2005

L.T.C. Rolt, *Victorian Engineering: A Fascinating Story of Invention and Achievement*, Penguin, 2000

Robert Temple, *The Genius of China: 3,000 Years of Science, Discovery, and Invention*, Inner Traditions, 2007

Simon Winchester, *Exactly: How Precision Engineers Created the Modern World*, William Collins, 2019

WEBSITES

American Society of Mechanical Engineers: asme.org

Edison Tech Center: edisontechcenter.org

Grace's Guide to British Industrial History: gracesguide.co.uk

Institute of Civil Engineers, ICE 200: www.ice.org.uk/what-is-civil-engineering/what-do-civil-engineers-do

Transistorized! The Story of Microelectronics: www.pbs.org/transistor/index.html